可再生能源与建筑集成示范工程远程监测系统

廉小亲　于重重　张晓力　段振刚　著

中国建筑工业出版社

图书在版编目（CIP）数据

可再生能源与建筑集成示范工程远程监测系统/廉小亲等著．
北京：中国建筑工业出版社，2014.2
ISBN 978-7-112-16287-1

Ⅰ.①可…　Ⅱ.①廉…　Ⅲ.①再生能源—应用—建筑工程—
监测系统　Ⅳ.①TU18

中国版本图书馆 CIP 数据核字（2014）第 000007 号

本书以“十一五”国家科技支撑计划“可再生能源与建筑集成技术研究与示范”重点项目中课题“可再生能源与建筑集成示范工程”的子课题“可再生能源与建筑集成示范建筑运行监测与分析”为依托，针对 5 个气候区，10 幢示范工程设计远程数据监测分析系统，实现常规及可再生能源设备、环境参数的远程监测、存储、显示和处理，通过对建筑为期 1 年的监测，以掌握可再生能源对建筑能耗的贡献率和系统运行的可靠性。

本书可供建筑节能领域的研究人员、工程技术人员以及建筑智能设备研发人员参考，也可作为高等学校建筑设备、智能建筑相关专业师生的辅导用书。

*　　*　　*

责任编辑：张文胜　齐庆梅
责任设计：张　虹
责任校对：陈晶晶　刘　钰

可再生能源与建筑集成示范工程远程监测系统
廉小亲　于重重　张晓力　段振刚　著
*
中国建筑工业出版社出版、发行（北京西郊百万庄）
各地新华书店、建筑书店经销
北京永峥排版公司制版
北京建筑工业印刷厂印刷
*
开本：787×1092 毫米　1/16　印张：12¼　字数：310 千字
2014 年 2 月第一版　2014 年 2 月第一次印刷
定价：**35.00** 元
ISBN 978-7-112-16287-1
（25003）

前　言

北京工商大学作为“十一五”国家科技支撑计划“可再生能源与建筑集成技术研究与示范”重点项目中课题“可再生能源与建筑集成示范工程”的子课题“可再生能源与建筑集成示范建筑运行监测与分析”承担单位，针对5个气候区，10幢示范建筑设计远程数据监测分析系统，实现常规及可再生能源设备、环境参数的远程监测、存储、显示和处理，通过对建筑为期1年的监测，以掌握可再生能源对建筑能耗的贡献率和系统运行的可靠性。作者在多年从事监测系统相关研究、教学及工程应用的基础上，同时对“十一五”项目研究工作总结的基础上编著本书，希望对读者进行可再生能源监测系统的设计及应用、研究及学习带来帮助。全书分为7章，内容安排如下：

第1章　绪论，简要介绍了可再生能源示范工程监测技术研究背景及研究意义、国内可再生能源建筑应用发展现状及可再生能源建筑应用发展目标与实现方式。第2章　BIRE示范工程监测子系统工艺流程及系统评价指标的数学模型，主要阐述了可再生能源与建筑集成示范工程监测系统，包括太阳能热水系统、地源热泵系统及太阳能光伏系统的工艺流程及系统评价指标。第3章　BIRE示范工程远程监测系统相关技术及构成，简要介绍了可再生能源与建筑集成示范工程监测系统涉及的相关技术，包括PAC技术、Advantech Web Access组态软件技术、动态数据交换技术、ADO. NET技术、SQL Server数据库技术，以及远程监测系统整体构成的三个部分：示范工程监测子系统、数据传输方式及监测中心。第4章　基于WebAccess组态软件的太阳能热水远程监测系统，本章研究的目标是从我国太阳能热水系统的研究现状出发，在第2章综合分析试验性示范工程太阳能热水系统工艺流程的基础上，利用以太网以及现场总线技术，以可编程自动化控制器为控制核心，以计算机和组态软件为监控系统，设计太阳能热水监控系统，包括太阳能热水监控系统的整体设计、系统硬件平台的选型及配置、基于ADAM-5510EKW/TP控制器的下位机执行机构自动控制程序的编制、基于VC++的电表与组态软件的通信程序设计及基于Web Access组态软件的上位监控系统设计，完成对太阳能热水相关设备的控制，对实时数据的自动采集，并针对监控系统存储的数据进行基本的分析，为可再生能源在建筑中的集成应用提供可靠的实测数据。第5章　基于WebAccess组态软件的地源热泵远程监测系统，本章的研究目标是从我国地源热泵系统的研究现状出发，在第2章综合分析试验性示范工程地源热泵系统工艺流程的基础上，设计地源热泵远程监控系统，包括地源热泵监控系统的整体设计、系统硬件平台的选型及配置、基于研华PAC控制器的自动控制程序的编制、基于GPRS技术的数据远程传输系统设计、地源热泵系统的经济评价指标及其数据处理、基于WebAccess组态软件的上位机监控系统设计，完成对地源热泵相关设备的控制和数据的实时自动采集，并针对数据存储中心的数据进行实时处理分析，为可再生能源在建筑中的集成应用提供可靠的实测数据。第6章　太阳能光伏发电电能远程监测系统，本章的研究目标是实现以高度集成的 TDK 71M6513 SOC 芯片为主处理器，设计三相电网参数检测电路，同时外接 GPRS 模块，实现电网检测参数的无线远程传输，以组态软件作为服务器监测中心，设计一套三相电网参数远程监测系统，实现实时检测数据的远程浏览。第 7 章 BIRE 示范工程远程监测系统数据中心设计及实现，主要介绍数据中心软件设计的基本思想、基于 XML 的异构数据集成方案实现方法、从总体概念层、公共层、基础模型层说明可再生能源评价模型的软件形式化的方法、时序预测的理论及应用，及数据中心的功能及实现方法。

本书编写过程中，作者参考了大量国内外出版物和网上资源，在此谨向各位作者表示敬意与感谢。在编写过程中，于蕾等参与了前期的资料搜集和整理工作，付出了辛勤的劳动，在此表示诚挚的谢意。本书的完成离不开所有参与由住房和城乡建设部组织的“十一五”国家科技支撑计划“可再生能源与建筑集成技术研究与示范”重点项目的课题承担单位以及示范工程单位，同时感谢我校课题组所有成员的辛勤工作。本书的出版得到了北京工商大学学术专著出版基金的资助，在此一并感谢。

本书对可再生能源与建筑集成示范工程远程监测系统进行研究，既包含作者自身的研究成果和实际应用案例，同时也吸收了国内外学术界和工程技术界的最新成果。但由于监测系统相关理论、技术及应用发展迅速，加之作者水平有限，书中难免存在不足之处，恳请专家、读者批评指正。

作者

2013 年 11 月

目　录

第1章　绪　　论

1.1　可再生能源示范工程监测技术研究背景及研究意义

1.1.1　研究背景

当前，由于世界各国经济的发展，造成大量能源消耗，带来资源枯竭和严重的环境问题，引起各国的重视，其中大气中二氧化碳浓度升高带来的全球气候变化已成为不争的事实，节能减排近年来引起了全世界范围的高度关注和重视。可持续发展思想逐步成为国际社会共识，作为能源替代的可再生能源的开发利用受到世界各国的高度重视，许多国家将开发利用可再生能源作为能源战略发展的重要组成部分，提出了明确的可再生能源发展和利用的目标，制定了多项鼓励和促进可再生能源发展的法律、法规和政策，由此，在世界范围内可再生能源的利用得到迅速发展。

随着我国城镇化的迅猛发展以及城市和农村居民生活水平的提高，人们对室内外环境的舒适性要求日益迫切，由此所产生的建筑能耗增长速度加快。目前我国已建房屋中，高耗能建筑超过400亿m^2，新建房屋中，95%以上是高耗能建筑，对常规能源的依赖性大。预计到2020年，全国房屋建筑面积将接近2000年总量的2倍，建筑的用能总量将成倍增加，并隐含着巨大的能源浪费。如不及时开发和实施适宜的替代能源技术、节能技术，不解决建筑能源供应和高耗能问题，势必扩大我国能源供应的缺口，加剧对常规能源的依赖。研究开发和利用可再生能源，为建筑供能，是解决建筑能源问题的一条有效的新路。在建筑中太阳能、生物质能、地热能等可再生能源均存在一定的可利用性，当前主要的应用形式有：太阳能光热、太阳能光伏以及浅层地能等。

近年来，我国可再生能源在建筑中的应用与发展，对建筑中常规能源实现了一定数量上的替代，在建筑节能减排上发挥了一定的作用。随着“十二五”计划的铺开，国家在各个领域对可再生能源的应用也有进一步的重视，对于其在建筑中的应用也提出了更高的发展目标与要求。对于新阶段目标能否实现、如何在深度和广度上进一步推进可再生能源建筑应用以及如何开展下一阶段更大范围、规模化应用推广工作是迫切需要解决的问题。

《国家中长期科学和技术发展规划纲要（2006～2020年）》（以下简称《纲要》）在“三、重点领域及其优先主题”中，“1. 能源”领域将“（4）可再生能源低成本规模化开发利用”作为优先主题、“太阳能建筑一体化技术”作为重点研究内容；“9. 城镇化与城市发展”领域将“（54）建筑节能与绿色建筑”作为优先主题、“可再生能源装置与建筑一体化应用技术”作为重点研究内容。在“六、基础研究”中，“3. 面向国家重大战略需求的基础研究”将“（6）能源可持续发展中的关键科学问题”中的“可再生能源规模化利用原理和新途径”作为重点研究内容。通过可再生能源与建筑的集成，解决我国能耗大户的能源供应和节能问题，已成为我国政府关注的重大战略问题。

利用可再生能源提供建筑用能的技术立足点，就是使建筑物自身具有收集、转换、传输、储存和利用可再生能源的功能。其技术体系和内涵可概括为“可再生能源与建筑集成（英文为 Building Integrated Renewable Energy，以下简称 BIRE）”，其技术特点是建筑技术和能源技术集成的多元化，是我国建筑节能技术的主流发展方向。其中高效利用太阳能和其他可再生能源是 BIRE 技术的关键。

BIRE 技术可以有效利用当地的可再生能源资源为建筑供能，充分体现建筑与自然的和谐，有利于建筑可持续发展；可以很大程度地节约和回收利用建筑物建造或运行过程中的资源和能源，减少 CO_2 等废弃物排放。因此，通过 BIRE 实验性建筑的示范，将充分体现建筑能源多元化和环境友好的特点，对能源技术和建筑技术的发展起到明显的带动作用；有利于推进可再生能源利用产业的发展，进一步提高能源的利用效率，促进太阳能、地热、风能等可再生能源技术的发展；促进新型节能建筑材料和构件的开发、应用，为广泛开展建筑节能工作奠定坚实的技术基础。

2007 年，由住房和城乡建设部组织的“十一五”国家科技支撑计划“可再生能源与建筑集成技术研究与示范”重点项目正式启动，课题牵头承担单位为住房和城乡建设部科技发展促进中心。总体目标是：开发成功适应不同建筑气候区、不同资源分区、不同建筑类型的可再生能源与建筑集成的单元关键技术和成套设备，并与建筑高度集成；建成不同建筑气候区的可再生能源与建筑集成示范建筑，可再生能源在建筑使用能耗中的贡献率达到60%以上，可再生能源技术新增投资不超过建筑总投资的40%。

该课题针对当前我国民用建筑可再生能源应用的需求，研究现有先进、成熟的可再生能源应用组合技术和可再生能源系统与建筑衔接技术，在达到一定规模的建筑和试验性建筑中进行工程示范。通过可再生能源与建筑集成技术的开发应用及示范，对示范工程能源系统进行监测和综合技术经济评价，完善可再生能源与建筑集成技术编制相关技术文件。并通过有效的方式将示范成果推广扩散，实现可再生能源与建筑集成技术的产业化，提高可再生能源在民用建筑能耗中的贡献率。

北京工商大学承担了重点项目中课题“可再生能源与建筑集成示范工程”的子课题“可再生能源与建筑集成示范建筑运行监测与分析”工作。针对 5 个气候区，10 幢示范建筑设计远程数据监测分析系统，实现常规及可再生能源设备、环境参数的远程监测、存储、显示和处理，通过对建筑为期 1 年的监测，以掌握可再生能源对建筑能耗的贡献率和系统运行的可靠性。

本书在项目研究工作的基础上，整理而成。

1.1.2 研究的意义

可再生能源与建筑集成示范工程远程监测系统通过对建筑集成示范工程的可再生能源系统能耗数据在线监测，实现监测数据的远程传输，记录可再生能源系统全年的运行数据，经过对数据的记录和统计并进行科学有效的分析，可以有效说明可再生能源与建筑集成示范工程在其所在地区的节能水平。可再生能源与建筑集成示范工程中可再生能源系统的运行管理非常重要，通过检测与监测，可以对系统运行阶段进行指导、节能诊断从而进行系统优化。通过对示范项目的检测与监测，掌握可再生能源系统运行数据，促进可再生能源与建筑集成示范工作有效开展，为实现节能量化的目标奠定基础。

国家“十一五”节能减排目标为：单位 GDP 能耗降低 20% 左右，主要污染物排放总量减少 10%。“十一五”期末，我国总能耗节约 5.6 亿吨标准煤，其中建筑领域节约 1.2 亿吨标准煤。将建筑领域的节能目标可进一步分解为：新建建筑（严格执行节能标准）节约标准煤 7000 万吨；北方既有居住建筑节能改造节约标准煤 1800 万吨；政府办公建筑及大型公共建筑节能改造节约标准煤 1200 万吨；可再生能源在建筑中规模化应用节约标准煤 1000 万吨；建筑中的绿色照明节约标准煤 1000 万吨。所以可再生能源在建筑中规模化应用在建筑节能领域具有重要的地位。为了推进可再生能源在建筑中的规模化应用，近年来我国在法律法规、政策措施、项目示范及城市规模化应用等方面做了大量的工作，取得了巨大的成效。

可再生能源与建筑集成国家示范项目的重要作用是全国范围内通过中央财政的集中和重点支持与激励，基本形成全面推进可再生能源在建筑中规模化应用的局面。可再生能源与建筑的集成，解决我国能耗大户的能源供应和节能问题，已成为我国政府关注的重大战略问题。可再生能源与建筑集成国家示范项目监测体系的建立和建设，主要是监测国家示范项目在中央财政支持与激励下的实施效果和所要求达到的指标如何，是否达到可再生能源与建筑集成示范项目的申报要求，对节能减排的贡献多大，如何发现示范项目实施过程中存在的问题等，所有这些方面的实现和体现都需要有准确、科学、有效，并且有一定的运行时间的大量的监测数据予以支持和支撑。因此，构建可再生能源与建筑集成示范工程远程监测系统的建设是必要的和必须的，也是唯一的途径。可再生能源与建筑集成国家示范项目监测体系的建立和建设将起到如下作用意义和积极的影响。

1. 评估中央和地方财政支持资金所产生的作用和影响

可再生能源示范工程监测系统的监测数据可以用于评估财政对可再生能源应用的支持资金所产生的效益，为完善中央及地方财政支持可再生能源应用政策提供决策依据；全面掌握可再生能源示范项目的实际节能减排效果，评估示范项目的目标实现和应用的状况；为各级政府对示范项目的宏观管理提供数据支持；同时为计算温室气体减排量和节能减排效果的评价提供数据支持。

2. 评价可再生能源示范项目建设单位的示范和指导作用

数据中心通过接收远程可再生能源示范工程监测系统的实时监测数据，可以实时观察各个可再生能源示范项目的实际运行效果，并且可以及时、有效、准确地指导可再生能源示范项目的维护运行和管理，从而充分体现示范工程的示范作用和示范性。促进可再生能源建筑应用的技术资源共享。

3. 推动和指导示范项目应用技术的产业化和先进适用技术的推广

可再生能源示范工程监测系统通过实际项目的运行效果的监测，是评价可再生能源在建筑中的使用效率最有效、最直接的方法，系统通过对已有监测数据的计算和分析，可以直观、明了地将分析结果提供给上级部门，帮助上级部门快速了解可再生能源建筑节能情况，可以有力地推动可再生能源示范工程单位对可再生能源应用技术的研究、设计、施工与调试；有效指导可再生能源系统设备和产品的研制、开发和应用，加速可再生能源建筑应用技术的产业化和先进适用技术的推广。

4. 监测系统能源评价模型为建筑节能分析提供统一依据

通过可再生能源示范工程数据监测系统所建立的可再生能源评价模型，对不同能源类型的建筑提供统一的经济指标，这些经济指标的建立，有助于从统一的角度分析不同种类型、不同建筑气候区的示范工程的可再生能源系统的使用情况和依据，进一步完成从不同侧重点分析示范工程的可再生能源类型在某种建筑气候区的适用情况，并提供有效利用可再生能源的理论和实际依据。

1.2 我国可再生能源建筑应用发展现状

随着国民经济的快速发展，一次能源的供应急剧紧缺，环境污染问题也日益突出，因此节能减排受到了极大的重视。在这样的背景下，可再生能源的发展日趋蓬勃。在各种消耗能源的领域中，建筑能耗约占总能耗的1/3。目前，我国的建筑能耗正在如此庞大的基数上逐年攀升，如不加以控制和改善，建筑能耗必然会对我国的能源形势构成巨大的压力。因此，在建筑中尽可能地利用可再生能源，降低建筑能源消耗，满足不断增加的能源需求，已成为建筑节能工作的重点。可再生能源建筑的推广也得到了国家政策的大力支持。可再生能源与建筑的结合，已经成为发展节能建筑的必然趋势。可再生能源是替代常规能源、调整能源结构的重要方式，可再生能源建筑应用对于促进建筑节能、改善城市环境具有重要意义。

可再生能源的概念和含义是指对环境友好、可以反复使用、不会枯竭的能源或能源利用技术。再生能源包括太阳能、水力、风力、生物质能、波浪能、潮汐能、海洋温差能等，它们在自然界可以循环再生。

在我国，可再生能源是指除常规化石能源和大中型水力发电、核裂变发电之外的生物质能、太阳能、风能、小水电、地热能、海洋能等一次能源以及氢能、燃料电池等二次能源。其中，太阳能、风能、地热能资源丰富，清洁卫生，而且容易就地取得，在建筑设计中得到广泛的应用。

1.2.1 太阳能在建筑中的应用

太阳内部持续进行着氢聚合成氦的核聚变反应，不断地释放出巨大的能量，太阳辐射到地球大气层的能量仅为其总辐射能量（约为3.75×1026W）的22亿分之一，但已高达173000TW，也就是说太阳每秒钟照射到地球上的能量就相当于500万吨标准煤。因此，在建筑运行过程中利用好太阳能来减少和替代常规能源的消耗，意义重大。太阳能与建筑一体化是将太阳能利用设施与建筑有机结合，利用太阳能集热器替代屋顶覆盖层或屋顶保温层，既消除了太阳能对建筑物形象的影响，又避免了重复投资，降低了成本。太阳能与建筑一体化是未来太阳能技术发展的方向。

太阳能在建筑中的应用主要是指太阳能光热应用和光电应用。我国有丰富的太阳能资源且分布广泛，3/4以上国土面积的太阳能年辐射总量度大于4200MJ/m^2，2/3以上面积的年日照时数大于2000h，具有极大的发展潜力。可以说，太阳能是新能源和可再生能源中最引人注目、开发研究最多、应用最广的清洁能源，是未来全球的主流能源之一。实现太阳能建筑一体化，能够充分地展现太阳能在建筑节能上的优势，是当今发展可再生能源建筑的重中之重。很多人以为，太阳能建筑一体化就是简单地把太阳能设备与建筑相加，其实并不是这样。所谓太阳能与建筑一体化不是简单的相加，而是建筑从开始设计时，就将太阳能系统包含的所有内容作为建筑不可或缺的设计元素加以考虑,巧妙地将太阳能系统各个部件融入建筑之中,使太阳能系统成为建筑不可分割的一部分,而不是让太阳能成为建筑的附加构件。太阳能开发利用技术在建筑上主要体现在光热利用和光电利用两个方面。

1. 太阳能光热利用

太阳能光热利用的基本原理是将太阳辐射能收集起来,将光能转换成热能加以利用,主要应用在太阳能热水器、太阳房、太阳灶、采暖与空调、制冷等方面。在我国,技术最成熟、产业化发展最快的是家用太阳能热水器。据国际能源行业权威杂志《可再生能源世界》报道,我国是全球最大的太阳能热水器生产和使用国,太阳能热水器总保有量占世界的76%。太阳能光热技术在建筑中的应用分为以下几个方面:

(1)太阳能热水器系统。太阳能热水器是太阳能应用中的一大产业,它通过吸收太阳能的辐射热,加热冷水给人们提供环保、安全、节能、卫生的新型节能设备。它由集热器、保温水箱和连接管道三部分组成。主要有闷晒式、平板式、真空管式和真空管—热管式四种类型。

(2)太阳能采暖系统。太阳能采暖是指将分散的太阳能通过集热器,例如:平板太阳能集热板、真空太阳能管、太阳能热管等吸收太阳能的收集设备,把太阳能转换成方便使用的热水,将热水输送至发热末端如地板采暖系统、散热器系统等,提供房间采暖。

(3)太阳能制冷系统。其工作原理是将太阳能转换成热能(或机械能),再利用热能(或机械能)使系统达到并维持所需的低温。在建筑中应用的太阳能空调属于太阳能制冷的一种实例。太阳能空调就是不断地从建筑物内的空间取出热量,并转移到自然环境中,使建筑物内的温度低于周围环境的温度。

目前,我国投入使用的住宅太阳能热水系统,多为家用小型太阳能热水器,仅提供生活热水,其技术最成熟、应用最广泛、发展最迅速。在我国多数地区,太阳能热水器已逐渐取代电热水器和燃气热水器,成为市场主导产品。从系统规模化降低成本以及系统控制的角度,集中式太阳能热水系统优于家用小型系统。

近年来,随着人们生活水平的提高,以单栋集合住宅等为供热基本单元的集中式太阳能热水系统开始在国内工程中得到应用。尽管太阳能光热利用在建筑中已经大量普及,但做到与建筑的一体化还远远不够。传统的太阳能集热器既占据屋顶空间,又影响城市美观,而太阳能光热建筑一体化技术则把太阳能的利用纳入环境的总体设计,把建筑、技术和美学融为一体。太阳能设施与建筑工程同步设计、施工,同时投入使用,成为建筑的一部分,极大地美化了城市环境,取代了传统太阳能结构对建筑外观及城市景观所造成的破坏;将太阳能集热装置安装在建筑的屋顶或南立面上,不需要额外占地,节省了大量的土地资源;太阳能设施还可以完全取代或部分取代屋顶覆盖层,与传统太阳能热水器相比,不仅节约成本,还能充分利用屋顶面积,提高太阳能利用率。

我国的太阳能利用处于世界领先地位,太阳能热水器的生产和应用规模都是世界最大的。但太阳能光热系统在室内温度调节、通风、发电等方面的利用技术还有待改进。因此,需要进一步扩大太阳能的普及范围,提高利用水平并发掘新的应用领域。这也是世界太阳能光热利用的一个重要发展方向。

2. 太阳能光电利用

太阳能光伏发电是利用半导体界面的光生伏特效应而将光能直接转变为电能的一种技

术。这种技术的关键元件是太阳能电池。太阳能电池经过串联后进行封装保护可形成大面积的太阳能电池组件，再配合功率控制器等部件就形成了光伏发电装置。光伏发电的优点是较少受地域限制，因为阳光普照大地，光伏系统还具有安全可靠、无噪声、低污染、无需消耗燃料和架设输电线路即可就地发电供电及建设周期短的优点。而太阳能光电技术在建筑中应用的发展方向为光伏建筑一体化，即在建筑外表面设置光伏器件，将太阳能发电与建筑功能集成在一起的新型能源利用方式。

然而太阳能电池的效率很低，并且制造成本较高，因而在我国建筑中的应用尚处于探索阶段。光伏建筑一体化具有诸多优点：光伏组件可以有效利用围护结构表面，如屋顶或墙面，无需额外用地或增建其他设施，适于人口密集的地方使用，这对于土地昂贵的城市建筑尤其重要。夏季，处于日照时，由于大量制冷设备的使用，形成电网用电高峰，太阳能光伏并网系统除保证自身建筑用电外，还可以向电网供电，从而舒缓高峰电力需求，解决电网峰谷供需矛盾，具有极大的社会效益；由于光伏阵列安装在屋顶和墙壁等外围护结构上，吸收太阳能，转化为电能，大大降低了室外综合温度，减少了墙体得热和室内空调冷负荷，既节省了能源，又利于保证室内的空气品质。

实现太阳能建筑一体化，能够充分地展现太阳能在建筑节能上的优势，是当今发展可再生能源建筑的重中之重。要将太阳能系统的各个部件融入建筑之中，使太阳能系统成为建筑不可分割的一部分，而不是让太阳能成为建筑的附加构件。从发展趋势来看，今后光伏建筑技术的应用重点将以开发高效率、低成本新型光伏电池为主，在应用上，将以并网屋顶系统和大型并网系统为主攻方向。

1.2.2 地热能在建筑中的应用

地源热泵技术是一种利用浅层常温土壤或地下水中的能量作为能源的高效节能、零污染、低运行成本的，既可供暖又可制冷还能提供生活热水的新型热泵技术。所谓热泵（Heat Pump）是一种从低温热源汲取能量，使其转换成有用热能的装置。土—气型地源热泵是在早期水—水型地源热泵技术基础上由美国开发出来的技术含量更高的地源热泵系统。它利用地下常温土壤或地下水温度相对稳定的特性，通过输入少量的高品位能源（如电能），运用埋藏于建筑物周转管路系统或地下水与建筑物内部进行热交换，实现低品位热能向高品位转移的冷暖两用空调系统。地源热泵由水循环系统、热交换器、地源热泵机组和控制系统组成。冬季代替锅炉从土壤中取出热量，以30~40℃左右的热风向建筑物供暖。夏季代替普通空调向土壤排热，以10~17℃左右的冷风形式给建筑物供冷。同时，它还能供应生活热水。它的最大优点是节能、无污染和运行费用低、空气质量高。通常地源热泵消耗1kW的能量，用户可以得到4kW以上的热量或冷量。它不向外界排放任何废气、废水、废渣，是一种理想的"绿色技术"。从能源角度来说，它是一种用之不尽的可再生能源。

我国的地源热泵事业近几年已开始起步，且发展势头良好，可预计我国的地源热泵市场前景广阔。美国能源部和中国科技部于1997年11月签署了中美能源效率及可再生能源合作议定书，其中主要内容之一就是降低能源消耗速度警惕温室效应，大力推行节能环保的地源热泵技术，该项目拟在中国的北京、杭州和广州3个城市各建一座使用地源热泵进行供暖制冷的商业建筑，以推广运用这种绿色技术，缓解中国对煤炭和石油的依赖程度，从而达到能源资源多元化的目的。同时，科技部委托的中国企业也正纷纷将美国的地源热泵技术及设备引进中国市场，这将促进我国地源热泵技术朝市场化、产业化的方向发展，并使我国地源热泵技术的研究开发尽快赶上国际潮流。

1.2.3 风能、水能在建筑中的应用

风能是太阳辐射造成地球各部分受热不均匀，引起各地温差和气压不同，导致空气运动而产生的能量。利用风力发电已越来越成为风能利用的主要形式，受到世界各国的高度重视，而且发展速度最快。风力发电机一般由风轮、发电子机（包括装置）、调向器（尾翼）、塔架、限速安全机构和储能装置等构件组成。风力发电机的工作原理比较简单：风轮在风力的作用下旋转，它把风的动能转变为风轮轴的机械能。发电机在风轮轴的带动下旋转发电。我国风能资源约为1亿kW，可开发利用的风能资源约2.5亿kW。建筑上的风能利用一般采用小型或微型风力发电机，这类产品在我国已经有较为成熟的技术，目前主要供没有电网连接的偏远农村使用。

在水资源较丰富的地区,水能发电用于建筑供电是可再生能源在建筑中应用的又一途径。水力发电就是在天然河流上,修建水工建筑物,集中水头,利用水力(具有水头)推动水力机械(水轮机)转动,将水能转变为机械能,如果在水轮机上接上另一种机械(发电机)随着水轮机转动便可发出电来,这时机械能又转变为电能。水力发电在某种意义上讲是水的势能变成机械能,又变成电能的转换过程。它具有不耗燃料、成本低廉,水火互济、调峰灵活,综合利用、多方得益,取之不尽、用之不竭,环境优美、能源洁净等优点。

1.2.4 生物质能在建筑中的应用

生物质能是一种新型的环保能源开发项目，现在已经普遍得到大众的认可。生物质能一直是人类赖以生存的重要能源，它是仅次于煤炭、石油和天然气而居于世界能源消费总量第四位的能源，在整个能源系统中占有重要地位。生物质能极有可能成为未来可持续能源系统的组成部分，到21世纪中叶，采用新技术生产的各种生物质替代燃料将占全球总能耗的40%以上。

我国拥有丰富的生物质能资源，年产生物质资源50亿t左右。现阶段可供开发利用的资源主要为生物质废弃物，包括农作物秸秆、薪柴、禽畜粪便、工业有机废弃物和城市固体有机垃圾等。生物质能主要应用于乡镇和新农村建设，主要包括：生物质致密成型技术加工颗粒燃料，用于锅炉和各类炉灶，如户用炊事、采暖两用炉；生物质气化技术，建立村级供气站，用于炊事、采暖；沼气技术，农村户用沼气，大型畜禽养殖场沼气工程，生活污水、工业废水沼气工程，建立乡镇集中供气站。目前生物质能技术的研究与开发已成为世界性的重大热门课题之一，受到世界各国政府和科学家的关注，许多国家都制定了相应的研究开发计划，如日本的阳光计划、印度的绿色能源工程、美国的能源农场和巴西的酒精能源计划等。我国对生物质能源利用也极为重视，不过与发达国家和地区相比，我国在禽畜粪便厌氧消化相关技术和生物质发电技术等方面还有一定差距。

1.3 可再生能源建筑应用发展目标与实现方式

近年来，随着国内可再生能源在公共建筑和住宅建筑建设中的应用与发展，对建筑物

中的常规能源实现了一定数量上的替代，建筑业在国家节能减排的发展战略上发挥了一定的积极促进作用。随着“十二五”规划的进一步开展，国家在各个领域对可再生能源的应用也有进一步的发展和更加重视，对于其在建筑中的应用也提出了更高的发展目标与要求。对于新的发展时期的阶段性目标的实现以及在深度和广度上进一步推进可再生能源建筑的应用，并在往年国内可再生能源与建筑集成示范工程的基础和经验上开展更大范围规模化应用推广工作是迫切需要解决的问题。

1.3.1 国内可再生能源建筑应用发展目标和措施

2011年7月19日，国务院应对气候变化及节能减排工作领导小组会议审议并原则同意“十二五”节能减排综合性工作方案。会议强调，“十二五”期间是我国转变经济发展方式、加快经济结构战略性调整的关键时期。要继续把节能减排作为调结构、扩内需、促发展的重要抓手，作为减缓和适应全球气候变化、促进可持续发展的重要举措，进一步加大工作力度，务求取得预期成效。建筑节能要合理改造已有建筑，大力发展绿色建筑、智能建筑，最大限度地节能、节地、节水、节材。会议要求，各地区、各部门进一步统一思想，提高认识，对节能减排综合性工作方案早部署、早落实。要抓紧分解落实节能减排指标，完善节能减排统计、监测、考核体系，切实把落实五年目标与完成年度目标结合起来，把年度目标考核与季度跟踪检查结合起来。

2011年3月，住房和城乡建设部会同财政部针对可再生能源建筑应用“十二五”期间进一步发展制定了更为细致、详实的目标，联合印发的《关于进一步推进可再生能源建筑应用的通知》（财建〔2011〕61号）进一步明确了“十二五”期间可再生能源建筑应用推广目标：切实提高太阳能、浅层地能、生物质能等可再生能源在建筑用能中的比重，到2020年，实现可再生能源在建筑领域消费比例占建筑能耗的15%以上。“十二五”期间，开展可再生能源建筑应用集中连片推广，进一步丰富可再生能源建筑应用形式，积极拓展应用领域，力争到2015年底，新增可再生能源建筑应用面积25亿m^2以上，形成常规能源替代能力3000万t标准煤。

2011年8月31日，由国务院办公厅印发的《“十二五”节能减排综合性工作方案》（国发〔2011〕26号）中明确了全社会可再生能源利用的具体目标：调整能源结构中包括因地制宜大力发展风能、太阳能、生物质能、地热能等可再生能源。到2015年，非化石能源占一次能源消费总量比重达到11.4%。该方案针对建筑节能工程提出了具体要求：要求北方采暖地区既有居住建筑供热计量和节能改造4亿m^2以上，夏热冬冷地区既有居住建筑节能改造5000万m^2，公共建筑节能改造6000万m^2，高效节能产品市场份额大幅度提高。“十二五”时期，形成3亿t标准煤的节能能力。强调要推动可再生能源与建筑一体化应用，推广使用新型节能建材和再生建材，继续推广散装水泥。在加快节能减排技术开发和推广应用上，明确了对低品位余热利用、地热和浅层地温能应用等可再生能源技术的产业化示范。

为了推动和实现可再生能源在建筑中的应用，实现建筑节能减排的目标，各地政府和有关部门制定并实施绿色建筑行动方案，从规划、法规、技术、标准、设计等方面全面推进建筑节能减排的任务和目标。例如：新建建筑必须严格执行建筑节能标准，提高标准执行率；推进北方采暖地区既有建筑供热计量和节能改造，实施“节能暖房”工程，改造供热老旧管网，实行供热计量收费和能耗定额管理；做好夏热冬冷地区建筑节能改造；推动可再生能源与建筑一体化应用，推广使用新型节能建材和再生建材，继续推广散装水泥；加强公共建筑节能监管体系建设，完善能源审计、能效公示，推动节能改造与运行管理；研究建立建筑使用全寿命周期管理制度，严格建筑拆除管理；加强城市照明管理，严格防止和纠正过度装饰和亮化。

1.3.2 国内可再生能源建筑应用发展方式和途径

如何体现和衡量可再生能源在建筑能耗中所发挥的作用和影响？通过往年可再生能源与建筑集成示范工程的范例来看，一般从两个方面着手考虑和应用：一方面是可再生能源在建筑中的应用形成的常规能源替代量；另一方面则是届时建筑能源需求量或消耗量。由这两个方面的比值就可以充分衡量和体现可再生能源在建筑能耗中所发挥的作用和影响，比值越大说明其作用和影响越大。由此，提高可再生能源在建筑能耗中所占比例的就应采用一定的发展方式和途径。

1. 通过可再生能源与建筑集成示范，提高可再生能源在建筑应用技术的水平

通过推广可再生能源与建筑集成示范建筑，总结其经验和技术，全面提高国内已有可再生能源建筑应用技术水平，可以进一步增加已有技术的可再生能源替代量，具体可以从以下几个角度实施：

（1）对光热、光伏技术，提高组件与建筑一体化程度

光热、光伏组件与建筑一体化有诸多优点，在正常实现集热或发电功能的同时成为建筑构建的一部分，具有美观、节省建筑外表面装饰材料等特点，不仅如此，更进一步可以带来诸多附加效应，如还可以实现隔热、保温、通风等功能，尽可能地减少建筑采暖和空调负荷需求，从而有利于建筑节能降耗，以挖掘附加效应对建筑节能所带来的巨大潜力。

（2）对于浅层地能的应用，提高系统综合性能系数

提高各类地源热泵的系统综合性能系数（COP_s）有着至关重要的意义。COP_s 的提高意味着输入同样多的常规能源，能够获得更多的可再生能源应用到建筑采暖与制冷中，提高对可再生资源的利用率。地源热泵系统 COP_s 的提高是一个由“调试”到“调适”的过程，这其中包括多个层面的意义：一是因地制宜，选择合理的冷热源方式及系统形式；二是具体建筑应充分考虑使用功能及负荷特点。

（3）提高可再生能源在有限空间内的综合利用效率

对于一些相对成熟的技术，可以考虑改进其应用的形式或方式，提高可再生能源在单位建筑面积上应用的密集度，如对于太阳能光热技术，可以由热需求量较少的生活热水制备转向热需求量较大的冬季为建筑供暖的应用形式，提升对光热的利用需求，进一步提高单位建筑面积常规能源替代率。在太阳能光热与光伏建筑应用中，经常会遇到光热或光伏组件“争空间”的问题。对于具有一定体型系数的单体建筑或者具有一定建筑密度与容积率控制指标的区域而言，能够接受到太阳光直射的面积是有限的，除去采光以及其他功能所要占用的面积，可以布置太阳能光热或光伏组件的空间平面是既定的，需要合理的配置；同时可以采取相应的技术手段加以解决，提高单位空间可再生能源应用效率。如光伏光热一体化（Photovoltaic/Thermal collect，PV/T）系统，在正面光伏发电的同时，背层可以输出一定的热量，具体可以由水或空气等介质承载。这一技术除了可以缓解有限空间内

各类组件单独布置上的冲突外，还可以通过背面流动的水或空气有效降低太阳能光伏电池的背板温度，提高太阳能光伏的发电效率，从而提高对太阳能的综合利用效率。

2. 通过可再生能源与建筑集成示范，丰富可再生能源建筑中应用的技术类型

丰富可再生能源在建筑中应用的技术类型也是增加可再生能源对建筑中常规能源替代量的有效方法之一。根据相关技术的当前发展状况，一些相对成熟的技术可以被纳入可再生能源建筑应用技术的范畴中。

（1）空气源热泵技术

欧盟、澳大利亚等已经将空气源热泵热水器技术列入可再生能源范围，并给予相应的政策支持。目前我国部分城市也已经出台了针对空气源热泵热水器的支持政策。从电力能源效率的角度讲，只要其系统的 COP > 3，就可以通过消耗部分常规能源获得大于产生这部分常规能源消耗的一次能源能量的热量。从地域环境气候角度看，我国有近30%的国土面积（主要为长江流域夏热冬冷地区）处于空气源热泵适用2类地区，即可以冬夏分别制热和制冷双工况运行，在夏季用于制备热水则系统效率更高，更为适宜。

（2）工业余热与城市废热

相关研究表明，全国每年城市污水中蕴含93亿 MJ 可利用热能，相当于3.1亿吨标准煤。并且，在一般情况下，城市污水中赋存的可利用热量密度和城市的热需要指标成正相关性，即城市需热越大，其排放的污水中可利用热能越高，污水热能有效利用的可能性就越大。对于工业余热废热，可回收利用的能量亦相当巨大。我国能源消费的部门结构以工业为主，目前，我国各行各业的余热总资源约占其燃料消耗总量的17%～67%，可回收利用的余热资源约占余热总资源的60%，但大部分被直接排放，这也是造成我国能源利用率低的一个极为重要的原因。低温余热较多地存在于诸如工业废水等相关的液态媒质中，也便于回收利用，这是热泵的理想热源。

（3）农村新型生物质能技术

我国《可再生能源法》中将通过低效率炉灶直接燃烧方式利用的秸秆、薪柴、粪便等技术排除在可再生能源技术之外，而农村新型生物质能技术所指的是户用沼气、生物质固体压缩成型燃料燃烧、SGL气化炉及多联产等适合农村炊事及供热采暖的新型生物质能技术。这些新型生物质能技术应当可以在北方采暖地区得到很好的推广与应用。

3. 通过可再生能源与建筑集成示范，控制建筑的能耗总量

对于建筑能耗总量的控制，从建筑节能入手，根据我国建筑能耗增长特点，可对应由以下几个方面展开：

（1）对于新建建筑应适当提高建筑能效标准。现有"三步"建筑节能标准可以在严寒、寒冷地区，夏热冬冷地区全面实施，并且可以作为建设节能强制性标准。有条件的地方可以执行更高水平的建筑节能标准和绿色建筑标准，如北京、天津等北方地区一线城市可以先期执行"75%"的更高水平节能标准。

（2）对于既有建筑，可以由对建筑本身的节能改造和供热计量改造两方面入手：推进北方和夏热冬冷地区既有居住建筑节能改造，在充分考虑地区气候特点、建筑现状、居民用能特点等因素的基础上，确定改造内容及技术路线，优先选择投入少、效益明显的项目进行改造，北方应以墙改为主，南方可以门窗节能改造为主，具备的条件，可同步实施加装遮阳、屋顶及墙体保温等措施；加速实现以计量收费制度改革为核心的北方城市采暖的

"热改"任务。只有体制和机制的改革，并配合推广适宜技术，才能彻底改变我国北方采暖目前的相对高能耗状况。只有在末端全面实现有效的调控，克服目前普遍存在的过度供热现象，并且全面规划和改造集中供热热源，才有可能全面实现这一目标。

（3）在农村地区开展以太阳能、浅层地能以及生物质能等可再生能源为主的新农村能源系统建设，同时大幅度改进北方农村建筑的保温性能和采暖方式，实现满足可持续发展要求的社会主义新农村建设。控制农村地区由传统生物质能源方式转向对商品能源方式的依存。这需要大量的技术创新和各级政府的政策、机制及经费支持，更需要从科学发展观出发的全面、科学的规划。

（4）探讨长江流域住宅和普通办公建筑的室内热环境控制解决方案。随着这一地区经济的飞速发展和生活水平的提高，使改善冬季室内环境的压力越来越高。通过技术创新和政策引导，迅速发展出百姓可接受的、符合舒适性要求的环境控制新方式，如：太阳能集热采暖、各类热泵技术等，用于该地区冬季日益增长的采暖需求，在典型工程科学示范的基础上全面推广这些新方式，对目标的实现至关重要。

（5）大型公共建筑的节能运行和节能改造。在实际运行能耗数据的指导下，通过各种科学有效的措施，使实际的能源消耗量真正降下来，并能长期坚持下去，通过具体的管理措施、管理体制使其落实，这将是一项重要、长期、持续的工作。按照预测，到2020年，单独考虑建筑能耗对常规能源替代率的影响，在预计建筑能耗10.1亿吨标准煤的基础上实现5%的节能，则可以实现可再生能源12.58%的替代；如果实现建筑节能10%，则最终可实现13.3%的可再生能源替代。

本章参考文献

[1] 郝斌，刘幼农，刘珊等．可再生能源建筑应用发展现状与展望［J］．建设科技，2012，（21）：17-23.

[2] 张英魁，张正梅．可再生能源建筑应用技术及其发展前景［J］．现代城市研究，2010，（2）：35-39.

[3] 郝斌，姚春妮，刘幼农等．可再生能源建筑应用示范项目检测与监测技术要点［J］．建设科技，2008，(16)：34-37.

[4] 唐志伟，杨银静．我国可再生能源建筑应用发展现状［J］．建设科技，2013，(10)：27-29.

[5] 王瑞．建筑节能设计［M］．武汉：华中科技大学出版社，2010.

[6] 吕璐．我国太阳能建筑一体化现状［J］．中华建设，2009，47（4）：40.

[7] 李冰，李凯，扈峥．太阳能光热建筑一体化的应用现状及展望［J］．四川建筑，2012，32（4）：34-36.

[8] 陈加宝，周晋，张国强．建筑节能技术（5）可再生能源在建筑中的应用［J］．大众用电，2007，5.34-40.

[9] 郑瑞澄．可再生能源建筑应用技术发展方向［J］．建设科技，2008，(7)：64.

[10] 姚春妮，郝斌，贾春霞．与建筑结合太阳能热水系统的标准研究［J］．建设科技，2008，(18)：70-72.

[11] 孙丽颖，姜益强，姚杨等．我国污水资源热能利用潜力分析［J］．给水排水，2010，36（z1）：210-213.

[12] 郝斌，刘幼农，姚春妮等．实现可再生能源建筑应用既定目标［J］．建设科技，2008，Z1（1）：130-134.
[13] Long Shi，Michael Yit Lin Chew. A reviewon sustainable design of renewable energy systems. Renewable and Sustainable Energy Reviews，2012，16（1）：192-207.
[14] R. Cooke，A. Cripps，A. Irwin，M. Kolokotroni. Alternative energy technologies in buildings：Stakeholder-perceptions. Renewable Energy，2007，32（14）：2320-2333.
[15] JA Clarke，AD Grant，CMJohnstone，IMacdonald. Integrated modelling of low energy buildings. Renewable Energy，1998，15（1-4）：151-156.
[16] A. C Pitts. Building design：Realising thebenefits of renewable energy technologies. Renewable Energy，1994，5（5-8）：959-966.
[17] Behnaz Rezaie，Ebrahim Esmailzadeh，Ibrahim Dincer. Renewable energy options for buildings：Casestudies. Energy and Buildings，2011，43（1）：56-65.
[18] Long Shi，Michael Yit Lin Chew. A reviewon sustainable design of renewable energy systems. Renewable and Sustainable Energy Reviews，2012，16（1）：192-207.
[19] R. Cooke，A. Cripps，A. Irwin，M. Kolokotroni. Alternative energy technologies in buildings：Stakeholder perceptions. Renewable Energy，2007，32（14）：2320-2333.
[20] JA Clarke，AD Grant，CMJohnstone，IMacdonald. Integrated modelling of low energy buildings. Renewable Energy，1998，15（1-4）：151-156.
[21] A. C Pitts. Building design：Realising the benefits of renewable energy technologies. Renewable Energy，1994，5（5-8）：959-966.
[22] Behnaz Rezaie，Ebrahim Esmailzadeh，Ibrahim Dincer. Renewable energy options for buildings：Case studies. Energy and Buildings，2011，43（1）：56-65.
[23] Dejan Mileni，Petar Vasiljevi，Ana Vranje. Criteria for use of groundwater as renewable energy source in geothermal heat pump systems for building heating/cooling purposes. Energy and Buildings，2010，42（5）：649-657.
[24] Takao Nishimura. "Heat pumps - statusand trends" in Asia and the Pacific. International Journal of Refrigeration，2002，（25）：405-413.
[25] M. Boji -. Optimization of heating and cooling of a building by employing refuse and renewable energy. Renewable Energy，2000，20（4）：453-465.
[26] 李现辉，郝斌．太阳能光伏建筑一体化工程设计与案例［M］．北京：中国建筑工业出版社，2012.
[27] 宣晓东．太阳能光伏技术与建筑一体化应用初探［D］．合肥：合肥工业大学，2007.

第2章　BIRE示范工程监测子系统工艺流程及系统评价指标的数学模型

2.1　系统工艺流程

作为“十一五”国家科技支撑计划“可再生能源与建筑集成技术应用示范工程”课题的子任务——可再生能源与建筑集成示范工程运行监测与分析，研究并设计合理的试验性示范监测系统，是子任务今后进一步进行技术经济评价的重要基础。

该项目主要是针对可再生能源建筑设备远程监测方案进行设计。监测系统设计的目的是为了准确真实地反映可再生能源设备的运行状况，并根据这些数据进行数据处理及分析，以得到示范工程连续一年的可再生能源系统的综合经济评价指标。

系统监测方案的设计原则:根据可再生能源与建筑集成的示范工程种类以及工程技术评价指标要求,对相应的数据参数建立监测点,制定相应的监测方案。为课题在可再生能源系统性能技术经济评价工作提供基础,为可再生能源的推广普及取得有价值的参考数据。

（1）针对地源热泵系统：评价系统在采暖工况、空调工况、热水工况时的性能及应用效果，同时测试地源热泵对土壤环境的影响。主要监测：用户侧和地源侧主干管进出口水的流量、温度和压力，地源热泵机组全部电气设备的耗电量，室内外环境温湿度，以及用户侧和地源侧循环泵的耗电量等数据，以获得采暖工况系统能效比、空调工况系统能效比、热水工况系统能效比、全年土壤热平衡等综合经济评价指标。

（2）针对太阳能热水系统：评价在不同应用条件和工况下太阳能热水系统性能及应用效果。系统主要监测：冷水管进水温度、供水管出口热水温度、集热系统进水温度、集热系统出水温度、电辅助加热电量、热水出水瞬时流量、热水出水累计流量、集热系统循环瞬时流量、集热系统循环累计流量、太阳总辐照等数据参数。根据获得的数据得出太阳能保证率、太阳能集热系统效率、太阳能热水系统效率、太阳能集热系统有用得热量、常规能源替代量等综合经济评价指标。

（3）针对太阳能光伏发电系统：太阳能光伏发电系统的技术经济评价指标包括：光伏发电系统效率、系统输出电量、逆变器转换效率、可再生能源利用率和光伏发电系统电能质量。这五个评价指标的数学模型中所用到的参量有：光伏系统发电量、光伏电池阵列上的太阳辐照量、光伏电池阵列面积、光伏发电系统效率、系统输出电量、逆变器转换效率、逆变器输出电量、逆变器输入电量、可再生能源利用率、建筑总耗电量、光伏发电系统电能质量、输出电压、频率。

2.1.1　太阳能热水系统工艺流程及监测系统

太阳能热水系统主要由集热器组合、循环管道、水箱、辅助设施（包括辅助加热能源、传感元件和控制设备等）组成，如图 2-1 所示。

图 2-1 所示的太阳能热水系统为集中集热的强制循环太阳能热水系统。集热器组合一般由多个集热器阵列组成。系统利用机械设备等外部动力迫使传热工质通过集热器进行循环的太阳能热水系统。它的特点是储热水箱的位置不受集热器位置约束，可任意设置，可高于集热器，也可低于集热器。

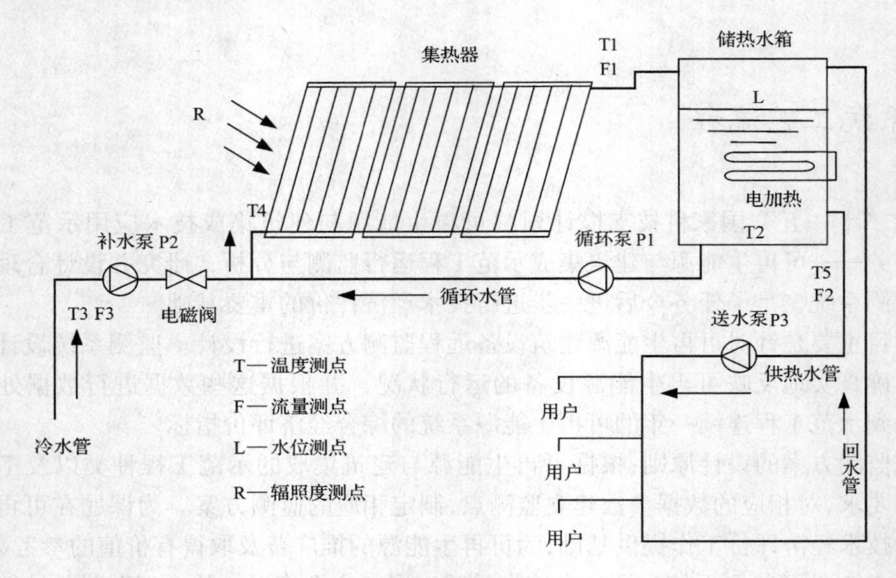

图 2-1　太阳能热水系统

太阳能集热系统根据温差控制循环水泵 P1 的运行。在集热器出口处（集热器高温点）安装一个温度传感器 T1，在储热水箱的底部（储热水箱低温点）安装一个温度传感器 T2。控制系统自动比较 T1 和 T2 温差，当 T1 高于 T2 一定值时，例如 7℃，循环水泵启动，将集热系统的热量传输到水箱。当 T1 与 T2 的差值小于一定值时，例如 3℃，循环水泵停止。值得注意的是，循环系统的工作并不是 T1 大于 T2 就开始，T1 小于 T2 就停止。这种工作方式不仅避免了循环水泵的频繁启停，减少了对水泵的消耗，而且循环水泵的运行本身也耗费一定电能，这种工作方式节省了大量的电能，提高了对太阳能的利用效率。

辅助热源采用电加热方式，用于保证在晚上或是阴雨天，对用户的热水供应。当水箱内的温度低于一定值时，例如 40℃，控制系统会启动电加热，来提高水的温度，当升到一定温度后，例如 60℃，再自动停止加热。这里要注意的是，电加热的启动也会受到水箱内的液位影响，如果水箱内水位太低（甚至无水），例如 0.5m，电加热不会启动。

集热系统采用补水泵 P2（冷水增压泵）进行补水。补水首先从冷水管进入集热系统，经过集热回路，最后进入储热水箱。当水箱内水位低于一定值时，例如 0.8m，控制系统会控制补水泵启动。当液位上升到一定值后，例如 2.5m，控制系统自动停止补水泵的运行。当水箱水温高时，系统也要自动上水（前提是水位未超过高限），以降低水温。

集热系统采用送水泵 P3（热水增压泵）给用户供水。如图 2-1 所示，根据用户用水情况，合理安排热水增压泵启动，热水通过热水管送到用户末端，未用完的水最后通过回水管返回水箱。在用户不用水时，也可以启动热水增压，让热水在供水管和回水管之间循环，保证用户末端的供水水温。

2.1.2 地源热泵系统工艺流程及监测系统

地源热泵是一种利用地下浅层地热资源（包括地下水、土壤或地表水等）的、既可供热又可制冷的高效节能空调系统。地源热泵通过输入少量的高品位能源（如电能），实现低温位热能向高温位转移。冬季，地能是热泵供暖的热源；夏季，地能是热泵空调的冷源。冬季，地源热泵系统把地下热量取出来，提高温度后供给室内采暖；夏季，把室内的热量取出来释放到地下。热泵机组的能量流动：利用所消耗的能量（如电能）将吸取的全部热能（即电能加吸收的热能）一起输至高温热源。热泵机组所耗能量使制冷剂氟利昂压缩至高温高压状态，而吸收低温热源中热能。

地源热泵子监测系统主要是由地源热泵抽水系统、热泵机组、地源侧/用户侧循环管道、循环水泵、空调水泵、集水器/分水器、辅助设施（控制系统、变送器、数据采集仪器）等组成。监测仪表主要包括：流量变送器、温度变送器、湿度变送器、电能表等。测试参数为用户端出、回水温度 T_2，T_1；水流量 M；地源热泵机组耗电量 Q_{p1}；地源侧循环泵耗电量 Q_{p2}；用户侧空调泵耗电量 Q_{p3}。

地源热泵监测子系统原理如图 2-2 所示。

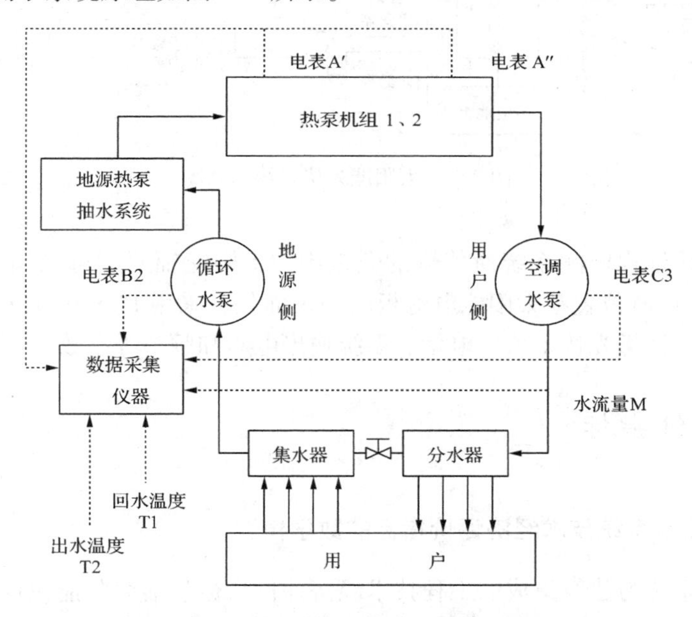

图 2-2　地源热泵系统工艺流程及监测原理图

2.1.3 太阳能光伏系统工艺流程及监测系统

太阳能并网发电系统能否并入主电网的关键是光伏发电系统的发电质量是否满足要求，因此对于并网发电系统的测试就是对电能质量进行分析，在此基础上，获得太阳能光伏发电系统工作效率、光伏发电系统的发电量、太阳能光伏发电系统发电质量、逆变器的转换效率、光伏发电系统的蓄电池的工作效率等。

太阳能光伏系统的工作原理是利用太阳能电池板将太阳能转换成电能，然后通过控制器对蓄电池充电，最后通过逆变器对用电负荷供电的一套系统。

太阳能光伏子系统主要由太阳能电池板、控制器、蓄电池、逆变器等组成。各部分的作用阐述如下：

太阳能电池板：太阳能电池板是太阳能光伏发电系统中的核心部分，也是太阳能发电系统中价值最高的部分。其作用是将太阳的辐射能转换为电能，或送往蓄电池中存储起来，或推动负载工作。

控制器：控制器的作用是控制整个系统的工作状态，并对蓄电池起到过充电保护、过放电保护的作用。如果温差较大，控制器还具备温度补偿的功能。

蓄电池：一般为铅酸电池，小微型系统中，也可用镍氢电池、镍镉电池或锂电池。其作用是在有光照时将太阳能电池板所发出的电能储存起来，到需要的时候再释放出来。

逆变器：其作用是将太阳能发电系统所发出的直流电能转换成交流电能。

太阳能光伏系统示意图如图 2-3 所示。

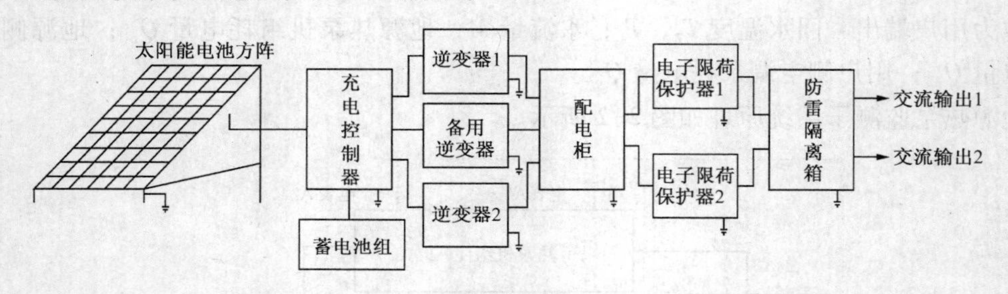

图 2-3　太阳能光伏系统示意图

在太阳能光伏远程监测系统所传输的数据中，太阳能辐照度可采用总辐射表（TBQ-2）测量得到，其所测位置在太阳能电池板的同表面处；采用 DTSD175 多功能电表在光伏发电系统输出处可计量光伏系统发电量、系统输出电压和频率等参数。

2.2　系统评价指标

2.2.1　太阳能热水系统技术经济评价指标的数学模型

太阳能热水系统与建筑集成的工程技术经济评价指标包括太阳能保证率、太阳能集热系统效率、太阳能热水系统效率、太阳能集热系统有用得热量、常规能源替代量五个参量。这五个经济指标的数学模型中所用到各种数据量有：太阳能集热系统输出能量 Q_{br1}、用户生活热水得热量 Q_c、太阳辐照能量 H、集热器面积 A、集热器循环泵耗能 Q_{pc}、水箱辅助能源消耗量 Q_a、热水输送管网耗能 Q_{p1}、太阳能供热系统有用得热量 Q_ψ、常规能源替代量 Q_Δ、太阳能保证率 f、太阳能集热系统效率 η_2、太阳能热水系统效率 η_3。

1. 太阳能保证率

太阳能保证率是指系统中由太阳能部分供给的热量除以系统总负荷，如式（2-1）所示。

$$f = \frac{Q_{br1}}{Q_c} \tag{2-1}$$

2. 太阳能集热系统效率

太阳能集热系统效率是指集热系统输出能量与集热器总输入能量之比，如式（2-2）所示。其中集热器总输入能量包括太阳辐照量和循环泵能耗。

$$\eta_2 = \frac{Q_{br1}}{H \cdot A + Q_{p1}} \tag{2-2}$$

3. 太阳能热水系统效率

太阳能热水系统效率是指用户生活热水的热量与集热系统所有消耗的能量之比，如式（2-3）所示，公式中不计管路损耗。

$$\eta_3 = \frac{Q_c}{Q_{br1} + Q_a + Q_{p1} + Q_{p2}} \tag{2-3}$$

4. 太阳能集热系统有用的热量

太阳能集热系统有用得热量是指在稳态条件下，特定时间间隔内传热物质从一特定集热系统面积（总面积或采光面积）上带走的能量，如式（2-4）所示。

$$Q_{\psi} = Q_{br1} \tag{2-4}$$

5. 常规能源替代量

常规能源替代量是指系统有用得热量与系统辅助热源功率或燃料、热媒的消耗量之差，如式（2-5）所示。

$$Q_{\Delta} = Q_{br1} - Q_{p1} \tag{2-5}$$

2.2.2 地源热泵系统的技术经济评价指标的数学模型

地源热泵系统的主要技术经济评价指标：制热/制冷工况系统能效比、热水工况系统能效比、室内外环境温湿度和全年土壤热平衡。本节基于制热/制冷工况系统能效比、热水工况系统能效比等经济评价指标建立数学模型，并进行处理分析。该数学模型所用的各种参数：系统输出热量 Q_b、地源热泵机组耗电量 Q_{p1}、地源侧循环泵耗电量 Q_{p2}、用户侧空调泵耗电量 Q_{p3}、用户端出回水温差 ΔT 和水流量 M。

1. 制热/制冷工况系统能效比

制热/制冷工况系统能效比是指在特定的冬季或者夏季工况下，系统的制热/制冷量与制热/制冷消耗功率之比，如式（2-6）所示。

$$COP_{系统} = \frac{Q_b}{Q_{p1} + Q_{p2} + Q_{p3}} \tag{2-6}$$

其中，系统输出热量 $Q_b = C \cdot M \cdot \Delta T$；$C$ 为水的比热容。

2. 热水工况系统能效比

热水工况系统能效比是指在特定工况下，制热水系统的制热量与制热水消耗功率之比，如式（2-7）所示。

$$COP_{热水} = \frac{Q_b}{Q_{p1} + Q_{p2}} \tag{2-7}$$

2.2.3 太阳能光伏发电系统技术经济评价指标的数学模型

太阳能光伏发电系统的技术经济评价指标包括：光伏发电系统效率、系统输出电量、逆变器转换效率、可再生能源利用率和光伏发电系统电能质量五个参量。

这五个评价指标的数学模型中所用到各参量有：光伏系统发电量 Q_i、光伏电池阵列上的太阳辐照 H、光伏电池阵列面积 A（m^2）、光伏发电系统效率 η_1、系统输出电量 Q_o、逆变器转换效率 η_2、逆变器输出电量 Q_{no}、逆变器输入电量 Q_{ni}、可再生能源利用率 f、建筑总耗电量 Q_t、光伏发电系统电能质量 E、输出电压 U、频率 F。

1. 光伏发电系统效率

光伏发电系统效率是指光伏系统发电量除以太阳总辐射能，其中光伏电池阵列上的太阳辐照量与光伏电池阵列面积的乘积为太阳总辐射能，如式（2-8）所示。

$$\eta_1 = \frac{Q_i}{A \cdot H} \tag{2-8}$$

2. 系统输出电量

光伏系统发电量即电能值就是系统输出电量，如式（2-9）所示。

$$Q_o = Q_i \tag{2-9}$$

3. 逆变器转换效率

逆变器转换效率是指逆变器的输出电量与逆变器的输入电量之比，如式（2-10）所示。

$$\eta_2 = \frac{Q_{no}}{Q_{ni}} \tag{2-10}$$

4. 可再生能源利用率

可再生能源利用率就是系统输出电量除以建筑总耗电量，如式（2-11）所示。

$$f = \frac{Q_o}{Q_t} \tag{2-11}$$

5. 光伏发电系统电能质量

光伏发电系统电能质量可以通过输出电压、频率、系统输出的波形等参数质量来评测。

本章参考文献

[1] 张晓力，于重重，段振刚，廉小亲．基于 WebAccess 的可再生能源示范建筑设备远程监控系统［J］．建设科技，2010，(24)：59-61.

[2] 孟杉，王立发，江剑．地埋管地源热泵空调系统经济性分析与设计优化［J］．中国建设信息供热制冷，2009，(01)：34-36.

[3] 廉小亲，张晓力，郝爱红，许飞．太阳能热水监测系统的数据处理及分析［J］．测控技术 2009，28 (8)：18-20.

[4] Hao Aihong，Zhang Xiaoli，Lian Xiaoqin，Xu Fei. Design of Solar Photovoltaic Remote Data Transmission System Based on GPRS. The 2010 IEEE International Conference on Measuring Technology & Mechatronics

Automation. March 13-14, 2010 Changsha, China 2010. Vol. 1, 1038-1042.
[5] 廉小亲，于重重，段振刚，刘载文．基于 Webaceess 的智能楼宇监控系统［J］．计算机工程与设计，2008. 29（24）：6382-6385.
[6] 刘剑．基于 WebAccess 及 PAC 的太阳能热水示范建筑监控系统设计及实现［D］．北京：北京工商大学，2008.
[7] ADAM-5000 IO Module Manual Ed-2. 3. pdf, 2007.
[8] 舒杰，吴昌宏，张先勇．基于 GPRS 的风光互补发电无线远程监测系统［J］．可再生能源 2010，28（1）：97-100.
[9] 马亚强．基于 WebAccess 及 PAC 的地源热泵示范建筑远程监控系统设计及实现［D］．北京：北京工商大学，2008.
[10] Peng Chen, Jie Liu, Chongchong Yu, Li Tan. Design and Implementation of Renewable Energy and Building. Integrated Data Analysis Platform 2010 Asia – Pacific Power and Energy Engineering Conference, 2010.
[11] 于重重，于蕾，谭励，段振刚．基于时序算法的太阳能热水监测系统数据预测分析［J］．太阳能学报，2010，31（11）：1413-1418.
[12] 宋凌等．太阳能建筑一体化工程案例集［M］．北京：中国建筑工业出版社，2013.

第3章 BIRE示范工程远程监测系统相关技术及构成

3.1 相关技术

3.1.1 PAC简介

1. PAC产生背景

自20世纪70年代PLC（Programmable Logic Controller，可程序逻辑控制器）取代了原有的继电器控制系统以来，被广泛地使用到各种控制系统中，成为自动化领域中极具竞争力的控制工具。但传统PLC的体系结构是封闭的，各PLC厂家的硬件体系互不兼容，编程语言及指令系统也各异，当用户选择了一种PLC产品后，必须选择与其相应的控制规程，并且学习特定的编程语言。尽管如此，PLC还是在很多工业应用中被使用。数十年来，PLC的卓越表现造就出自动化控制产业的快速起飞。

20世纪90年代，随着计算机技术的不断发展，工业环境有了巨大的变革。PC技术被导入许多仪器设备中，PLC开始出现前所未有的窘境，尤其是ERP、MIS的快速崛起，更直接突显出PLC在与新世代设备连接不足、无法兼容的缺点，因此工业计算机顺势而起。在许多工程应用中，PC机已能实现原来PLC的控制功能，并且具有更强的数据处理能力、强大的网络通信功能以及能够执行比较复杂的控制算法和其近乎无限制的存储容量等优势，但是基于PC的自动化控制也有其不足之处，其设备的可靠性、实时性和稳定性都较差，而这3个方面正是在工业现场经常需要克服的问题。

由于PC和PLC都有其各自的优缺点，因此，一种能把PLC和PC的特性最佳地结合在一起的控制器出现了。市场调查公司ARC咨询机构首次采用了可编程自动化控制器（PAC）这一术语，它定义了一种新类型的控制器，该控制器由一个轻便的控制引擎作为支持，并且提供了多种功能的开发工具。这种控制器结合了PC的处理器、RAM和软件的优势，以及PLC固有的可靠性、坚固性和分布特性。PAC是由ARC咨询集团的高级研究员Craig Resnick提出的，定义如下：

（1）具有多重领域的功能，支持在单一平台里包含逻辑、运动、驱动和过程控制等至少两种以上的功能。

（2）单一开发平台上整合多规程的软件功能如HMI及软逻辑，使用通用卷标和单一的数据库来访问所有的参数和功能。

（3）软件工具所设计出的处理流程能跨越多台机器和过程控制处理单元，实现包含运动控制及过程控制的处理程序。

（4）开放式模块化构架，能涵盖工业应用中从工厂的机器设备到过程控制操作单元的需求。

（5）采用公认的网络接口标准及语言，允许不同供货商的设备能在网络上交换数据。

PAC同时结合了PLC与PC的优点，为自动化产业再添生力军。PAC结合了PC的处理器、内存及软件，并且拥有PLC的稳定性、坚固性和分布式本质。PAC采取开放式架构，使用COTS（Commercial of the shelt），亦即它选用市面上已经成熟可用的产品组合成PAC平台，如此一来有几个好处：第一，产品彼此兼容性高，整合性强；第二，这些已经上市的产品技术都已相当成熟，无论是使用者还是组装者都容易上手；第三，市面上已经成熟的产品在价格上都已相当低廉，对成本控制十分有帮助；第四，使用这些市面上已有的产品，未来在升级方面也较为容易；第五，市场已有的现成产品，各种规格、标准都相当齐全，使用者可视本身需求，快速架构出产品。

2. PAC的特点

(1) 提供更佳化控制运算

在控制方面，PAC提供了较传统PLC更佳的控制运算，PLC使用的PID控制运算法在某些程序下并未最佳化。高级控制运算法不但需要强大的浮点运算处理器，也需要大量的内存，PAC平台可以同时提供这两项资源。自从全球经济快速起飞，原物料需求大增，价格不断攀升，因此工程师必须将其控制运算法最佳化，使它不只是简单的PID控制，以使浪费的情形降到最低。这些复杂的运算法往往运用控制设计技术（例如离散逻辑或神经网络），将过程的稳定时间（settling time）减到最少，在这方面PAC提供了很大的帮助。

PAC也提供了实时分析的能力，在机器监视应用中，来自模拟和数字I/O线路的数据必须实时撷取及分析，以便有效率地侦测到错误状况。复杂的历程用来有效率地监督机器的状况，PAC提供了高效率平台，让此类应用环境可进行实时分析。

(2) 安全性更胜一筹

PAC目前锁定的最大应用领域仍是工控，而来自工厂的实时数据可以令管理层进行资料充裕的决策，但是要安装能够提供工厂数据的系统可能相当困难。企业系统通常会透过ODBC、ADO及XML等标准，输入来自自动化系统的数据。PLC的做法是透过OPC之类的标准提供通信能力，也就是说必须加入PC才能使用OPC来取得数据，并且使用ODBC、ADO和XML之类的标准将数据公布到企业。而PAC可以有效率地将工厂数据整合至ERP系统，让控制系统能够直接和外部数据库通信。而当控制系统连接至数据库及网站时，安全性的考虑开始浮现。为了获得最高的安全性，许多厂商选择不要将自动化系统与企业连接，但是大致上来说，连接性的优点远超过安全性的考虑，虽然PLC可以保护它不被工厂的入侵者偷窃，但是PLC不容易受到保护，对抗以以太网络连接端口未受保护封包为目标的黑客。PAC可以在利用网络传输数据之际进行编码，因此而保护资料。虽然这在今天可能不是关切的重点，但是在未来，它可能会是影响PAC进驻工厂的主要因素。

(3) 一机多用，节省成本

就建置成本来看，在小型的数字控制应用中，控制器的价格可能比I/O模块的价格更高。对这些应用环境而言，一个仅控制数字I/O线路的微型PLC可能是理想的解决方案。但是，如果系统需要视觉或仪器控制，就必须为这些功能另外购置独立的控制器。PLC控制器并非为了仪器控制所需的高速模拟I/O或视觉应用所需的高速数据传输速度而设计，因此PLC没有视觉或仪器控制模块。必须为这些应用购置独立的控制器，因此而提高成本。而以PAC的状况来看，一部控制器和机架就可以处理数字及模拟I/O、动作、视觉及仪器，因此节省多部控制器的费用，每当控制系统需要多重功能时，PAC相比之下成本最低。

在工厂中，振动常常是造成PC当机的原因，这也是PLC的长项，大部分PLC采用NEMA封装。在这种环境中，具备额外冷却设计、坚固外壳、加强振动及冲撞规格的PXI平台可以提供近似PLC的可靠性，不过此类的PXI平台上无法建置硬盘，而用闪存来取代，以避免振动所带的不稳定性，目前甚至有厂商将软件烧录在FPGA上来取代硬盘，如此一来将可完全将机械运作排除于PAC之外，增加稳定度。

目前自动化控制在设备的升级或变动的弹性也相当重视，当厂商改用具变通性的自动化功能来满足不断变动的客户需求时，希望能够推出模块化、具弹性而且可扩充的控制系统。虽然在I/O用途上限制在数字及动作之时，PLC系统也具备扩充性，但是即使想要加入视觉、仪器管制或高速模拟功能，PAC系统仍然具有扩充性。多部PC可以透过以太网连接，并依需求向上下扩充。而在换机时，工厂的工程师必须将关机时间限制在最低程度。当控制系统必须升级，或是要替换I/O模块时，必须能够在最短的时间内更换或加入模块。PLC的模块化本质能够达到这个目的。

（4）储存能力与数字模拟效能

储存能力也是PAC相对于PLC的优势之一，传统PLC仅有控制器的功能，并无内建硬盘或Flash，而PAC被视为PC的延伸，因此Storage的建置早已被视为标准规格之一。因此，使用PAC时，可以决定何时、如何记录数据，以及采用何种格式对于数据的采撷、汇集、整理甚至分析。对于需要使用海量存储器的高速应用（例如机器状况监视）而言，拥有高速处理器及海量存储器是很重要的。因为PAC系统使用的是市面上现有的硬件，因此PAC控制器可以采用Pentium4处理器配备1G内存。

在数字与模拟的处理方面，传统的PLC是唯一能够以正确的电压及电流为工业传感器及致动器提供数字I/O的平台。但是新的模块提供24V数字I/O，最高可达500mA电流驱动及光学隔绝，同时也提供各种功能，诸如看门狗（watchdog）定时器、可程序化的运转状态及输入过滤器，以提升安全性及稳定性，其价格可低到每个通道5美元。传统上，模拟I/O一直是PC平台的强项，主要是由于PCI总线的速度。现在有些PLC提供模拟I/O模块，但是在设定时相当笨拙，而且没有提供高分辨率及数据流通能力，PAC提供的模拟输入速度高达每秒2亿个样本，分辨率可高达24位。

（5）实时运算，快速连网

在应用部分，高数据传输速率一直是在PLC平台上加入视觉功能的绊脚石。今天，模拟、数字及FireWire摄影机的影像捕捉器已经可以供PXI平台上的视觉应用程序使用，无论是要检视汽车零件还是验证药品的包装皆可。形态匹配、光学字符辨识、色彩匹配、测量及色彩侦测是可以整合至控制程序中许多运算法的一部分。仪器控制也是PAC锁定的重点发展领域，最近物料处理公司开始将测试功能整合至其自动化系统中，为客户提供一个完整的测试及自动化方案。需要I/O的仪器包括数字器、数据来源与任意波型产生器等，这些I/O类型需要大量的数据流通量，只有PAC平台才能提供。

具备网络功能的PLC在这几年被炒热起来，PLC目前多采用各式工业总线，如FOUNDATION Fieldbus、DeviceNet、CAN、Modbus、Ethernet、Profibus及串行端口等，来提供连接能力。而PAC不但可以作为分布式I/O模块的中心，也可以扮演受控制者，成为现有系统的一部分，在以太网络的连接方面，PAC也比PLC要来得容易。

RT Linux、Pharlap ETS、QNX以及VxWorks都是PAC上常见的实时操作系统，实时系

统一向难以用程序设定，目前市面上仍以Linux、Windows CE. NET、VxWorks为主，其中Windows CE. NET因为熟悉度最高，因此也最为普及，不过稳定度仍是其一大缺点；Linux目前也有多家厂商开始采用；至于VxWorks，在市面上则相当罕见，实时控制系统开发工具虽然传统的梯式逻辑程序设计适合用于设计数字I/O，但是在处理模拟I/O、动作或视觉时可能略嫌笨拙。PAC可采用C与C++来作为程序语言，值得注意的是NI的Lab VIEW Real－Time一类的软件已经改变了工程师对于实时控制系统开发的看法。

PAC的人机接口可以使用I/O的同一个控制器，因此不需要额外的内嵌控制器即可在HMI中显示图形。与大部分控制系统（尤其是在混合和过程控制业界）需要连接至控制系统的人机界面（HMI）相比，PAC更具竞争优势。

PAC的出现将对自动化控制市场带来哪些冲击仍未可知，不过兼具了PLC与PC based两家之长的PAC在业界已掀起一股旋风，包括Siemens、GE FANUC、Rockwell、NI等PLC大厂都力推PAC，显见PAC成为PLC接班者的共识已逐渐形成。

3.1.2 网际组态软件简介

1. 网际组态软件

“组态”的概念是伴随着集散型控制系统（Distributed Control System，DCS）的出现才开始被广大生产过程自动化技术人员所熟知的。这个概念最早来自英文Configuration，含义是使用软件工具对计算机及软件各种资源进行配置，达到使计算机或软件按照预先设置、自动执行特定任务、满足使用者要求的目的。组态软件则是指一些数据采集与过程控制的专用软件，它们是在自动控制系统监控层一级的软件平台和开发环境，使用灵活的组态方式，为用户提供快速构建工业自动控制系统监控功能的、通用层次的软件工具。

组态软件自20世纪80年代初期诞生至今，已有20多年的发展历史。20世纪80年代的DOS版组态软件，其图形界面功能虽然不强，但实时性能较好；而20世纪90年代，随着微软Windows技术的风靡，组态软件技术也向OS/2移植，由此组态软件技术也得到了更广泛、更深入的发展与应用。但在20世纪90年代末，随着Internet技术的不断成熟与全球化的应用，组态技术好像已经无法与Internet技术同步发展了。随后，传统自动化软件厂商虽然也推出了自己的网络版（WWW版本）组态软件，其技术是将各项数据向Web发布，但这都无法克服基于单机内核的缺陷，由此在实时性等相关技术上都无法达到相应的要求，在远端的用户无法看到与现场同步的情况。

为克服传统组态软件的缺陷，一种网络化的组态软件诞生了。其中网际组态软件WebAccess就是一个有代表性的完全基于Web浏览器的组态软件。WebAccess是柏元网控信息技术（上海）有限公司推出的一种网络化组态软件，这家总部在美国的工控软件公司推出的WebAccess完全是以网络浏览器Internet Explore为基础的，与传统的组态软件相比，其基于网络架构的内核兼有传统组态软件的单机功能和网络功能，而且在网络功能上克服了传统组态软件的诸多架构局限，将有潜力成为未来网络时代的特色自动化软件。

2. Advantech WebAccess介绍

2006年，研华公司将美国柏元网控公司的WebAccess产品纳入旗下，并推出了Advantech WebAccess这个产品子品牌。Advantech WebAccess完全继承了WebAccess的所有特性，以网络浏览器Internet Explore为基础，并将TCP/IP协议内置于软件核心中，使得互联网的开放性成为 Advantech WebAccess（以下简称 WebAccess）系统的有机构成部分。

WebAccess 机制提供一个多协议和满足 Internet 开放性、同时保持实时控制的决定性和完整性需要的可互用的控制系统。WebAccess 系统通过开放的 Internet 环境和决定的实时控制环境，提供单一点从任何一个 Web 浏览器访问 Internet 和实时控制系统。

WebAccess 系统支持当今世界通行的 LonWorks、BACnet 标准，控制层具备强大的网络管理功能，支持 Modbus、SNMP、CORBA、XML、HTTP 等多种通信协议，支持即插即用的多协议互操作，从而大大降低了自动化及信息的构造成本，最大限度地使用了互联网资源，与第三方系统数据接口支持 DDE、OPC、ODBC、SQL 等方式，具有优越的开放性能及良好的互操作性。WebAccess 系统构造适用于各种规模的控制系统，系统升级与扩展方便易行，保障了用户的长期投资收益；系统提供友好便捷的应用开发环境，方便用户对系统进行规划、设计、建造以及维护等一系列管理活动。系统服务器运行平台为微软的 Windows NT4.0，2000 以上，上层总线采用 10 兆高速以太网，保证了整个系统的高速运行，系统支持 ODBC、标准 SQL 等多种第三方系统数据接口方式，可按照用户需要自动生成各种管理报表。

3.1.3 动态数据交换技术

1. 动态数据交换介绍

动态数据交换（Dynamic Data Exchange，DDE）协议，是一种开放的、与语言无关的、基于消息的协议，它允许多个应用程序以任何人为约定的格式交换数据或命令。DDE 是应用程序通过共享内存进行进程间通信的一种形式，它是不需用户干预的最好的数据交换方法。应用程序用 DDE 建立的链路不仅可进行一次数据传送，而且当数据更新时不需要用户参与就可进行数据交换。

动态数据交换（DDE）技术是一种高级的数据交换手段，交换的数据既可以是从一个应用程序拷贝到另一个应用程序中的信息，也可以是传递给其他应用程序进行处理的命令或击键指令。它用共享内存在应用程序之间交换信息，能够实现在不同计算机之间、各种应用程序之间直接进行通信，通过建立应用程序之间的数据链路，使得应用程序之间可以自动进行数据交换，而不需要用户干涉。这种功能对于远程监测和控制系统有着重要的意义。

动态数据交换总是在客户应用程序（Client）和服务器应用程序（Server）之间发生。客户应用程序启动数据交换是通过与服务器应用程序之间建立会话来实现的，以便向服务器应用程序发送一些事务。事务是对数据和服务的请求，服务器应用程序响应这些事务，为客户应用程序提供数据和服务。一个服务器应用程序可以同时有多个客户应用程序，一个客户应用程序也可以向多个服务器应用程序请求数据。一个应用程序可以既是客户应用程序又是服务器应用程序。

在一个 DDE 会话中，把创建这个链接的应用程序叫作“目标”（客户）应用程序，而把响应该链接的应用程序叫作“源”（服务器）应用程序。两个应用程序之间 DDE 会话需要有一个应用程序名称、主题以及项目。在两个应用程序之间建立的 DDE 链接类型大致可以分为三种基本形式：自动链接、手动链接和通知链接。自动链接在服务器应用的数据发生变动时自动更新到与之所链接的客户应用程序中；手动链接则是只有当客户特别请求了DDE时，DDE数据传送才发生；通知链接是建立会话后，若服务器应用程序的数据更新了，将发送一个消息给客户应用程序。

2. DDE技术的优势

应用动态数据交换技术，可以解决应用程序之间数据信息的自动交换过程，减少用户的干预操作，提高应用系统的自动化水平，满足应用系统实时性的要求。控制系统中应用动态数据交换技术，使得控制过程的显示和操作更直观、方便，信息管理更容易进行。由于自动化程度的提高，使操作运行人员大大减少，劳动强度也明显降低。从而在提高控制水平的同时，提高了经济效益。

3.1.4 ADO. NET技术

ADO. NET的名称起源于ADO（ActiveX Data Objects），这是一个广泛的类组，用于在Microsoft技术中访问数据。之所以使用ADO. NET，是因为Microsoft公司希望表明这是在.NET编程环境中优先使用的数据访问接口。它提供了平台互用性和可伸缩的数据访问。ADO. NET增强了对非连接编程模式的支持，并支持RICH XML。由于传送的数据是XML格式，因此任何能够读取XML格式的应用程序都可以进行数据处理。ADO. NET是一组用于和数据源进行交互的面向对象的类库。一般情况下，数据源是数据库，但它同样也可以是文本文件、Excel表格或者XML文件。

ADO. NET包含的对象：

1. SqlConnection对象

如果需要和数据库进行交互，就必须连接此对象。需要指明数据库服务器、数据库名字、用户名、密码，以及连接数据库所需要的其他参数。Connection对象会被Command对象使用，这样就能够知道是在哪个数据库上面执行命令。使用Command对象来发送SQL语句给数据库。Command对象使用Connection对象来指出与哪个数据库进行连接。

2. SqlDataReader对象

许多数据操作要求只是读取一串数据。DataReader对象允许获得从Command对象的Select语句得到的结果。

3. DataSet对象

DataSet对象是数据在内存中的表示形式。它包含了多个DataTable对象，而DataTable包含列和行，就比如在一个普通数据库中的表，甚至能够定义表之间的关系来创建主从关系。DataSet是在特定的场景下帮助管理内存中的数据而且支持对数据的断开操作。

4. SqlDataAdapter对象

如果使用的数据是只读的，并且很少需要将其改变至底层的数据源。同样一些情况要求在内存中缓存数据来减少不改变的数据被数据库调用的次数。Data Adapter通过断开模型方便地完成对以上情况的处理。当在批次地对数据库的读写操作持续的改变返回至数据库时，Data Adapter填充DataSet对象。Data Adapter包含对连接对象以及当对数据库进行读取写入时自动打开或关闭连接的引用。另外，Data Adapter包含对数据的Select、Insert、Update和Delete操作的Command对象引用。

总之，ADO. NET是与数据源交互的.NET技术。它与不同的数据源交流取决于它们所使用的协议或者数据库。然而无论使用什么类型的Data Provider，都将使用相似的对象与数据源进行交互。SqlConnection 对象管理与数据源的连接，允许与数据源交流并发送命令给它。如果想断开数据，使用 DataSet 能进行读取或者写入数据源的 SqlDataAdapter。

3.1.5 SQL Server 数据库简介

SQL Server 是一个关系数据库管理系统，它最初是由 Microsoft、Sybase 和 Ashton-Tate 三家公司共同开发的，于 1988 年推出了第一个 OS/2 版本。Microsoft 将 SQL Server 移植到 Windows NT 系统上，专注于开发推广 SQL Server 的 Windows NT 版本。Sybase 则专注于 SQL Server 在 UNIX 操作系统上的应用。本书中用的是 Microsoft 公司推出的 SQL Server2005 版本。

SQL Server 2005 是一个全面的数据库平台，使用集成的商业智能工具提供了企业级的数据管理。SQL Server 2005 数据库引擎为关系型数据和结构化数据提供了更加安全可靠的存储功能，可以构建和管理用于业务的高可用性与高性能的数据应用程序。

SQL Server 2005 数据引擎是企业数据管理解决方案的核心，它结合了分析、报表、集成和通知功能。与 Microsoft Visual Studio、Microsoft Office System 以及新的开发工具包的紧密集成，使 SQL Server 2005 与众不同。无论是开发人员、数据库管理员、信息工作者还是决策者，SQL Server 2005 都可以提供创新的解决方案，帮助用户从数据中更多地获益。

SQL Server 2005 重要的特点包括以下几个方面：

（1）数据库镜像

通过新数据库镜像方法，将记录档案传送性能进行延伸。可以使用数据库镜像，增强 SQL 服务器系统的可用性。

（2）在线恢复

使用 SQL Server 2005 服务器，数据库管理人员可以在 SQL 服务器运行的情况下，执行恢复操作的功能。在线恢复改进了 SQL 服务器的可用性，而数据库的其他部分依然在线、可供使用。

（3）在线检索操作

在线检索选项可以在数据定义语言（DDL）执行期间，允许对基底表格或集簇索引数据和任何有关的检索进行同步的修正。

（4）快速恢复

速度更快的恢复选项可以改进 SQL 服务器数据库的可用性。管理人员能够在事务日志向前滚动之后，重新连接到正在恢复的数据库。

（5）安全性能的提高

SQL Server 2005 包括了一些在安全性能上的改进，例如数据库的加密、设置安全默认值、增强密码策略、缜密的许可控制以及一个增强型的安全模式。

（6）专门的管理员连接

SQL Server 2005 引进一个专门的管理员连接，即使在一个服务器被锁住或者因为其他原因而不能使用的时候，管理员可以通过这个连接，接通正在运行的服务器。这一功能能让管理员通过操作诊断功能或 SQL 指令找到并解决问题。

（7）数据分割

数据分割将加强本地表检索分割，这使得大型表和索引可以得到高效的管理。

（8）增强复制功能

对于分布式数据库，SQL Server 2005 提供了全面的方案。修改、复制下一代监控性能、对多个超文本传输协议进行合并复制，以及就合并复制的可升级性和运行进行了重大的改良。另外，新的对等交易式复制性能通过使用复制改进了其对数据向外扩展的支持。

3.2 远程监测系统整体构成

本章主要介绍可再生能源与建筑集成示范工程中可再生能源系统远程监测系统的设计及实现方法。如何通过对示范工程可再生能源系统的分析，设计出一套实时、可靠、具有远传功能的可再生能源系统监测系统，实现对可再生能源系统在建筑中的运行情况进行连续测试，得出能够准确、真实地反映可再生能源系统运行情况的参数，为可再生能源系统性能技术经济评价工作提供基础和参考数据。

不同建筑气候区中不同示范工程所设计的远程监测系统，主要包括三个部分：①若干个示范工程监测子系统；②数据远程传输系统；③数据处理中心。系统总体组成框图如图 3-1 所示。

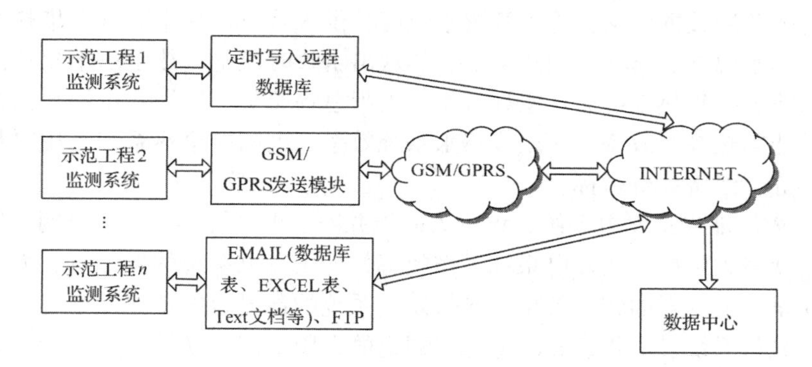

图 3-1 远程监测系统总体组成框图

（1）示范工程监测子系统

示范工程监测子系统的设计目的是为了准确、真实地反映不同建筑气候区可再生能源利用的建筑中可再生能源设备运行状况，并对其进行自动采集、数据存储、数据分析和报表处理，完成示范工程一年以上的运行监测。

示范工程监测子系统的构成可根据不同地区和示范工程的技术情况采取不同的监测方式和监测手段，但必须保证采集数据的有效、可靠、准确，并需连续运行一年以上。

（2）数据远程传输系统

数据远程传输系统是示范工程监测子系统所完成的数据采集和数据分析结果能可靠、有效、及时地传输至远方数据中心的媒介。

系统的传输也可以选择不同方式，即有线的或无线的，实时在线或延时离线的方式和方法。但前提是必须保证数据传输的可靠、准确。

（3）数据中心

数据中心是根据各个示范工程监测子系统所有传输的监测数据，对原始数据进行存储、显示、分析和报表处理、历史数据查询,并得到示范工程连续一年的综合经济评价指标。

3.2.1 示范工程监测子系统

示范工程监测子系统是针对可再生能源建筑设备远程监测方案进行设计的。监测系统的设计目的是为了准确、真实地反映可再生能源设备的运行状况，并根据这些数据进行数据处理及分析，以得到示范工程连续一年的综合经济评价指标。

系统监测方案的设计原则：根据可再生能源与建筑集成的示范工程种类以及工程技术评价指标要求，对相应的数据参数建立监测点，制定相应的监测方案。为可再生能源系统性能技术经济评价工作提供基础，为可再生能源的推广普及取得有价值的参考数据。

（1）针对地源热泵系统，评价系统在采暖工况、空调工况、热水工况时的性能及应用效果，同时测试地源热泵对土壤环境的影响。系统主要监测数据包括：用户侧和地源侧主干管进出水的流量、温度和压力，地源热泵机组全部电气设备的耗电量，室内外环境温湿度，以及用户侧和地源侧循环泵的耗电量等，以获得采暖工况系统能效比、空调工况系统能效比、热水工况系统能效比、全年土壤热平衡等综合经济评价指标。

（2）针对太阳能热水系统，评价在不同应用条件和工况下太阳能热水系统性能及应用效果。系统主要监测数据包括：冷水管进水温度、供水管出口热水温度、集热系统进水温度、集热系统出水温度、电辅助加热电量、热水出水瞬时流量、热水出水累计流量、集热系统循环瞬时流量、集热系统循环累计流量、太阳总辐照等。根据获得的数据得出太阳能保证率、太阳能集热系统效率、太阳能热水系统效率、太阳能集热系统有用得热量、常规能源替代量等综合经济评价指标。

（3）针对太阳能光伏发电系统，评价太阳能并网发电系统在并入主电网电质量满足要求的基础上，获得太阳能光伏发电系统工作效率、光伏发电系统的发电量、太阳能光伏发电系统发电质量、逆变器的转换效率、光伏发电系统的蓄电池的工作效率等。系统主要监测数据包括：光伏系统发电量、光伏电池阵列上的太阳辐照、系统输出电量、逆变器输出电量、逆变器输入电量、建筑总耗电量、光伏发电系统电能质量等，以获得光伏发电系统效率、逆变器转换效率、可再生能源利用率等综合经济评价指标。

3.2.2 数据传输方式

传输的方式和种类分为两种：一种是各个不同的可再生能源与建筑集成示范工程所采集的原始数据以及评价指标要通过远程传输的方式以有线或无线的方式采取不同的传输种类传送到远方的数据处理中心；另一种是在各个自监测系统的内部也需要进行数据传输。无论是远程的还是子系统的内部数据的传输，都采用了不同的数据传输技术。下面分别加以介绍。

远程数据的传输方式根据可再生能源与建筑集成示范工程的不同情况，上传的数据方式可以采取以下几种：

（1）FTP 传输方式

FTP 是 File Transfer Protocol（文件传输协议）的英文简称，而中文简称为“文传协议”。用于 Internet 上的控制文件的双向传输。同时，它也是一个应用程序（Application）。用户可以通过它把自己的 PC 机与世界各地所有运行 FTP 协议的服务器相连，访问服务器上的大量程序和信息。FTP 的主要作用就是让用户连接上一个远程计算机（这些计算机上运行着 FTP 服务器程序），察看远程计算机上有哪些文件，然后把文件从远程计算机上拷到本地计算机，或把本地计算机的文件送到远程计算机去。

各个不同的可再生能源与建筑集成示范工程所采集的原始数据和一些指标参数，可以通过 FTP 的方式远程传输至数字处理中心，或者远程的数据处理中心也可以通过此种方式向示范单位提取原始数据和指标参数。

（2）EMAIL 传输方式

电子邮件（electronic mail，简称 E-mail，标志：@）又称电子信箱、电子邮件，它是一种用电子手段提供信息交换的通信方式，是 Internet 应用最广的服务：通过网络的电子邮件系统，用户可以用非常低廉的价格（不管发送到哪里，都只需负担电话费和网费即可），以非常快速的方式（几秒钟之内可以发送到世界上任何指定的目的地），与世界上任何一个角落的网络用户联系，这些电子邮件可以是文字、图像、声音等各种方式。同时，用户可以得到大量免费的新闻、专题邮件，并实现轻松的信息搜索。

大量的可再生能源与建筑集成示范工程所采集的原始数据和一些指标参数，通过 EMAIL 传输方式远程传输至数字处理中心，或者远程的数据处理中心也可以通过此种方式向示范单位提取原始数据和指标参数。

（3）写入远程数据库传输方式

可再生能源与建筑集成示范工程所采集的原始数据和一些指标参数也可通过写入远程数据库的方式写入数据。

（4）基于 GPRS 技术的数据远程传输系统设计

数据远程传输实现原理：基于 GPRS 技术的数据远程传输系统主要由传输终端、GRPS 通信网络和数据服务中心三部分组成。数据传输终端采用智能电表驱动 GPRS 模块（DTU），经过 GPRS 网络连接到 Internet 实现数据传输的目的。由于中国移动 GPRS 网络用户可以选择 CMNET（China Mobile Internet）和 APN（Access Point Name）两个网络接入，从经济角度考虑，DTU 终端选择 CMNET 的接入方式。

具体方法是：传输终端通过 RS232 串口将数据从智能电表中读入，然后经由 DTU 加入控制信息，做透明数据协议处理后打包，通过 GPRS 网络将数据最终传送到数据服务中心，与数据中心进行数据交互；或者将 GPRS 网络中的数据读入 DTU，处理后通过 RS232 串口给智能返回结果。其中，DTU 对用户设备读取的数据提供透明传输通道。系统结构图如图 3-2 所示。

传输终端通过 RS232 串口从智能电表中接收数据，然后进行分析、处理，将数据打成 IP 包，通过 GPRS 模块接入 GPRS 网络，再通过各种网关和路由将数据发送到数据服务中心。GPRS 网络用 GGSN（Gateway GPRS Support Node，GPRS 网关支持节点）接入 Internet。GGSN 提供了 GPRS 网络和 Internet 直接的无缝连接，所以远程传输终端和数据服务中心的数据传输是透明的。

通信网络包括有线 Internet 和 GPRS 通信网络，因而具有永久在线、通信灵活的特点。根据通信模式的不同，既可实现通话也可实现数据传输及通话和数据传输同时兼容。

数据中心是整个数据传输系统的通信核心，主要功能是接收和处理 DTU 发送来的数据，并对终端进行结果反馈，实现数据的双向传输，包括服务器端的数据网络传输和数据库的管理等。

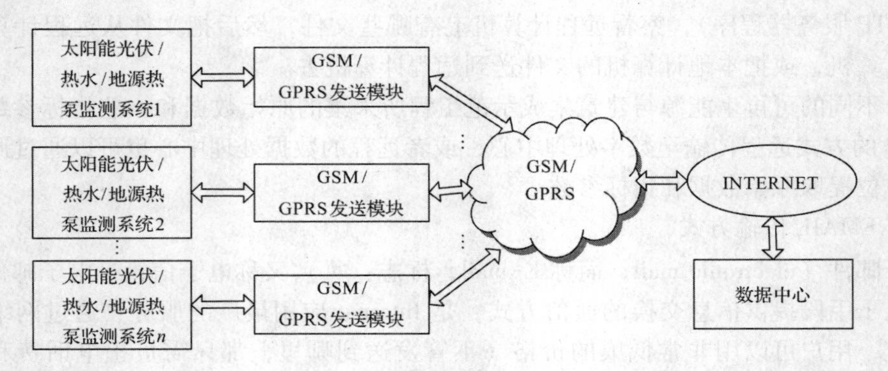

图 3-2　系统结构图

在实现数据服务中心和 DTU 的通信时，数据服务中心采用 TCP/IP 协议和一台接入 Internet 的 PC 机来进行数据的接收、处理及对终端的管理。DTU 一开机就自动附着到 GPRS 网络上，并与数据服务中心建立通信链路，随时收发用户数据设备的数据。

3.2.3　数据中心

可再生能源与建筑集成监测系统数据分析平台软件的设计目的是实现“可再生能源与建筑集成技术研究与示范”重点项目中 5 个气候区中各种类型的可再生能源示范工程的全部监测数据的采集，并针对可再生能源与建筑集成示范工程建立能源分析模型、搭建数据分析平台，提供示范工程的能量系统使用情况的基本分析，为可再生能源与建筑集成技术提供有效保证，为建筑管理部门提供参考，具体包括以下几个方面：

（1）推动建筑节能工作的需要

可再生能源与建筑集成监测系统数据分析平台软件是评价可再生能源在建筑中的使用效率最有效、最直接的方法，系统通过对已有监测数据的计算和分析，可以直观、明了地将分析结果提供给上级部门，帮助上级部门快速了解可再生能源建筑节能情况，为以后建筑节能工作的推广提供参考。

（2）为建筑节能分析提供统一依据

可再生能源评价模型对不同能源类型的建筑提供统一的经济指标，这些经济指标的建立，有助于从统一的角度分析不同种类型、不同建筑气候区的可再生能源建筑的能源使用情况，并进一步完成从不同侧重点分析某种能源类型在某种建筑气候区的适用情况。

（3）推动节能住宅评价体系的研究

可再生能源与建筑集成监测系统数据分析平台软件是一个集多个应用子系统于一体的复杂的数据分析系统，其主要任务是构建基于 XML 的 Web Service 监控中心数据存储、处理和网络发布系统，接收现有示范工程的全部监测数据，并将其存入数据库；开发异构数据转换平台，将不同建筑气候区的原始异构数据统一转化为 XML 格式；对各监测点的原始数据进行对比分析，建立可再生能源对建筑能耗贡献率的数学能源评价模型，对设备及建筑气候区的使用状况进行综合的评估，并提供网络发布功能，提供最新数据和历史数据的浏览、数据的导入及导出、不同数据多种形式的图形及表格显示以及报表功能等。

本章参考文献

［1］刘剑．基于 WebAccess 及 PAC 的太阳能热水示范建筑监控系统设计及实现［D］．北京：北京工商大学，2008.

［2］ADAM-5000 I/O Module Manual Ed-2. 3. pdf，2007.

［3］舒杰，吴昌宏，张先勇．基于 GPRS 的风光互补发电无线远程监测系统［J］．可再生能源 2010，28（1）：97-100.

［4］马亚强．基于 WebAccess 及 PAC 的地源热泵示范建筑远程监控系统设计及实现［D］．北京：北京工商大学，2008.

［5］胡锦晖，胡大斌．基于 DDE 技术的监控软件及其实现［J］．微计算机信息，2004（11）：70-71.

［6］刘明．基于 GPRS 网络和 B/S 结构实现排污远程监控系统［J］．工业控制计算机，2009，（02）：44-46.

［7］李春生，罗晓沛．基于．NET 实现分布式数据库查询［J］．计算机工程与设计，2007，28（12）：2937-2939.

［8］Peng Chen，Jie Liu，Chongchong Yu，Li Tan. Design and Implementation of Renewable Energy and Building Integrated Data Analysis Platform. 2010 Asia-Pacific Power and Energy Engineering Conference，2010.

［9］谭励，陈鹏，于重重．基于能源分析模型的可再生能源与建筑集成平台的研究［J］．计算机应用研究，2010，27（10）：3816-3819.

［10］于重重，于蕾，谭励，段振刚．基于时序算法的太阳能热水监测系统数据预测分析［J］．太阳能学报，2010，31（11）：1413-1418.

［11］吴康．新兴可编程自动控制器 PAC 特征与应用［J］．机床电器，2007（4）：13-15.

［12］徐志伟．基于 PAC 的网络监控系统的研发［D］．南京：南京理工大学，2007.

［13］http：//www. gongkong. com/customer/advantech/pac_ zl1. asp.

［14］ARC Advisory Group. Programmable Logic Controller Worldwide 0utlook. www. arcweb. com.

［15］Hu W.，Schroeder M.，Starr A. G. A knowledge-based real-time diagnostic system for PLC controlled manufacturing system. IEEE SMC'99 Conference Proceedings，1999（4）：58.

［16］D. Adalsteinsson and J. A. Sethian，The Fast Construction of Extension Velocities in Level Set Methods，journal of Computational Physics 148，2-22（1999）.

［17］Craig Resnick Programmable Automation Controller：A New Class of Systems Have Emerged. www. arcweb. com.

［18］张仁杰，周麟．基于网际组态软件 WebAccess 的远程监控实验系统［J］．工业控制计算机，2002，（12）.

［19］谢军．工控组态软件的功能分析与应用［J］．交通与计算机，2000（3）.

［20］易江义，周彩霞．工业组态软件的发展与开发设计［J］．洛阳工业高等专科学校学报，2003，13（1）.

［21］李文等．基于 WebAccess 的远程监控系统的研究［J］．工业仪表与自动化控制，2009，05：23-53.

［22］蒋冰华，叶晗，蜂帆．基于 WebAccess 的真三轴仪电气监控系统设计［J］．计算机应用于软件，2008，09.

［23］叶安胜，周晓清．ADO. NET 通用数据库访问组件构建与应用［J］．现代电子技术，2009，（18）：102-104.

［24］叶倩，刘翼．基于 SQL Server 数据库的 ADO. NET 数据访问技术［J］．现代电子技术，2008，（18）：74-77.

[25] 姜黎莉，姜巍巍. Access 数据库与 SQL Server 数据库［J］. 知识经济，2010，(04)：112-113.
[26] 罗海兵，张艳敏等. SQL Server 2005 远程连接问题的解决［J］. 河北工程技术高等专科学校学报，2009，(04)：42-44.
[27] 贾文. SQL Server 数据库安全监控系统的设计与实现［J］. 信息与电脑，2009，(12)：124.

第 4 章　基于 WebAccess 组态软件的太阳能热水远程监测系统

4.1　基于 WebAccess 监测子系统构成及工作原理

4.1.1　监测子系统构成

太阳能热水监控系统主要用于监控建筑中太阳能热水系统相关设备运行，并采集系统运行必备参数、太阳能利用情况分析参数以及各种其他能源（主要为电能）的使用情况。根据太阳能热水系统的运行需求，本章设计了一套远程监控系统，用于监控太阳能热水系统。整个监控系统由现场监控设备、本地监控点和远程监控中心三部分组成，系统配置图如图 4-1 所示。

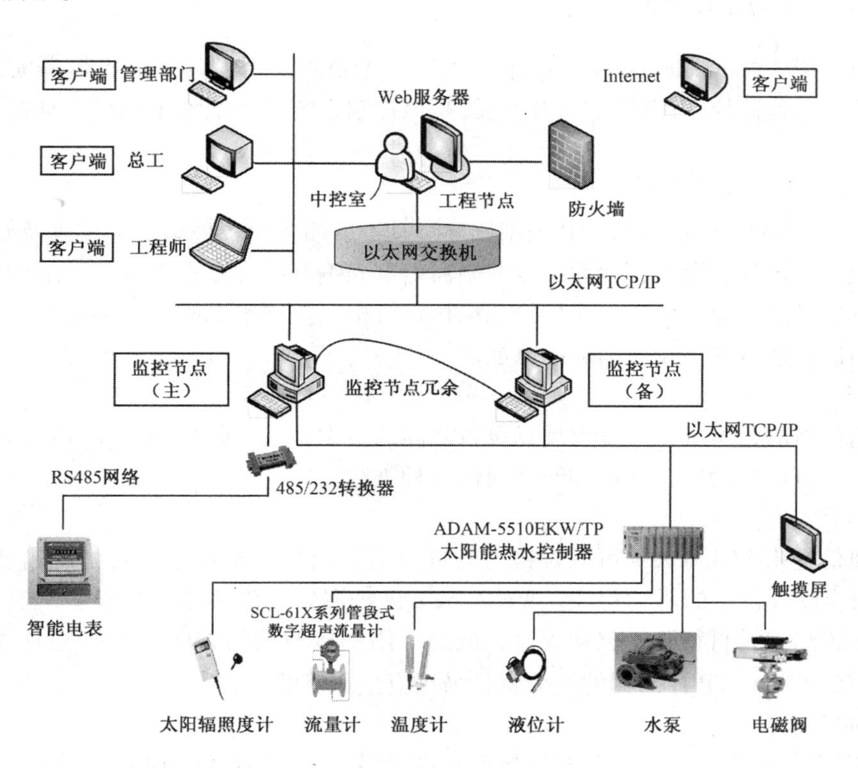

图 4-1　系统配置图

1. 现场监控层

现场监控层主要由研华公司 ADAM-5510EKW/TP 控制器、智能电表构成。控制器用于监测现场温度计、液位计、流量计和太阳辐照度计采集的数据，以及各阀门水泵的状态，并接收上位控制命令，对水泵、电磁阀进行控制；智能电表用于监测电加热设备消耗的电能量。

2. 本地监测点

本地监测点主要由三台工控机及一台触摸屏组成。两台工控机作为监控节点计算机，通过 RS485 标准总线连接现场智能电表，通过以太网连接现场控制器，采集现场数据，并将上位机命令传输给控制器，执行相应的控制命令。这里采用了双监控节点冗余技术，因此当一个监控节点出现故障或需要维护时，整个系统不会停止运行，保障了正常的供水。

系统采用另一台工控机作为工程节点计算机，它的主要任务是通过以太网接收监控节点的数据并备份，然后作为一个数据服务器，供局域网内的客户端计算机访问，并可进一步连接 INTERNET 网络，供远程监测中心的客户端计算机访问。

触摸屏安装在现场电控柜上，用于在现场对太阳能热水系统进行监测和控制。

3. 远程监测中心

远程监测中心采用工控机作为客户端计算机，它通过 INTERNET 访问现场的工程节点，读取相关数据。

4.1.2 监测子系统工作原理

该系统采用 Advantech WebAccess 组态软件及 ADAM-5510EKW/TP 控制器实现对太阳能热水系统的远程监控，而远程监控的前提是该控制系统已经实现了现场自动控制并且含有远程通信节点。

1. 现场控制

研华公司 ADAM-5510EKW/TP 控制器通过其扩展输入模块采集现场仪表及阀门信息，并接收上位组态软件的命令，然后按照控制器内事先编好的程序逻辑运算，最后将处理后的命令信息通过其扩展的输出模块传给现场执行机构，控制水泵和阀门的运行。而智能电表则可以精确测量电加热设备消耗的电能。

2. 现场通信

现场通信指的是 WebAccess 与现场设备之间的数据传输。按照 WebAccess 与硬件设备的通信关系，可以分为直接通信和间接通信两种方法。

（1）直接通信

直接通信是指 WebAccess 可以直接与硬件设备进行数据交换。这种情况需要 WebAccess 具有相应硬件设备的驱动程序。WebAccess 已经嵌入了许多自动化设备的支持，但在许多情况下仍然需要自行开发驱动程序，或是采用间接通信的方法。该系统中 WebAccess 与 ADAM-5510EKW/TP 控制器的通信就是采用直接通信的方式。

（2）间接通信

间接通信是指 WebAccess 不直接接触硬件设备，而是通过 DDE（Dynamic Data Exchange）、OPC（OLE for Process Control）、API（Application Programming Interface）等“软通道”来获取系统数据。具体的实现方式是：首先，通过别的应用程序连接硬件设备，采集现场数据；其次，WebAccess 通过与应用程序之间上述“软通道”来获取数据，从而实现监控。该系统中 WebAccess 与智能电表的通信就是采用间接通信的方式，具体的实现方式将在本章4.5节介绍。

3. 网络传输

网络传输是指数据在网络上由客户端到监控节点和由监控节点到客户端的传输，这项功能是由WebAccess平台的三个节点自动完成的。

（1）工程节点作为集中的数据库和Web服务器，提供客户端和监控节点间的初始连接，并提供“工程管理员”功能，以创建I/O数据库、报警和图形等。

（2）监控节点是一个远程计算机，它与自动化设备连接并通信。监控节点软件提供管理控制和数据采集（SCADA）功能，包括：通信驱动程序（Modbus、OPC和其他PLC、I/O、过程控制、自动化设备、DCS和DDC）；报告和趋势记录实时数据；报警和报警记录；安全和事件记录等。

（3）客户端用Web浏览器来充当一个全功能的操作员站和工程师站，它实际上是一种人机界面（HMI）软件，它提供实时的数据显示、动画、趋势、报警和报告等功能。

系统通过实现现场控制、现场通信和网络传输这三部分功能，最后实现了对太阳能热水系统的远程监控。

4.1.3 监测子系统网络架构

系统网络是将上位机监控系统和下位机控制系统联系起来的介质，通信网络的可靠性、快速性直接关系到整个系统的运行状况和控制功能，所以进行合理的网络架构选择从而保证监测系统的正常高效运行相当关键。

1. 底层控制网络

底层控制网络即各监控节点控制主机与控制器、智能电表之间的数据传输网络，主要由以太网和485总线网络组成。其中太阳能热水控制器通过采集模块采集各设备状态，并进行相应控制；通过以太网与两监控节点进行通信，读取上位机指令进行实时控制，并将系统状态参数反馈给上位机。智能电表则直接通过485总线网络将数据反馈给监控节点计算机。

2. 中间层专用网络

中间层网络由以太网组成，通过WebAccess开放的标准数据接口如ODBC、DDE、OPC等实现监控节点与工程节点的通信。系统采用两台工控机作为一用一备两个监控节点，系统自带故障诊断程序，当监测到主监控节点异常时，自动切换到备用监控节点，以实现冗余监控。工程节点通过中间层网络读取监控节点数据，并实现数据的备份。

3. 上层管理网络

上层管理网络由以太网和INTERNET网络组成，主要负责工程节点与客户端的通信。各客户端用户通过上层网络，访问工程节点，监控和巡视底层各系统状况和参数，并可进行相应控制。采用这种方法有效地实现了计算机与控制器之间大量信息的高速交换，实现了对系统状态的实时监控。

4.2 监测子系统监测节点的硬件设计

4.2.1 控制器模块的选型

在系统设计时，良好的硬件配置是整个系统运行的保障，因此整个控制系统的控制核心——控制器的选择显得尤为重要。目前，市场上控制器种类比较多，其中最主要的是可编程逻辑控制器、软逻辑控制器等。因此要选择合适的控制器必须做好选型工作。

工艺流程的特点和应用要求是控制器选型的主要依据。控制器及有关设备一般应是集成的、标准的，要按照易于与控制系统形成一个整体、易于扩充其功能的原则选型。所选用控制器应是在相关领域有投运业绩、成熟可靠的系统。控制器的系统硬件、软件配置及功能应与装置规模和控制要求相适应。

因此，在工程设计选型和估算时，要详细分析工艺过程的特点、控制要求，明确控制任务和范围，然后根据控制要求，估算输入输出点数、所需存储器容量、确定控制器的功能、外部设备特性等，最后选择有较高性价比的控制器和设计相应的控制系统。

1. 存储器容量的分析

存储器容量是指控制器本身能提供的硬件存储单元容量大小。存储器中用户应用项目使用的存储单元的容量大小称为程序容量。所以在设计时必须选择合适的存储器容量，它的容量必须大于程序容量。而在设计阶段，由于用户应用程序尚未编制，程序容量是未知的，只有在程序调试之后才能知道。因此，在设计选型时，要对程序容量有一定的估算，通常采用存储器容量的估算来替代。

程序存储器容量的估算与许多因素有关，例如点数、运算处理量、控制要求、程序结构等。它的估算没有固定的公式，许多文献资料中给出了不同的公式，大体上都是按数字量I/O点数的10~15倍，加上模拟I/O点数的100倍，以此数为内存的总字数（16位为一个字），另外再按此数的25%考虑余量。

I/O点数估算时应考虑适当的余量，通常根据统计的输入输出点数，再增加10%~20%的可扩展余量后，作为输入输出点数估算数据。最终订货时，再根据制造厂商控制器的产品特点，对输入输出点数进行调整。该系统I/O点的统计如表4-1所示。

控制器I/O点数　　表4-1

类　型	点　数
数字量输入点	5
数字量输出点	4
模拟量输入点	10
模拟量输出点	0

对于同样的系统，不同的编程人员设计的程序不同，其长度和执行时间也会有很大差异，因此在考虑存储器容量时应当留有适当裕量，一般可按计算结果的考虑。点数是可以扩充的，一般均可满足程序容量需求。

2. 控制器功能的分析

控制器功能选择也很重要，合适的功能不仅能提高系统的运行效率，也能给开发人员的开发设计提供很多便利。常见的控制器功能有运算功能、控制功能、通信功能、编程功能、诊断功能和处理速度等。从该系统实际情况分析，需要从以下功能特点上去选择合适的控制器。

（1）运算功能

一般的运算功能包括逻辑运算、计时和计数、数据移位、比较等功能；较复杂的运算功能有代数运算、数据传送等。该系统从控制逻辑上不需要高级的运算功能。

（2）通信功能

控制系统需要支持常见现场总线和标准通信协议（如 TCP/IP），可以与管理网（TCP/IP）相连接。通信协议应符合 ISO/IEEE 通信标准，应是开放的通信网络。系统要具有常见的通信接口，如串行、工业以太网等。为减轻 CPU 通信任务，根据网络组成的实际需要，系统最好选择具有工业以太网的通信处理器。

（3）编程功能

常见的标准化编程语言有五种：顺序功能图（SFC）、梯形图（LD）、功能模块图（FBD）三种图形化语言和语句表（IL）、结构文本（ST）两种文本语言。选用的编程语言应遵守其标准（IEC 6113123）。

（4）处理速度

控制器采用扫描方式工作。从实时性要求来看，处理速度应越快越好，如果信号持续时间小于扫描时间，则控制器将扫描不到该信号，造成信号数据的丢失。

标准的编程环境：工厂操作人员需要具备在维护和排除故障时恢复系统的能力。使用梯形逻辑，他们可以手动迫使线圈恢复到理想状态，并能快速修补受影响的代码以快速恢复系统，高级编程语言对工厂操作人员来讲较难学习。如今，IEC-61131-3 标准提供了五种 PLC 编程语言，几乎可以涵盖全世界所有 PLC 使用者，三种图形化语言可以混合使用，大大节省了开发控制程序的编程时间，使用 IEC-61131-3 标准语言编程的成功案例亦不断增加，全世界 PLC 制造商及用户接受此标准的速度正快速增加中。

开放性的自动化架构：开放性架构的优势可从使用 Ethernet TCP/IP、Internet 与 IT standards 充分被突显出来。对于目前的生产制造系统，能和企业的网络通信，并将企业内的数据整合发挥至极致是非常关键的。OPC、XML 和 SQL 查询语言都是常用的技术，这些技术实现了较快速地更新实际数据，而且节省了频宽，不再用轮询方式，而是根据事件触发来传送数据。

3. PAC 控制器模块的选择

在一个控制系统中，各种控制设备、硬件以及软件的选型一般应尽可能地采用同一个生产厂家的产品。这样做的主要优点在于：便于备件的采购管理，模块可以互为备份，节约成本；同一生产厂家的产品的兼容性比较好；另外，同一厂家的设备功能及编程方法统一，便于用户程序的开发、修改及维护。在设计中，该系统选择了研华公司的产品。

基于前面的分析，选用了研华公司的 ADAM-5510EKW/TP 软逻辑控制器，它属于研华公司的 PAC 产品之一。ADAM-5510EKW/TP 控制器含有很大的存储量，可以显著提高系统的效率和用户编程的灵活性。其主单元含有 1.5MB 闪存和 640kB 的 SRAM，其中包括 32kB 的电池备份 RAM；其丰富的串口和 Ethernet 接口使其可以非常方便地与基于 Modbus RTU 的远程 I/O 或第三方设备或仪表整合在一起。它还支持 5 种标准 IEC61131-3 编程语言，因此 PLC 用户可以使用熟悉的编程语言来开发自己的程序。另外，采用以太网架构的控制系统比传统 PLC 成本降低 30%，当控制系统中模拟量 I/O 点数超过总 I/O 点数的

20%时，成本根据百分比的不同有不同程度的降低。

ADAM-5510EKW/TP 控制器是一款具有以太网功能的软逻辑控制器，它配置了软逻辑的运行引擎。它是一种基于 PC 开发结构的控制器，具有硬 PLC 在功能、可靠性、速度、故障查找等方面的特点，利用软件技术可以将标准的工业 PC 转换成全功能的 PLC。同时包含了 PC 和 PLC 的数字量 I/O 控制、模拟量 I/O 控制、数学运算、数值处理、网络通信等功能，通过一个多任务控制内核，提供强大的指令集、快速而准确的扫描周期、可靠的操作和可连接各种 I/O 系统的及网络的开放式结构。因此，它提供了与硬 PLC 同样的功能，同时又提供了 PC 环境的各种优点。

4.2.2 PAC 控制器模块介绍

1. ADAM-5510EKW/TP 控制器

ADAM-5510EKW/TP 控制器基于工业以太网技术，提供 8 个插槽，通过多通道 I/O 模块，实现数据采集、监视、控制等功能，每个控制器支持 8 个 I/O 模块，最多可以支持 128 个本地 I/O 点。其通信连接简单方便，可采用两种方法：采用交叉线以太网电缆连接工控机网卡的 RJ45 口与 5000/TCP 模块的 RJ45 口；采用直连线以太网电缆，将工控机网卡的 RJ45 口、5000/TCP 模块的 RJ45 口均连至交换机的 RJ45 口。ADAM-5510EKW/TP 系列还内建 Modbus RTU/TCP Server，可以方便地与 SCADA 系统的 HMI 组态软件或 Modbus OPC Server 进行通信。

此外，还允许用户通过以太网运行 Multiprog 编程软件，对多台 ADAM-5510EKW/TP 控制器进行远程维护。ADAM-5510EKW/TP 系统可以当作一个以太网 I/O 数据处理中心工作，可以以 10/100Mbps 的通信速率对现场信号进行采集、监视和控制，可以在工业网络环境下获得最佳的通信性能。用户可以方便快速地完成基于以太网架构的编程。

2. ADAM-5017 模拟量输入模块

ADAM-5017 是 8 路差分模拟量输入模块，有效分辨率 16 位，信号输入类型 mV（±150mV、±500mV）、V（±1V、±5V、±10V）、mA（±20mA，需焊接 250Ω 电阻），通道输入范围可程控，但 8 个通道只能设为相同的输入范围。隔离电压 3000V，应注意任意两个输入端之间的电压不可超过 ±15V。

模块用工程单位把数据提供给主电脑（mV，V or mA）。这个模块是工业测量和检测应用极其好的解决方案，它主要用于采集温度、液位以及流量等模拟量输入信号。

3. ADAM-5051 数字量输入模块

数字量输入模块将位于现场的开关触点的状态经过光电隔离和滤波，将从过程传输来的外部数字信号转化为内部信号电平，然后送到输入缓冲器等待采样，采样时，信号经过背板总线进入到输入映像区。

ADAM-5051 是 16 路数字量输入模块，提供 16 个接线端子。既可以接入干接点信号，也可以接入湿接点信号。ADAM-5510EKW/TP 控制器可以用这个模块的数字输入决定界限和安全开关的状态，或接收遥远的数字信号。通过它可以采集如水泵运行状态信号、阀门开到位和关到位信号等数字量信号。

4. ADAM-5068 继电器输出模块

ADAM-5068 继电器输出模块提供 8 个继电器通道，用于控制晶体管继电器。开关能用来控制晶体管继电器。模块击穿电压为500VAC（50/60Hz），继电器接通时间（典型）为7ms，继电器断开时间（典型）为3ms，总切换时间为10ms，绝缘电阻为1000MΩ（最低500VDC）。

该系统主要采用继电器输出模块来控制水泵的启停以及电磁阀的开关。

4.2.3 智能电表

该系统为了分析辅助热源耗能情况，需要准确计量电加热设备消耗的电能，最方便的方法就是安装一块具有通信功能的智能电表。此处选用的是深圳思达科技有限公司的DDSF36型单相电子式复费率电能表，它具有以下功能：

（1）总电能计量功能。可计量正向及反向有功电能并累加为总电能，同时单独计量反向有功电能、反向用电时间。

（2）月数据转存功能。电表在设置的自动抄表日、时自动转存本月的总有功电能及各费率的有功电能。电表最多能储存前12个月的历史数据，掉电后数据能保存100年。

（3）数据通信。通过红外和RS485通信接口对表进行功能设定、时钟设置、时段编程、抄表等。

（4）显示/查看功能。采用大屏幕带汉字指示的宽温型液晶（LCD）显示方式，显示/查看当前用电数据、当前费率、日期、时间及历史数据、电表设置参数等。

4.2.4 触摸屏

选用研华Webview-1261作为现场触摸屏控制器，它支持触摸功能，实现设备的现场显示和控制，同时提供丰富的接口类型，包括以太网接口，RS485、RS232（DB9）、USB 2.0、CF卡插槽等。内置WinCE操作系统和WebAccess组态软件，可以运行画面组态和逻辑控制，显示和控制现场设备。

值得一提的是由于内置WinCE操作系统和WebAccess组态软件，而该系统的上位也是用WebAccess组态软件，因此在开发人机界面过程中，只需要在工控机上开发，然后直接移植到触摸屏控制器中进行必要的设置就可以使用，避免了二次开发人机界面，提高了开发效率。

4.2.5 工控机

系统工控机选用的是研华IPC610H型工控机。IPC610H型工控机是4U高14槽机架安装工业电脑机箱，专为任务关键应用而设计。此机箱包括一个通用14槽无源底板、带PFC（功率因数补偿）电源的高效300WATX和易于维护的双冷却风扇。机箱前面板上的系统状态LED指示灯可显示电源、硬盘和系统电压的运行情况。带有两个高CFM风扇的先进冷却系统能够提供充足的气流来冷却系统的主要部件。前端接线的USB和PS/2键盘I/O接口可以连接各种外部设备，以便进行数据传输、备份和输入。灵活的机械设计支持单PS/2电源或冗余电源（通过更换电源托架）。所有这些特点使IPC610H型工控机成为性价比最佳和总价最优的选择。

IPC610H型工控机作为上位机工作平台，需要安装研华WebAccess组态软件，实现上位机的画面组态、I/O点配置、报警显示等功能。操作员通过画面可以清楚地了解到整个小区设备的运行情况，通过报警确认以最快的速度响应现场意外事件，最大限度地保护业主的生命和财产安全。

4.2.6 RS232 转 RS485 智能转换模块

RS232 转 RS485 转换模块主要用于将信号在 RS232 到 RS485 信号之间相互转换，可以在无控制输入输出的情况下智能地识别数据的传输方向。通过该转换模块具有 RS232 接口的 PC 机连到工业 RS422 或 RS485 网络，读取 RS485 网络上的电表数据。由于此类模块较多，不指定型号。

4.2.7 硬件清单

系统选用的硬件清单如表 4-2 所示。

硬件清单　　表 4-2

设　备	数量	单位	设　备	数量	单位
ADAM-5510EKW/TP 控制器	1	个	DDSF36 型单相电子式复费率电能表	1	个
ADAM-5017 模拟量输入模块	2	个	研华 IPC610H 型工控机	4	台
ADAM-5051 数字量输入模块	1	个	触摸屏	1	台
ADAM-5068 继电器输出模块	1	个	RS232 转 RS485 转换模块	1	个

4.3 监测子系统监测节点的软件设计

这里主要包括 ADAM-5510 控制程序设计。

4.3.1 编程软件 MULITIPROG 介绍

1. MULITIPROG 概述

不同的 PLC 平台和生产厂家之间的不兼容性，使得用户在硬件、软件上的投资大大增加。为解决这一问题，国际电工委员会制定了有关 PLC 的标准 IEC61131，IEC61131-3 是其中对于编程系统的定义，包括以下编程语言：指令表（IL）、结构化文本（ST）、梯形图（LD）、功能块图（FBD）、顺序功能图（SFC）、带有综合诊断功能的机器顺序功能图（MSFC）。它使编程语言、PLC 与编程系统之间的接口、指令表标准化，能够广泛应用于集散型控制系统、工业控制计算机、数控系统、远程终端单元等产品。

MULITIPROG 正是符合以上特点的一套编程系统，它完全符合 IEC 标准，适用于 PLC 和软逻辑控制器编程。程序组织单元 POU（Program Organize Unit）是 MULITIPROG 程序的语言元素，它们是包含了程序代码的独立软件单位。POU 由变量声明部分和代码本体部分组成：在变量声明部分，定义所有局部变量；在代码本体部分，用诸如指令表（IL）、结构化文本（ST）、梯形图（LD）等编程语言编写指令。MULITIPROG 中有三种不同的 POU 类型可用：

（1）功能 FU（Function Unit）

功能是带有多个输入参数和一个唯一输出参数的 POU。在一个功能内可以调用另外的功能，但不能调用功能块或程序。功能的调用与所使用的硬件和 PLC 类型相关。

（2）功能块 FB（Function Block）

功能块是带有多个输入/输出参数和内部存储单元的 POU。功能块的返回值取决于其内部存储单元的值。在一个功能块中可以调用其他的 FB 或 FU，功能块自身也可以被插入到 POU 的代码体中，但不能调用程序。

（3）程序

程序 POU 通常包含了功能/功能块调用的一个逻辑组合，程序的行为和用途类似于功能块，程序具有输入和输出参数，而且可以具有内部存储区。

2. MULITIPROG 环境介绍

MULITIPROG 编程软件遵循 IEC-61131-3 的国际 PLC 编程标准，同时支持功能块图（FBD）、梯形图（LD）、顺序功能流程图（SFC）、指令表（IL）和结构化文本（ST）五种编程语言，并且支持在同一个编程页面中 FBD、LD 和 SFC 三种图形化语言的混合编程。其 MultiTask 架构除可以在一个工程的程序中使用不同语言外，还支持浮点运算、复杂的算法，支持仿真测试和在线监控、调试功能，支持串口下载和网络下载程序，并且还有 PID 控制模块进行 PID 运算的功能。MULITIPROG 编程环境如图 4-2 所示。

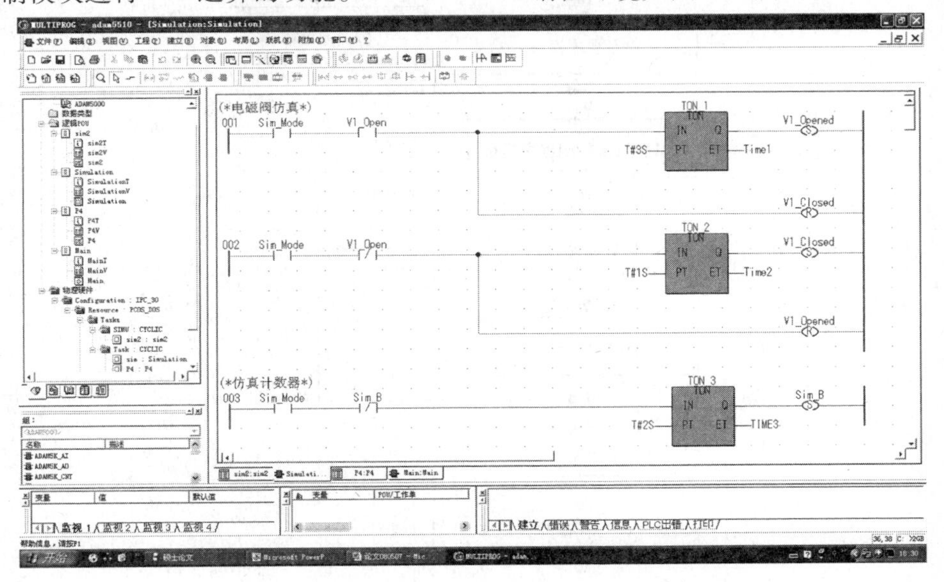

图 4-2 MULITIPROG 编程环境

4.3.2 ADAM-5510 程序设计及实现

控制器程序设计的基本目标是用工艺逻辑相应的算法，对从现场设备获取的原始数据进行处理，并将处理完的数据命令发送给现场设备，从而获得所期望的控制效果。但这仅仅是程序设计的基本要求。要全面提高程序的质量，提高编程效率，使程序具有良好的可读性、可靠性、可维护性以及良好的结构，编制出好的程序来，应当是每位程序设计工作者追求的目标。而要做到这一点，就必须掌握正确的程序设计方法和技术。

该系统控制器程序采用了结构化的程序设计方法。这种设计方法首先是用于与 C 语言类似的相关语言方面的。通过对该系统的开发发现，结构化的程序设计方法也完全适用于控制器程序中梯形图语言的开发。下面介绍该系统关键程序的设计流程。

1. 主程序

主程序主要由四个程序模块组成，分别是输入程序模块、太阳能热水控制程序模块、输出程序模块和仿真程序模块。输入程序模块用于将从控制器上开关量输入模块和模拟量输入模块中读到数据转存到中间变量中，为控制程序的运算做准备。太阳能热水控制程序用于控制太阳能补水、集热、辅助电加热及送水的全过程，将在后文中详细介绍。输出模块用于在工艺逻辑控制程序运算过后，将最后的控制信号传给控制器上模拟量及开关量输出模块。仿真程序模块用于在开发阶段以及出厂测试阶段，模拟现场状态点的参数，进而校验主控制程序模块控制算法是否满足实际工艺要求。主程序流程图如图 4-3 所示。

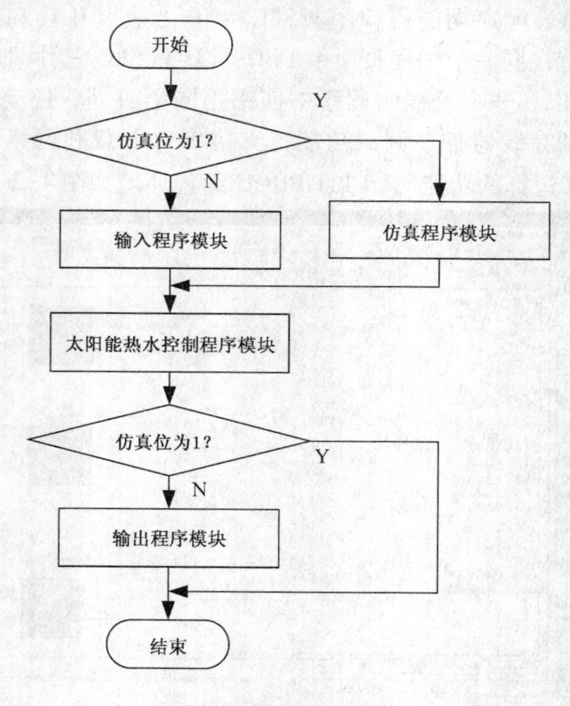

图 4-3　主程序流程图

从主程序流程图可以看到，其中比实际应用程序多了一个仿真程序模块，但是它一点也不多余。在任何程序的前期开发阶段，基本上是无法连接实际现场设备进行编程的。即使是可以连接实际现场设备，也是不允许连接实际设备进行编程开发调试的。针对这种情况，设计一个仿真程序模拟现场实际状态数据是很必要的。

如图 4-3 所示，在现场运行时，系统将所有现场输入数据先存储到中间变量中，放在输入程序模块中集中执行；在算法控制程序中，全部用中间变量进行运算，最后将算出的用于控制现场设备的中间变量，在输出程序模块中集中送给实际输出地址，对现场设备进行控制。

在仿真模式下，也就是在仿真控制位为1时，系统会执行仿真程序模块，仿真程序会按照实际现场模拟现场情况，将数据存储到现场数据的中间变量中，然后再去执行控制算法程序，最后直接跳过输出模块程序。这样不仅实现了对控制算法程序的编程和调试，而且对现场设备不会产生任何影响。仿真程序模块还可以配合上位组态软件一起使用，可以取得更好的开发调试效果。

这种主程序的设计方法，主要有以下特点：

（1）将整个控制工艺以及控制器的读写数据过程全部模块化，不仅方便了程序开发人员，而且提高了程序的可读性。

（2）充分利用了结构化程序设计的方法，使得整个程序井然有序。

（3）仿真程序模块的使用提高了整个编程过程的效率。

2. 太阳能集热控制程序

太阳能集热控制程序也可划分为六个部分，即自动算法程序、手动算法程序、循环泵控制程序、电加热控制程序、补水控制程序和送水控制程序。具体来说分为两类：一类是自动控制和手动控制的算法程序部分。在自动模式下，系统会根据现场温度、液位等数据来控制水泵及电加热的运行（下文会详细介绍）。在手动模式下，系统会通过上位机手动控制的命令来控制现场设备的运行。另一类是水泵及电加热的设备控制程序。其中补水控制不仅要控制补水泵的运行，而且控制所在回路上的电磁阀门。一般情况下，在水泵控制启动时，首先要先打开回路上的阀门，然后再启动水泵；在水泵控制停止时，首先要先停止水泵运行，然后再关闭阀门。太阳能集热控制程序如图4-4所示。

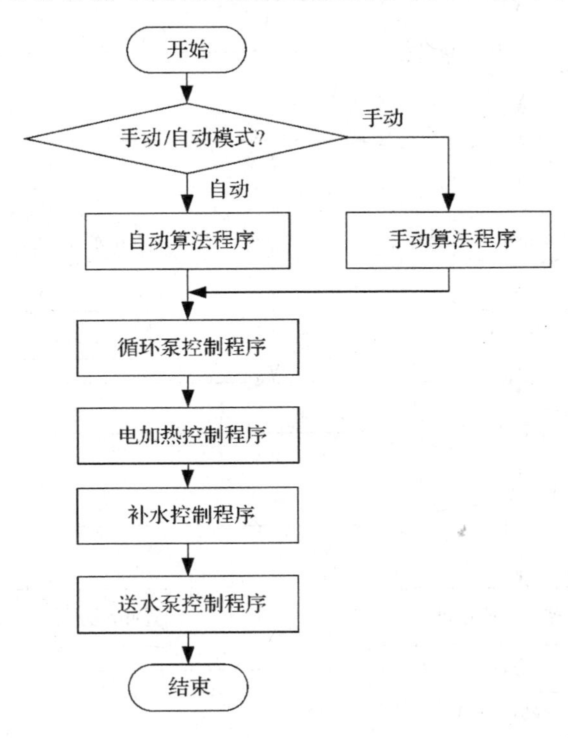

图4-4　太阳能集热控制流程图

3. 算法程序

自动控制算法程序中包含许多控制设备启停的控制字。通过控制字以及温度、水位这些参数的运算，给设备发出控制设备的指令。该算法程序通过运算最终会确定循环泵控制、电加热控制以及补水控制的模式是在启动模式还是在停止模式。如果是启动模式，就将相应的控制字置 1；如果是停止模式，就将相应的控制字置 0，这些控制字将在设备控制字中用到。

根据本书 2. 1. 1 节的分析，补水需要的自动控制功能是根据水箱水位的高低限设置，自动实现补水的启停。当水位小于低限时，开始补水；水位超过高限时，停止补水。并且在水箱水温超过高限时，开始补水，达到正常值或是水位超过高限后停止补水。根据这种工艺要求自动算法程序中补水相关算法程序流程如图 4-5 所示。

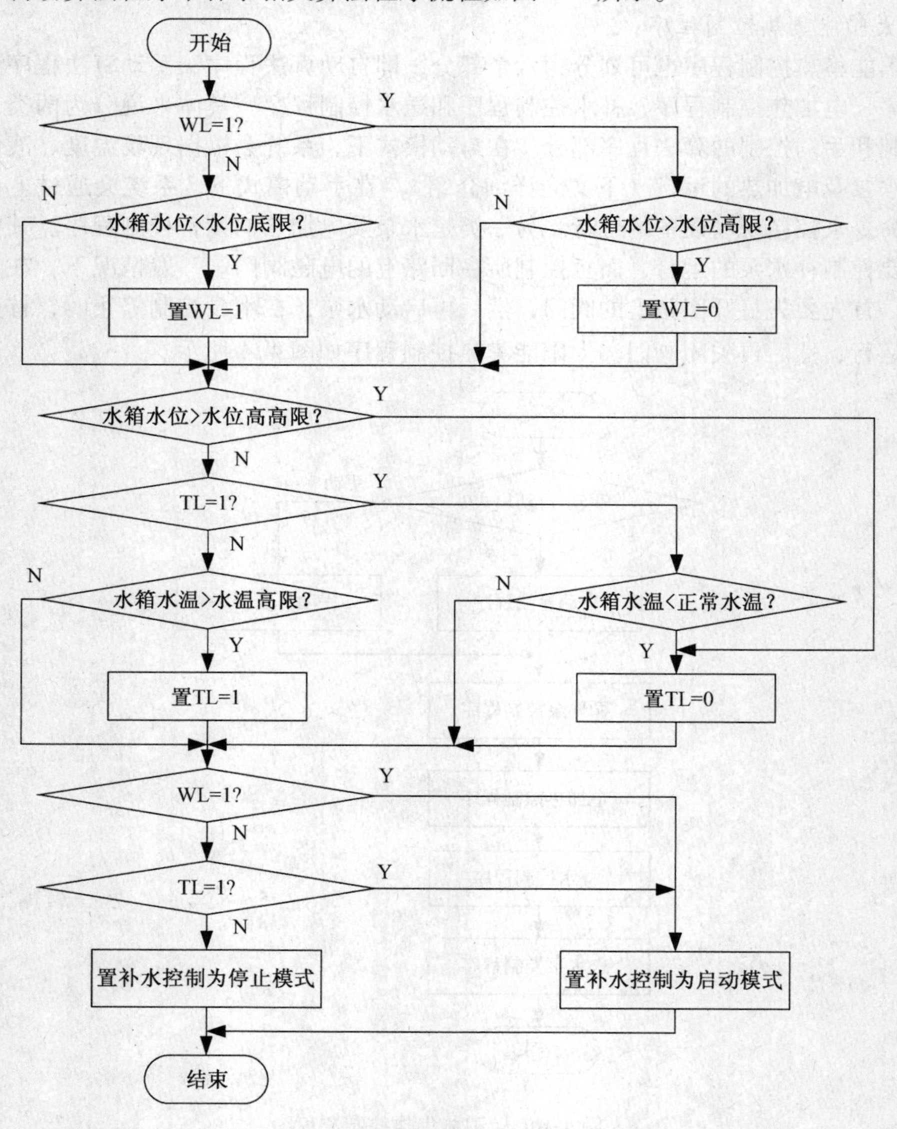

图 4-5　补水算法程序流程图

流程图中 WL 为水位低补水标志位。当因水箱水位小于设定水位低限时，将 WL 置 1；当水位超过设定高限后，将 WL 置 0。TL 为水温高补水标志位。当因水箱水温高于设定水温低限时，将 TL 置 1；当水温低于设定正常值或水箱水位超过设定高限后，将 WL 置 0。最后，程序根据 WL 和 TL 的值来判断是补水还是不补水。只有 WL 和 TL 有任意一个为 1，则启动补水。补水命令将传给设备控制程序，并在设备控制程序中实现补水动作。流程图中提到的水温、水位高低限等设定值可以在人机交互界面中设置，这部分将在本章 4.4 节中介绍。电加热、循环泵及补水泵的自动控制算法程序在此不再一一介绍。

手动算法程序在此不再详细介绍，它与自动算法程序不同的是，它的所有指令直接来自上位机组态软件。它最终也会确定循环泵控制、电加热控制、补水控制以及送水泵控制的模式是在启动模式还是在停止模式，它是直接通过上位机设置按钮来确定的。

4. 设备控制程序

在算法程序执行完以后，设备控制程序会通过算法程序确定的设备控制模式来控制设备的运行。该系统设备控制程序主要由循环泵控制程序、电加热控制程序、补水控制程序以及送水控制程序组成。每段的控制程序根据运行要求进行编制。下面介绍补水控制程序的控制流程，它控制的设备包括补水泵和电磁阀，控制流程如图 4-6 所示。

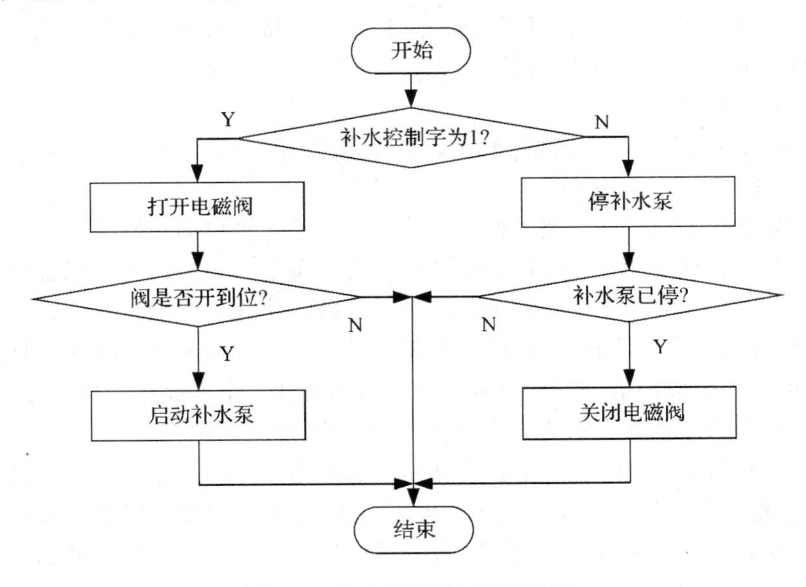

图 4-6　补水泵控制程序流程图

补水控制程序首先通过补水泵控制字的状态判断运行模式。在启动模式时，首先打开回路上的电磁阀，当阀门开到位以后，再启动补水泵。在停止模式时，首先停循环补水泵，当泵停止后，再关闭电磁阀。注意该程序中提到的补水泵的启停和阀门的开关控制命令也是首先存储到一个控制字（中间变量）上，这些控制命令最后在输出程序中模块才送到实际的输出地址。

4.4 基于WebAccess监测子系统上位机软件功能设计

4.4.1 WebAccess组态软件

监测系统上位机采用Advantech WebAccess组态软件（以下简称WebAccess）进行开发，它与下位机ADAM-5510EKW/TP控制器之间通过Modbus协议进行通信，完成数据采集、控制输出、历史曲线、报表查询、报警显示与确认等功能，并可实时显示各设备的运行状态和报警状态，设置上位机软件和下位机软件的运行参数。

ADAM-55100EKW/TP控制器设备中有16K Modbus空间专门用于与上位机进行交换数据，对应于Modbus/RTU的地址是42001至49999。上位机不能直接操作下位机的输入输出端口，可以很好地保护下位机输入输出状态，避免误操作。

1. WebAccess功能简介

WebAccess具有以下功能特点：

（1）使用Web浏览器完成整个工程的创建与运行

WebAccess对所有工程的创建、组态、绘图与管理都可通过标准的浏览器实现。通过使用标准的浏览器，用户可以对工厂制造、过程控制及楼宇自动化系统中的自动化设备进行监视和控制。采集的数据将动态的更新矢量图形实时显示给操作员和用户。

（2）分布式结构体系

WebAccess软件采用了三层软件架构，分别是监控节点（SCADA Node）、工程节点（Project Node）和客户端（Client）。

作为监控节点的工控机，安装监控节点软件，用于连接自动化硬设备，并且通过网络传输数据。监控节点有多个，可以连接不同的设备。每个监控节点都可以独立运行或与其他监控节点组合成一个大型工程。每个监控节点与自动化设备的通信都会在WebAccess内嵌驱动程序的支持下进行。同时，监控节点还提供警报、数据记录、报表、计算和其他一些SCADA特性。每个监控节点都拥有自己的图形列表和一个本地运行数据库。

作为工程节点的计算机，安装工程节点软件，作为保存组态文件的中央数据库服务器、Web服务器和组态工具。工程节点会备份所有监控节点的组态文件（包括图表、数据信息）。作为数据库服务器，它会通过ODBC记录所有实时数据。根据具体的情况，监控节点软件和工程节点软件可以安装在同一台计算机中，实现监控节点和工程节点的双重功能。

客户端计算机安装客户端插件程序，用于执行实时监控和远程维护。客户端通过工程节点动态浏览监控节点运行状况。它所显示的每张图面都为拥有实时数据的动态图面，而且允许在线管理员更改点值，确认警报和实时控制。

2. WebAccess环境介绍

WebAccess软件主要由工程管理器、DRAW（绘图）、VIEW（实时监控浏览）、客户端插件（Client Plug-in）、瘦客户端、核心程序、ViewDAQ（本地监控程序）、DrawDAQ（工程节点程序）这几部分组成。

（1）工程管理器

工程管理器又称配置管理器，主要用于生成WebAccess的各种工程配置数据。工程管理器的服务器端位于工程节点，它可以通过 Web 浏览器来访问。如图 4-7 所示。

工程技术人员可以使用工程管理器创建新的 WebAccess 工程，配置监控节点以及通信端口、设备等，并可以将工程配置数据下载到监控节点。工程管理器还可以用来启动绘图工具（DRAW）。

（2）DRAW（绘图）

DRAW 是工程技术人员用来开发实时监控画面的图形编辑器，它是一个面向对象的矢量绘图程序。所谓的实时监控画面是指通过矢量绘图并嵌入插图、背景等其他技术来模拟一个进程或显示动态数据的人机交互界面。如图 4-8 所示。

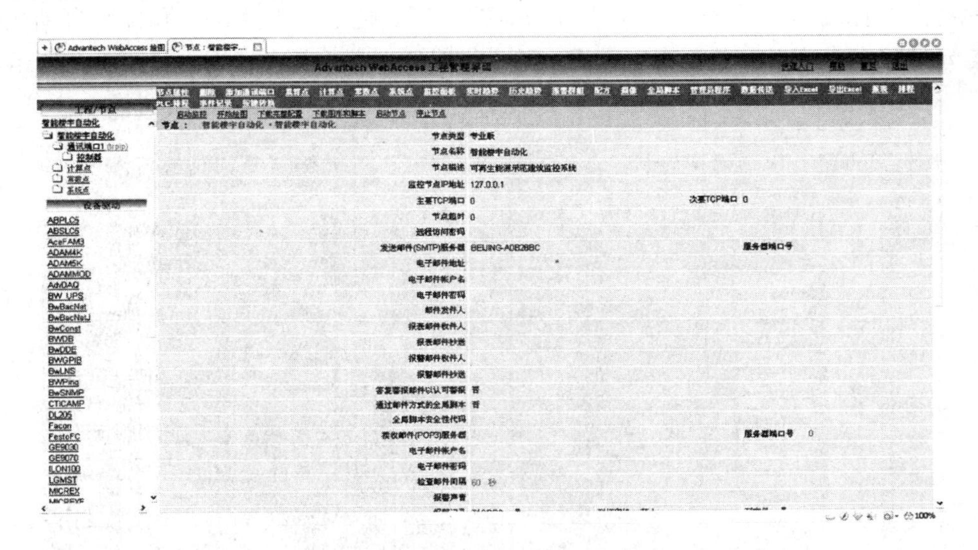

图 4-7　Advantech WebAccess 工程管理界面

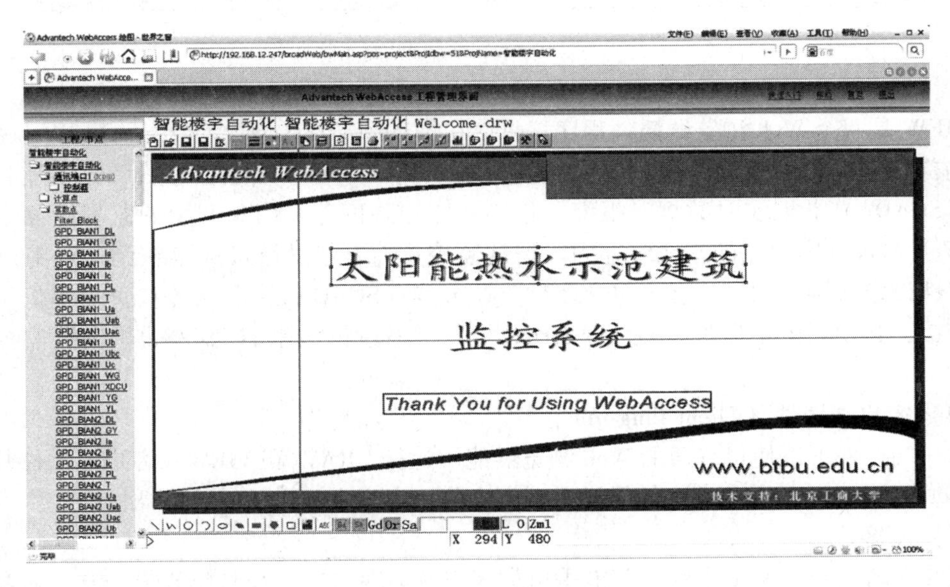

图 4-8　绘图界面

画图工具叫做 DRAW（如果使用 Web 浏览器）或 DrawDAQ（通过单个或本地工程节点版本浏览）。工程技术人员可通过任一种方式开发图形动画。

在使用 Web 浏览器时，WebAccess 提供标准的弹出菜单、工具栏和绘图工具栏来加速应用程序的开发。通过使用预制的符号、工具栏、按钮、窗口小部件、面板等，工程师和技术员可以轻松作图。对于报警摘要、点详情、概观、面板、报警群组、实时和历史数据趋势图等，也有专门的预制模板供使用。

（3）VIEW（实时监控浏览）

VIEW 是用户用来通过浏览器浏览、监控实时数据的工具。VIEW 客户端支持画面动态显示。通过标准 Web 浏览器，用户可以监控工厂制造业、工业车间和楼宇自动化系统中的自动化设备。在动态画面中，数据也随之实时地动态更新、显示，如图 4-9 所示。

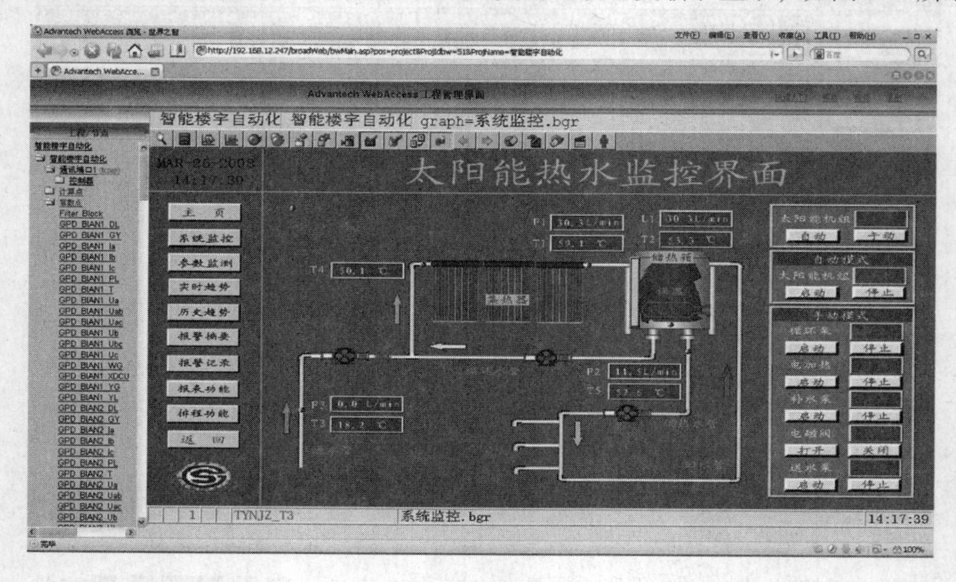

图 4-9　Web 浏览界面

VIEW 是一个 Web 浏览器插件程序，可以在 Windows2003/NT/XP 中运行。Web Access 客户端首先连接到工程节点来获取监控节点（SCADA）的分配地址，然后直接连到监控节点（SCADA）获取实时数据、报警、趋势和监控画面等。用户调用的监控画面会被存储在 Web Access 客户端的本地缓存中。默认监控页面有帮助链接（链接到工程节点）和监控属性设定链接。如果工程中包含多个监控节点（SCADA），默认监控页面提供了树形列表链接，其中列出了监控节点（SCADA），并可通过链接来启动/停止、浏览监控节点信息。

（4）客户端插件（Client Plug-in）

客户端插件可以使得普通的 Web 浏览器能够运行 DRAW 和 VIEW。客户端插件其实是一个 ActiveX 控件（*.ocx）。如果没有事先安装，客户会被提示安装该插件。

（5）瘦客户端

主要面向 PDA、掌上电脑、智能手机类客户端。通过文本及监控截图的方式为客户提供远程监控功能。

（6）核心程序

核心程序主要负责运行时的数据采集及设备通信。它位于监控节点（SCADA Node）。核心程序为客户端提供实时数据。WebAccess 核心程序通过通信协议以及内嵌的硬件驱动程序，与如 PLC、I/O 设备、逻辑控制器、数字式控制系统（DDC）、分布式控制系统（DCS）等硬件设备进行数据通信。

核心程序的运行可以通过监控节点的本地来启动，也可以通过从工程节点远程启动。

（7）ViewDAQ（本地监控程序）

ViewDAQ 是针对单机系统设计的本地监控程序，它不需要浏览器，可以直接运行，主要应用在不需要网络连接的控制室级应用程序或无网络连接条件的应用环境。

ViewDAQ 提供 VIEW 具有的所有操作功能，不需要浏览器，同样具有进行浏览、控制实时监控画面的能力。

（8）DrawDAQ（工程节点程序）

DrawDAQ 是针对单机系统设计的本地绘图程序，当工程节点和监控节点安装在同一台计算机时，就会在 WebAccess 的任务栏菜单中出现 DrawDAQ 菜单，DrawDAQ 不需要浏览器支持就可以进行图形设计。

4.4.2 基于 Advantech WebAccess 的监测子系统通信

良好的设备通信是完成整个数据监测的保障。通信设计包括的两个方面：WebAccess 与现场设备之间的数据传输，WebAccess 与 SQL Server 数据库的数据传输。

在 WebAccess 分布式架构中，实际与设备连接的是监测节点，在监测节点计算机上配置监测节点与设备的通信，首先要确定通信协议和设备驱动，然后确定与设备连接的通信端口，最后再确定设备地址和数据的地址。

WebAccess 组态软件提供一系列硬件驱动程序，能方便地与自动化设备进行连接通信。WebAccess 还支持 OPC、DDE 等标准化通信接口，并且提供 API 接口，可方便地与其他系统建立通信连接，该系统中 WebAccess 组态软件与 SQL Server 数据库的通信就是通过 API 接口实现的。

1. WebAccess 组态软件与现场 ADAM-5510 控制器的通信

ADAM-5510 控制器具有以太网接口，而且 WebAccess 组态软件具有该设备的驱动，因此采用直接通信的方式。在通信时只需工控机与控制器具有以太网连接，在监测节点上建立新的通信端口，类型选择为 TCP/IP 协议，然后添加设备。根据接口类型，从设备类型列表内选择可用的设备，不是所有的设备都支持所有的接口类型。一旦添加了一个通信端口，只有此接口类型的设备才能被再次添加。选择设备类型为 ADAM-5510 的驱动 ADAMMOD，IP 地址要与控制器的 IP 地址一致，最后再添加需要从控制器读取的点变量，如图 4-10 所示。

2. WebAccess 组态软件与 SQL Server 数据库的通信

从前面的介绍可知，数据服务中心通过 INTERNET 网络与工程节点计算机进行通信，实时读取从监测节点监测到的现场控制器的各项原始数据，数据服务中心将接收的各项原始数据存入数据库进行处理，然后将处理的结果通过 INTERNET 网络反馈给工程节点计算机。这里就需要有一个写入和读取数据库的操作过程，下面分别介绍这两项操作。

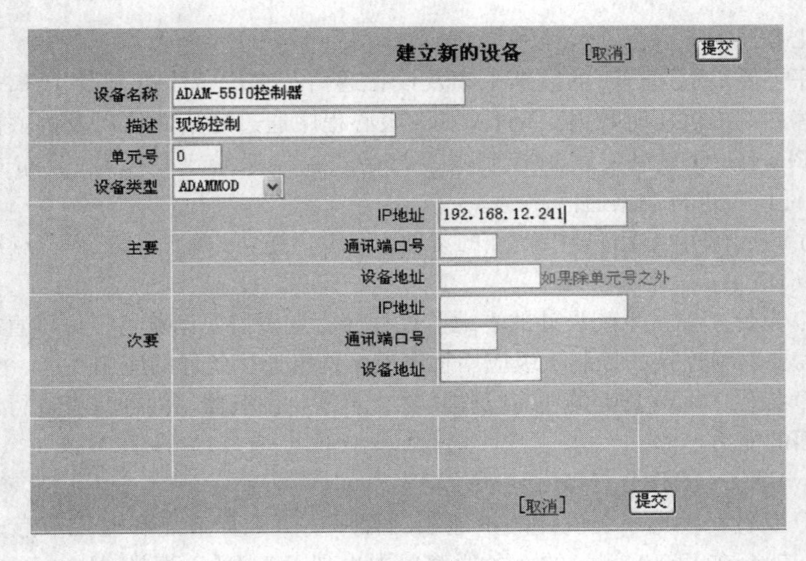

图 4-10　添加控制器设备

（1）从 WebAccess 组态软件写入 SQL Server 数据库

1）需要在远程数据服务中心安装 SQL Server，配置 SQL Server，使用 SQL Server 身份验证创建用户名和密码。WebAccess 组态软件写入数据库相当于是远程用户访问，所以需要注册 SQL Server，然后创建一个空的数据库，WebAccess 组态软件将自动创建所需要的所有数据表格，这些表格包括模拟量点记录、数字量点记录、文本量点记录、系统记录、运行记录、报警记录等。

2）在工程节点计算机上使用 SQL Server 身份验证（前面创建的用户名和密码）创建 ODBC 系统 DSN 以连接 SQL Server 数据库，如图 4-11 和图 4-12 所示。

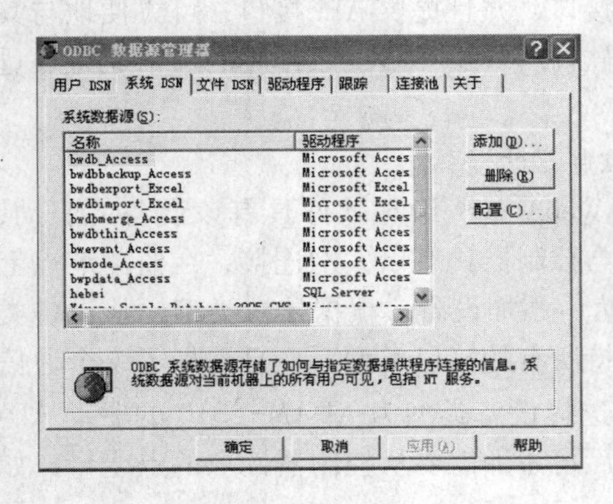

图 4-11　创建 ODBC 数据源系统 DSN

图 4-12　配置 ODBC 数据源系统 DSN

3）在 WebAccess 组态软件工程管理员内创建 ODBC 记录数据来源，输入数据来源名称（DSN）、用户名和密码，然后生成新的 ODBC 记录数据来源，如图 4-13 所示。当工程节点计算机的 WebAccess 组态软件运行时就会实时地将数据发送到远程数据服务中心。

（2）从 WebAccess 组态软件读取 SQL Server 数据库

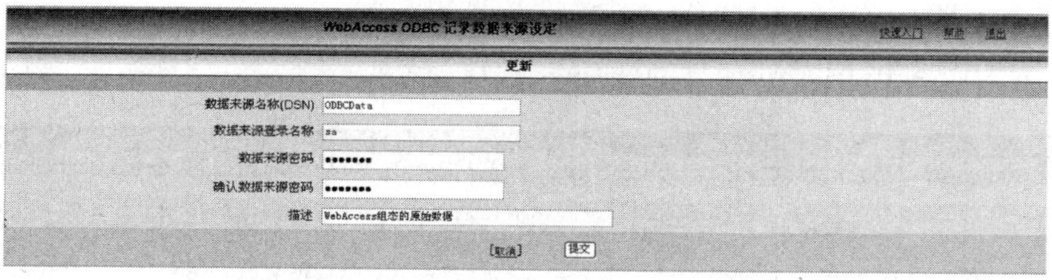

图 4-13 创建 WebAccess ODBC 记录数据来源

SQL Server 数据库属于软件，所以 WebAccess 组态软件读取 SQL Server 数据库的数据需要通过软件接口如 OPC Server 或第三方软件 API 来实现。通过“虚拟”接口 API 实现与数据库的连接。首先在监测节点上建立新的通信端口，类型选择为 TCP/IP 协议，然后选择添加设备，设备类型选择 BWDB，BWDB 是通过 ODBC 接口读取 SQL、ACCESS 等关系型数据库数据的驱动程序。下面的字段是 DSN；TableName；User；Password（数据源名称；表名；用户名；密码）与 SQL select condition（查询条件），这两个需要按照标准格式填写，Web Access 组态软件运行时才能够读取 SQL 数据库，最后再添加需要从数据库读取的表字段。如图 4-14 所示。

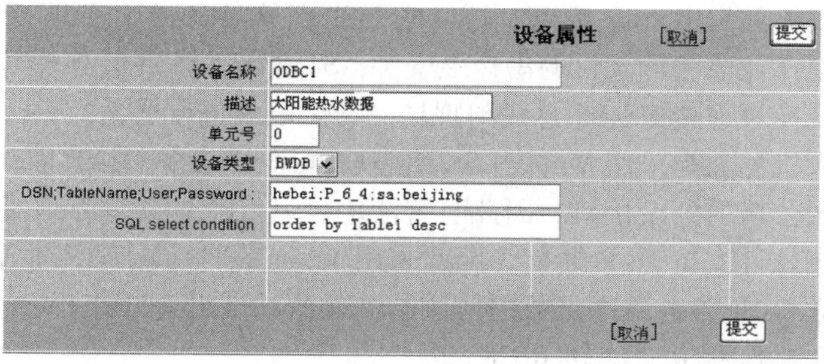

图 4-14 添加数据库软件设备

3. WebAccess 组态软件各节点 IP 设置

(1) IP 分配

工程节点 IP 设置为 192.168.12.224；

主监测节点 IP 设置为 192.168.12.247；

备用监测节点 IP 设置为 192.168.12.248；

控制器 IP 设置为 192.168.12.241；

数据服务中心 IP 设置为 211.82.113.60。

(2) 工程节点

作为工程节点计算机安装 WebAccess 工程节点软件，在建立工程后，导入主监测节点工程，并设置备用监测节点相关信息。一个工程节点可以包含多个监测节点，该系统中包括一个主监测节点和一个备监测节点。

(3) 监测节点

作为监测节点计算机安装 WebAccess 监测节点软件，在建立工程时，监测节点 IP 要按照分配的填写，填写好工程节点的目标地址。

工程节点与监测节点的 IP 地址配置如图 4-15 所示。

工程节点/监控节点更新

工程节点

工程名称	工程节点IP地址	HTTP端口	TCP端口	远程访问密码	确认远程访问密码
太阳能热水系统	192.168.12.224	0	0		

监控节点

节点名称	监控节点IP地址	主要TCP端口	次要TCP端口	远程访问密码	确认远程访问密码
备监控节点	192.168.12.247	0	0		
主监控节点	192.168.12.248	0	0		

[取消] 提交

图 4-15　工程节点与监测节点 IP 设置

4.5　WebAccess 组态软件与智能电表通信程序设计

4.5.1　通信实现原理

由于智能电表只具有 RS485 接口，所以它与组态软件的通信必须通过串口通信来实现。具体的方法是：在监测计算机的串口上安装 RS232 转 RS485 转换模块，这样监测计算机就可以通过转换模块连接 RS485 总线与现场的智能电表进行通信。

工控机上的人机界面是采用 WebAccess 组态软件来实现的。由于 WebAccess 组态软件只支持与常用的大公司的外设接口，因此与智能电表只能通过其他方式进行数据通信。由于 WebAccess 组态软件支持 DDE 通信，因此采用 VC++ 设计应用程序通过串口通信读取电表数据，然后建立 DDE 服务程序将数据传送给 WebAccess 组态软件。

具体方法是：连接有 RS232 转 RS485 转换模块的计算机，采用 VC++ 应用程序通过串口通信程序实现与智能电表的通信，读取到电表数据，根据设备的通信协议进行数据处理，得到实际电能数据，然后作为 DDE 服务器将数据发布，而 WebAccess 组态软件则作为 DDE 的客户端接收电能数据，并在监测界面上显示。这样就实现了智能电表与组态软件的通信。WebAccess 组态软件与智能电表通信实现的原理如图 4-16 所示。

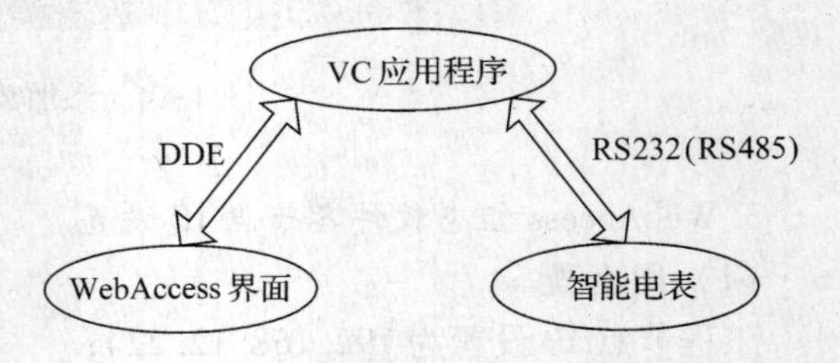

图 4-16　WebAccess 组态软件与智能电表通信实现的原理图

4.5.2　VC++ 与电表的串口通信实现

本节主要通过对智能电表接口及通信规约的分析，设计相应的数据采集程序，并按照电表通信规约对原始数据进行解析，得到实际需要的数据。

1. 电表通信接口及协议

(1) RS485 通信接口

系统可通过 RS485 总线对电表进行数据读取或参数配置。电表通信波特率为

1200BPS，一位起始位，8 位数据位，一位偶校验，一位停止位；RS485 总线上节点数小于 64 个；收到命令帧后的响应时间 T_d：20ms≤T_d≤500ms，字节之间停顿时间 T_b≤500ms。另外，在执行发送命令前先发送 1-4 个字节的 0FEH，以唤醒通信终端处于接收状态。

（2）帧格式说明

帧是传送信息的基本单元。电表通信帧格式主要由帧起始符、地址域、控制码、数据长度域、数据域、校验码以及结束符组成。帧格式如表 4-3 所示。

1）帧起始符

帧起始符 68H 标识一帧信息的开始，其值为 68H = 01101000B。

2）地址域

地址域由 6 个字节构成，每字节 2 位 BCD 码，低地址在先，高地址在后。地址长度可达 12 位十进制数，可以为表号、资产号、用户号、设备号等。当某一字节以 AAH 寻址时忽略该字节地址，以便于实现缩位寻址。当地址为 999999999999H 和 FFFFFFFFFFFFH 时，为广播地址。

帧　格　式　　表 4-3

说　明	代　码	说　明	代　码
帧起始符	68H	帧起始符	68H
地址域	A0	控制码	C
	A1	数据长度域	L
	A2	数据域	DATA
	A3	校验码	CS
	A4	结束符	16H
	A5		

当通信时使用地址码长度不足 6 个字节时，用 16 进制 AAH 补足 6 个字节（表号为 10 位，地址的低 10 位由表号构成，最高 2 位补 AAH；例如，表号为 1252055206，地址为 AA1252055206H；表号为 33，地址为 AAAAAAAAAA33H，表号为空时，地址为 999999999999H）。

注：以下帧起始符和地址域合称帧头。

3）控制码

控制码 C 用于指示指令功能，为 1 个字节。

4）数据长度

数据长度 L 为数据域的字节数，L = 0 表示无数据域。

5）数据域 DATA

数据域包括数据标识、数据内容（含密码和数据）等，其结构随控制码的功能而改变。传输时发送方按字节进行加 33H 处理，接收方按字节进行减 33H 处理。

6）校验码 CS

从帧起始开始到校验码之前的所有各字节的模256的和，即各字节二进制算术和，不计超过256的溢出值。

7）结束符16H

结束符标识一帧信息的结束，其值为16H＝00010110B。

（3）应用说明

该系统设计主要为读取电表数据。

1）读数据主站请求帧

功能：请求读数据。

控制码：C＝01H。

数据长度：L＝02H。

请求帧格式如图4-17所示。

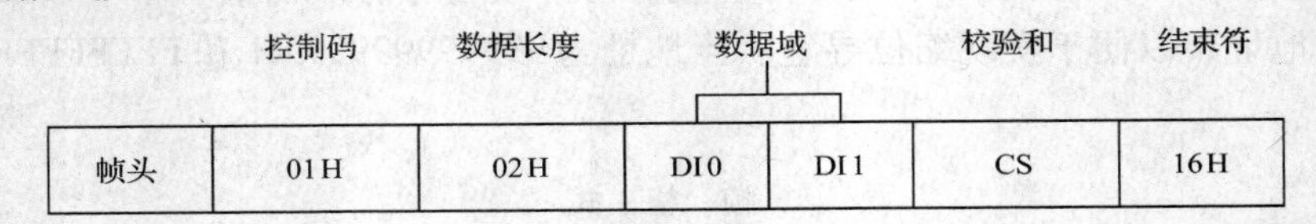

图4-17　请求帧

2）读数据电表（从站）正常应答帧

功能：从站正常应答。

控制码：C＝81H，无后续数据帧；C＝A1H，有后续数据帧。

数据长度：L＝02H＋m（数据长度）。

无后续数据帧格式如图4-18所示。

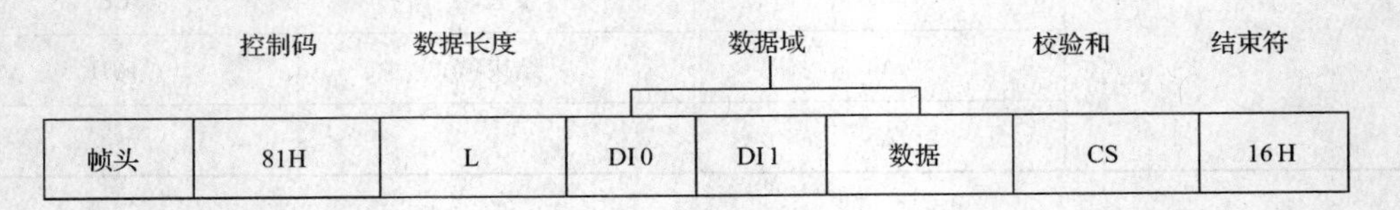

图4-18　正常应答帧

由于该系统需要读取的数据均无后续数据帧，所以在此不再介绍有后续数据帧格式。

3）读数据电表（从站）异常应答帧

功能：从站收到非法的数据请求或无此数据。

控制码：C＝C1H。

数据长度：L＝01H。

异常应答帧格式如图4-19所示。

	控制码	数据长度	错误信息字	校验和	结束符
帧头	C1H	01	ERR	CS	16H

图4-19　异常应答帧

错误信息字 ERR 为一个字节长度，代表的错误信息如图 4-20 所示。

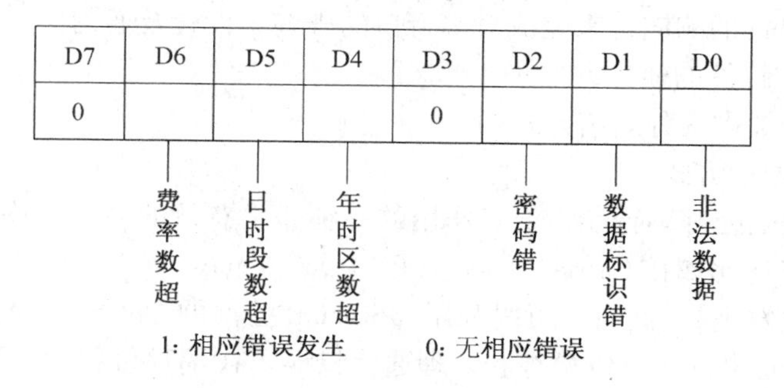

图 4-20　错误信息字

由于该系统只需要读取电表数据，不需要写数据到电表。所以只会出现数据标识错误，而且经过调试后，这种情况基本不会出现。所以在程序设计中，系统在收到异常应答帧后，只需重新发送上次帧信息即可。

（4）读取参数确定

1）有功电能起始读数

数据标识：DI1 = C1H，DI0 = 29H。

数据长度：L = 4。

数据格式：NNNNNNN. N。

单位：kWh。

发送请求帧应该为：68 99 99 99 99 99 68 01 02 5c f4 21 16。

注：由于只有一个电表，所以采用广播方式。

2）当前正向有功总电能

数据标识：DI1 = 90H，DI0 = 10H。

数据长度：L = 4。

数据格式：XXXXXX. XX。

单位：kWh。

发送请求帧应该为：68 99 99 99 99 99 99 68 01 02 43 c3 6f 16。

2. MSComm 控件原理

MSComm（Microsoft Communication Control）通信控件是微软基于组件对象模型（COM）开发的一个事件驱动的全双工高级通信接口，作为主要用于串行通信编程的 Active 控件，其具有非常好的运行效率和稳定性。

（1）MSComm 控件的功能及原理

MSComm 控件具有完善的串行数据的发送和接收功能，不但包括了全部 Windows API（Application Programming Interface，应用编程接口）中关于串行通信的函数所具有的功能，还提供了更多的对象属性来满足不同用户的编程需要。该控件屏蔽了通信过程中的底层操作，用户只需通过设置并监视其属性和事件，即可完成串口编程，实现与被控制对象的串行通信、数据交换；并监视或响应在通信过程中可能发生的各种错误和事件。MSComm 控件的工作原理类似中断方式，其通信功能的实现实际上是调用了 API 函数。API 函数由

Comm. drv 解释并传递给驱动程序执行，通信过程的实质是通过对 MSComm 控件属性的操作和对 OnComm 事件的响应，来完成对串行口的查询、设置及通信。

（2） MSComm 控件的通信方式

MSComm 控件提供两种通信方式：

1） 事件驱动通信方式

事件驱动通信是处理串行端口交互作用的一种非常有效的方法。许多情况下，事件发生时需要得到通知［比如在 Carrier Detect（CD）或 Request To Send（RTS）线上有一个字符到达或一个变化发生］，此时，可以利用 MSComm 控件的 OnComm 事件捕获并处理这些通信事件；OnComm 事件还可以检查和处理通信错误。在编程过程中，通过在 OnComm 事件处理函数中加入相应处理代码，实现应有的功能。这种方式的优点是实时性强，可靠性高。

2） 查询通信方式

查询方式是指通过在用户程序中定时或不定时地查询 MSComm 控件的 CommEvent 属性是否发生变化，来进行相应的处理。其实质上还是事件驱动的，只是在某些情况下这种方式显得更为便捷。例如，在应用程序较小或程序空闲时间较多时，这种方法就更可取。查询方式的优点是可控性好，且传输稳定；缺点是必须实时监测端口状态。查询方式可以使用定时器模式实现。

该系统中使用事件驱动通信方式。

3. VC++ 与电表的串口通信实现

使用 VC++ 平台，通过定时器配合 MSComm 控件方法编写的串口通信程序，实现了自动发送串口命令，读取响应信息，并根据通信协议进行数据处理后得到实际需要的数据。串口通信程序具体流程如图 4-21 所示。下面介绍具体实现方法。

（1） 初始化设置

初始化设置的主要任务是对串口控件进行初始化设置，并开启串口，启动发送定时器。其中串口参数的设置可以在属性窗口设置，也可以在程序中调用相应的设置函数设置端口参数，下面简单介绍部分函数的用法。

用 SetCommPort（short nNewValue）函数来选择端口号，nNewValue 为 1 表示选择 com1，nNewValue 为 2 表示选择 com2；用 SetInBufferSize（short nNewValue）设置接收缓冲区的大小；用 SetOutBufferSize（short nNewValue）设置发送缓冲区的大小；用 SetInputLen（short nNewValue）函数来设置当前接收区数据长度，如果为 0，表示全部读取；用 SetInputMode（long nNewValue）设置读写数据的方式，1 表示以二进制方式读写数据；用 SetSettings（LPCTSTR lp szNewValue）用来设置端口的波特率、数据位、停止位。这个设置要与仪表的波特率、数据位、停止位一致，才能正常通信。打开用 SetPortOpen（BOOL bNewValue）函数，bNewValue 的值为 TRUE 表示打开端口。

程序的初始化设置主要代码如下：

```
m_ Com. SetCommPort（1）；//选择 COM1
m_ Com. SetInBufferSize（1024）；//设置接收缓冲区的大小，Bytes
m_ Com. SetOutBufferSize（512）；//设置发送缓冲区的大小，Bytes
m_ Com. SetInputMode（1）；//设置以二进制方式读取数据
```

```
m_ Com. SetSettings ( "1200, e, 8, 1");
                          //设置波特率为 1200，偶校验，8 个数据位，1 个停止位
m_ Com. SetRThreshold (1); //为 1 表示当串口接收缓冲区中有 1 个及 1 个以上字符
                          //会引发 OnComm 事件
m_ Com. SetInputLen (0); //设置当前接收区数据长度为 0，表示全部读取
Count = 0;                //设置数据帧选择字为 0
SetTimer (1, 50000, NULL); //设置发送定时器时钟，时间 50s
if (! m_ Com. GetPortOpen ()) //如果串口未开，打开串口
m_ Com. SetPortOpen (TRUE);
```

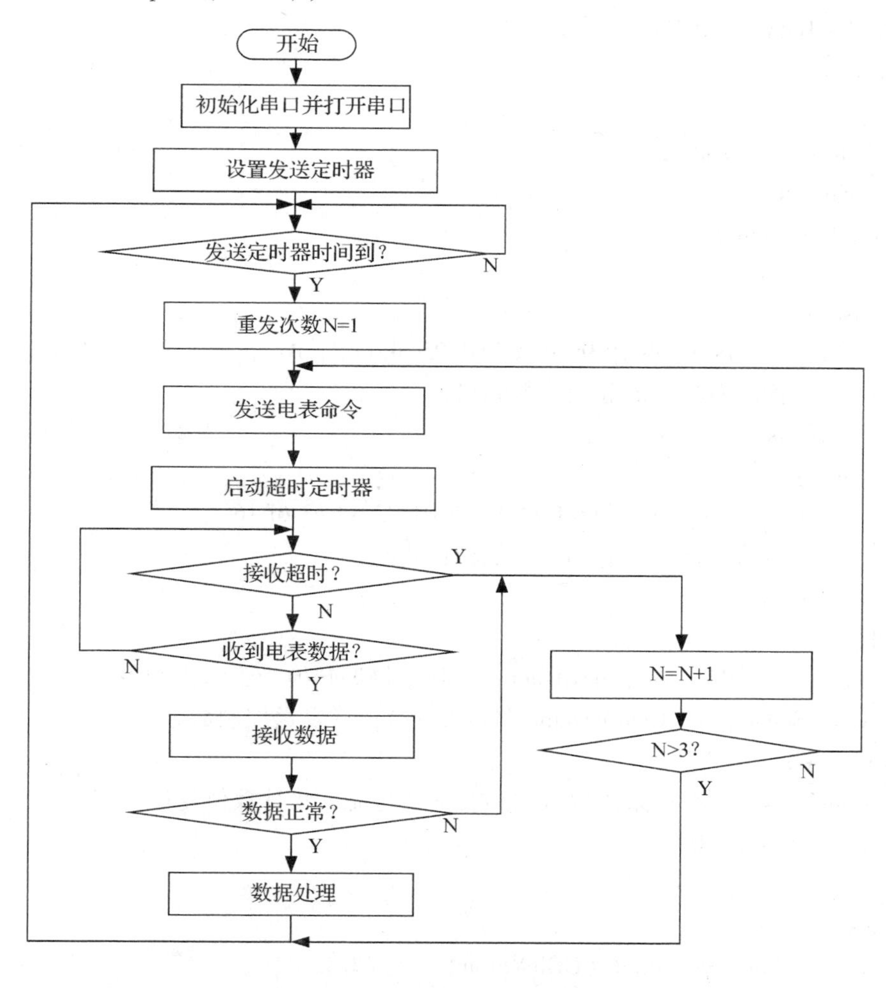

图 4-21　串口通信程序流程图

(2) 定时发送控制指令

程序启动定时器时钟后，当发送定时器时钟到时后，开始向电表发送请求数据命令。由于该系统要读取的数据有两个，而每次只能发送一个请求命令，所以采用循环的方式，依次发送。发送请求指令用 SetOutput (constVAR IANT& newValue) 函数。

1）定时自动启动发送指令程序关键代码如下：

```
void CTestDlg::OnTimer (UINT nIDEvent)
{
  Onsend ();
  CDialog::OnTimer (nIDEvent);
}
```

2）发送请求数据命令关键代码如下：

```
void CTestDlg::Onsend ()
{
  UpdateData (TRUE);
  if (true)
  {
  CByteArray hexdata;
  CString str;
  switch (Count)
    {
    case 0:
        str = "68 99 99 99 99 99 68 01 02 5c f4 21 16";
        //读取有功电能起始读数帧格式
        break;
    case 1:
        str = "68 99 99 99 99 99 99 68 01 02 43 c3 6f 16";
        //读取当前正向有功总电能帧格式
        break;
    }
  int len = String2Hex (str, hexdata); //将字符型转换为十六进制型
  m_Com.SetOutput (COleVariant (hexdata)); //发送控制命令
  Count ++;
  if (Count >=3) //如果读取数据帧全部发送完，将计数位复位为零
          Count =0;
    }
    else
        m_Com.SetOutput (COleVariant (m_strSend));
}
```

（3）读取应答数据

读取应答数据的关键是端口通信时间的处理方法，该系统的程序采用的是事件驱动方法，即利用 OnComm 事件捕获并处理这些通信事件。另外，电表的数据响应时间也是读取数据上的一个重要问题。该系统的程序设置了一个超时定时器，如果接收超时将自动重发电表命令，当发送次数超过 3 次，就放弃本次读取，接着发送下一条电表命令。

读取电表应答数据的关键代码如下：

```
void CTestDlg::OnCommMscomm ()
{
  VARIANT vResponse;
  COleSafeArray safearray_ inp;
  long len, k;
  BYTE rxdata [2048]; //设置 BYTE 数组
  CString strtemp, reen;
  if (m_ Com. GetCommEvent () = =2)
  {
   vResponse = m_ Com. GetInput (); //读取缓冲区数据
   safearray_ inp = vResponse; //将 VARIANT 型变量转换为 ColeSafeArray 型变量
   len = safearray_ inp. GetOneDimSize (); //得到有效数据长度
   for (k =0; k < len; k + +)
        {
        safearray_ inp. GetElement (&k, rxdata + k); //接收数据
         BYTE bt = * (char *) (rxdata + k); //转换为 BYTE 型数组
         strtemp. Format ( "%02X", bt);
         reen + = strtemp;
         }
  … …//数据处理程序
  }
}
```

(4) 数据处理

数据处理程序主要负责将从电表接收的数据进行代码处理，并得到最终数据的过程。程序首先对接收的数据是否正常进行判断，依次进行 CS 校验、是否正常应答帧判断、控制码校验判断。如果所有的校验都正常，即进行数据处理转换，得到需要的数据；如果校验异常，程序会重新发送电表命令，如果发送次数超过 3 次，自动放弃本次电表读取。

4.5.3 VC++ 与 WebAccess 的 DDE 数据通信

通过上述的串口通信，实现了智能电表的实时数据采集。对于采集到的现场数据，通过 DDE 接口与 HMI 取得通信，将各种数据信息在人机界面上显示出来。

动态数据交换方式允许应用程序之间共享数据，它在功能上类似 OLE，但不嵌入，即客户程序（Client）和服务程序（Server）是单独运行的。它们之间的会话经由一条通道（Channel）来进行，整个会话过程由程序控制，不需用户进行任何干涉。尽管 DDE 正逐渐被 OLE 取代，但其作为一种应用程序之间共享数据的手段，仍然受到广泛的使用和支持。相比之下，OLE 服务器通过嵌入到客户程序中来为其提供服务，激活速度却比较慢。因此，在某些情况下 OLE 是无法取代 DDE 的。

1. DDE 服务器实现

Windows 推出的动态数据交换管理库（Dynamic Data Exchange Management Library，DDEML）中提供了 DDE 函数集和应用程序级协议。使用 DDEML 开发的应用程序无论在运行一致性方面还是在应用程序相互通信方面性能均优于没有使用 DDEML 的应用程序，而且 DDEML 的应用使得开发支持 DDE 的应用程序容易了许多。

DDEML 通信的核心是业务（Transaction）。客户和服务器都是通过 DDEML 进行操作的。首先客户程序发出请求建立链接的会晤，服务程序响应后建立链接，若链接成功，则返回会晤句柄。其次，客户程序需要数据时发出请求会晤，若成功得到数据句柄，服务器便向其提供所需数据。第三服务器在数据变化时，DDEML 就会发消息调回调函数，使得客户数据更新。同时，客户程序可以向服务器发送命令，让服务器执行某项操作。注意，服务器同时还可以是客户，客户也可以同时是服务器，但是在一次会晤中，只能有一个服务器和一个客户。

该系统中的 DDE 服务器是用 VC++ 开发的。VC++ 是开发 Windows 应用程序的一种面向对象程序设计语言，它支持 Windows 环境下的 DDE 通信机制，并提供了 DDE 的编程接口。在具体使用过程中，DDE 服务器调用动态数据交换管理库（DDEML）函数管理 DDE 对话，并使用热链接（HotLink）的方式进行 DDE 对话。

下面介绍具体实现方法：

1）在主程序头文件中需要添加#include “DDEML. h” 以使用 DDEML 函数，然后添加一些宏定义和全局变量，由于该系统有两个参数，所以建立了两个 ITEM。

关键代码如下：

```
#define NITEM    2   //ITEM 数量
const char szApp[ ] =“Server”;// server DDE 服务名
const char szTopic[ ] =“Topic”;// server DDE 目录名
const char *pszItem[NITEM] = {“Item1”,“Item2”};//SERVER ITEM 名称字符串数组
HSZ hszApp  = 0;// server 服务字符串句柄
HSZ hszTopic  = 0;// server 目录字符串句柄
HSZ hszItem[NITEM];// server ITEM 字符串句柄
```

2）程序进行 DDE 服务初始化。

关键代码如下：

```
UINT DdeInitialize（LPDWORD idInst，PFNCALLBACK DDECallback，DWORD afCmd，DWORD ulRes);
```

3）DDE 服务器进行应用程序名、主题和项目等标识的句柄。

代码如下：

```
  //创建 DDE string
hszApp  =  DdeCreateStringHandle（DWORD idInst，szApp，CP_ WINANSI);
hszTopic  =  DdeCreateStringHandle（DWORD idInst，szTopic，CP_ WINANSI);
for（int i  =  0； i < NITEM； i + +)
hszItem ［i］ = DdeCreateStringHandle（DWORD idInst，pszItem ［i］，CP_ WINANSI);
  //注册服务
```

DdeNameService（DWORD idInst，hszApp，0，DNS_ REGISTER）；

4）DDE 服务程序的核心部分是一个回调函数，它处理所有 DDE 消息及相应数据请求。DDE 服务程序回调函数的代码如下：

```
HDDEDATA CALLBACK DdeCallback（
UINT uType,
UINT uFmt,
HCONV hConv,
HSZ hsz1,
HSZ hsz2,
HDDEDATA hData,
DWORD dwDatal,
DWORD dwData2）
{
  switch（uType）
   {
    case XTYP_ CONNECT：return TRUE；
    case XTYP_ ADVSTART：return TRUE；
    case XTYP_ ADVREQ：
    case XTYP_ REQUEST：
        for（i = 0；i < NITEM；i + +）
                 if（Item  = = hszItem［i］）//返回相应数据项内容
                 return（DdeCreateDataHandle（DWORD
idInst,(PBYTE)(LPCTSTR)ServerData[i],ServerData[i]. GetLength() +1,0,Item,wFmt,0))；
    case XTYP_ ADVSTOP：return NULL；
    case XTYP_ DISCONNECT：return NULL；
    default：return NULL；
    }
}
```

2. DDE 客户端实现

（1）WebAccess 的 DDE 接口

WebAccess 组态软件的 DDE Client 接口可以通过两种方式实现：一种是通过 API 接口，调用相应的 DDE 驱动程序访问 DDE Server 读取数据；另一种是使用 WebAccess 组态软件为用户提供的脚本语言执行 DDE 命令，访问 DDE Server 读取数据，WebAccess 组态软件提供多种脚本语言供使用，其中最主要是 TCL 语言。TCL 是“工具控制语言（Tool Control Language）”的缩写。TCL 语言是一种简单的程序语言，可将逻辑运算应用于页面显示及 SCADA 系统中。脚本语言被普遍用于页面动画制作或数据格式的重定义。WebAccess 中的脚本语言还可以完成程序间的通信及控制。它们之所以被称为脚本，是因为它们不需要编译。本书选用了第一种方式实现 DDE 的通信。

前面的章节已经介绍过 WebAccess 组态软件具有三层软件架构，即：监测节点、工程节点、客户端。其中只有监测节点才可以作为 DDE Client 和 DDE Server,因为在 WebAccess 组态软件的工作原理中,当工程节点及客户端执行 DDE 命令时,会在访问监测节点的过程中通过浏览器中运行的脚本触发监控节点上的 DDE 指令,也就是说 DDE 命令最后实际上是在监控节点计算机上运行的。例如:应用 DDE 脚本指令读取 Excel 表格中的数据时,即使是在远程 PC 机上使用浏览器上执行此脚本命令,Excel 表格都必须打开且运行于监控节点。

本书中 WebAccess 组态软件将作为 DDE Client 从第三方 DDE Server 程序中读取数据,因此设计的第三方 DDE Server 程序必须运行在监测节点所在的计算机上,使得 WebAccess DDE 脚本可以访问 DDE Server。

(2) DDE 通信配置

WebAccess 与 DDE Server 建立通信的过程是:添加通信端口、添加设备、添加 I/O 点。

1) 添加通信端口

在接口名称中选择 API,并配置扫描时间、超时等参数,如图 4-22 所示。

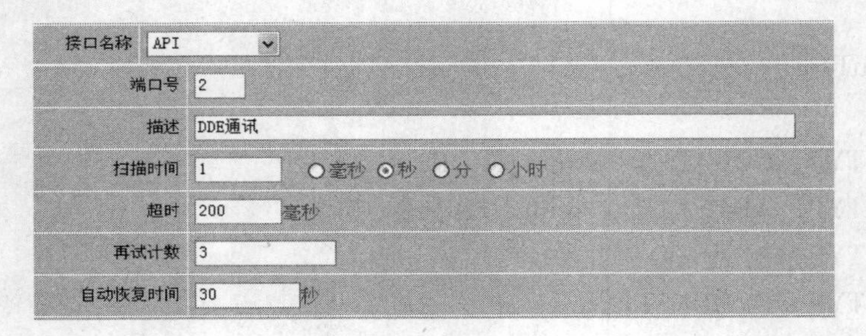

图 4-22 添加通信端口

2) 添加设备

设备类型选择 BWDDE,应用程序用于设置要读取 DDE Server 的服务(Service)和主题(Topic),格式如图 4-23 所示。

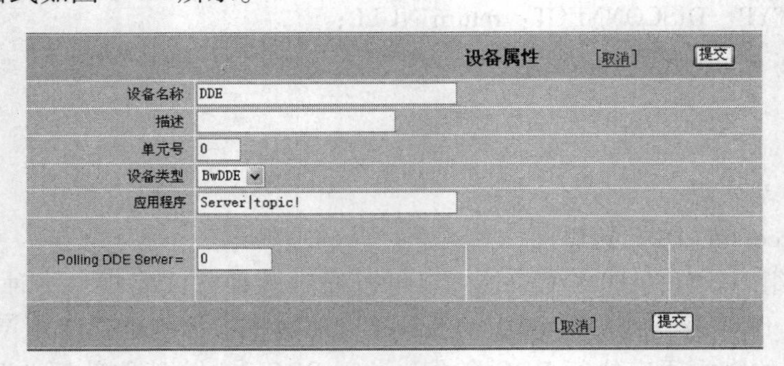

图 4-23 添加设备

3) 添加 I/O 点

系统要读取的参数为有功电能起始读数和当前正向有功总电能,分别命名为 E0 和 E1。添加 I/O 点时地址分别为 Item1 和 Item2。I/O 点 E0 的设置图 4-24 所示。

在配置完成后,进一步开发人机交互界面;在启动监测节点时,就可以访问 DDE Server 读取电表数据。

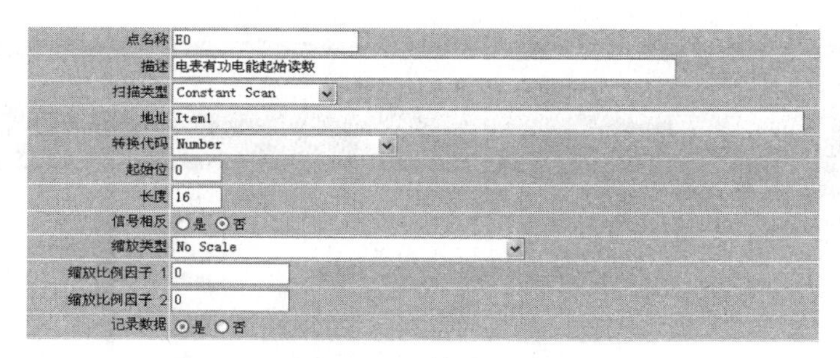

图 4-24　添加 I/O 点

4.6　监控系统功能实现

在该监测系统中，上位机监控软件主要实现状态显示、数据采集和数据处理，另外也可以对系统进行实时控制，其功能结构图如图 4-25 所示。

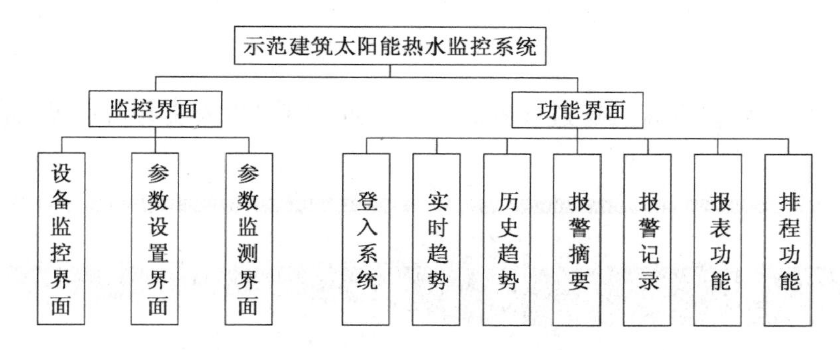

图 4-25　监控系统功能结构图

4.6.1　登入及权限分配功能

利用 WebAccess 组态软件的管理员权限的功能，可以设计出一个安全体系很好的系统，而且它是独立于 Windows 安全体系之外的。管理员权限的功能可以为不同的用户定义不同的管理员类型，主要分为 admin、工程管理员、线上管理员、线上操作员和个体管理员五种类型。不同类型决定了该用户能够浏览何种类型的页面，以限制浏览实时数据和页面。

用户使用浏览器监控，必须依用户名和密码登录。登录以后，系统会根据用户名所属的管理员类型，分配给用户相应的管理员权限，浏览权限允许的界面。如果试图修改点的值，而没有适当的安全区域与等级，系统将会弹出对话框，要求重新输入用户名和密码。下面介绍关键的几个界面。

1. 登录界面

登录界面是用户登录系统的起始界面，如图 4-26 所示。在该界面点击登录按钮会弹出登录小窗口，输入正确的用户名和密码后，即可进入登入界面，开始按照用户所在的管理员权限，对系统实现监控。

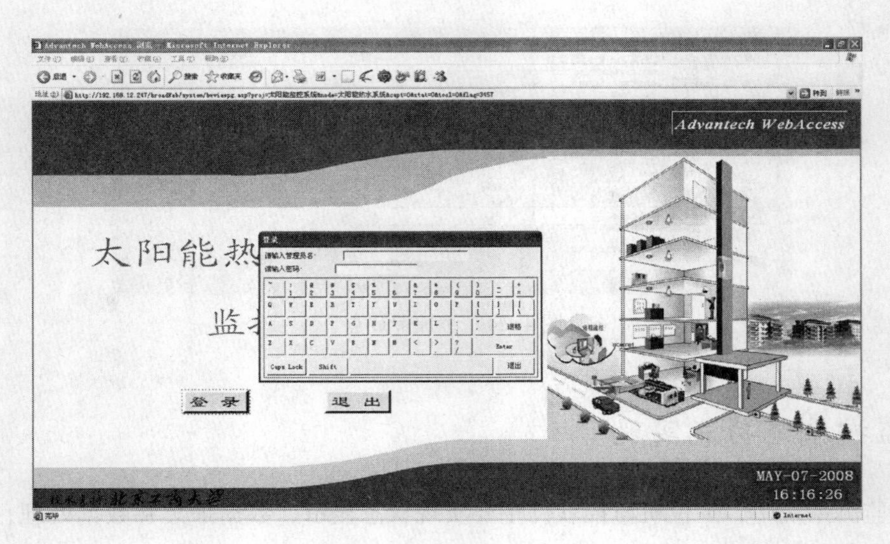

图 4-26　登录界面

2. 登入界面

登入界面如图 4-27 所示，通过该界面上的按钮，可以进入实时监控界面以及其他各辅助功能界面。

图 4-27　登入界面

4.6.2　实时监控功能

1. 太阳能热水监控界面

太阳能热水监控界面主要完成对太阳能热水系统的监控，界面如图 4-28 所示。

界面右侧是系统的控制面板，包括手/自动切换按钮、自动模式下启停控制按钮、手动模式下的所有设备启停控制按钮以及运行状态的显示。

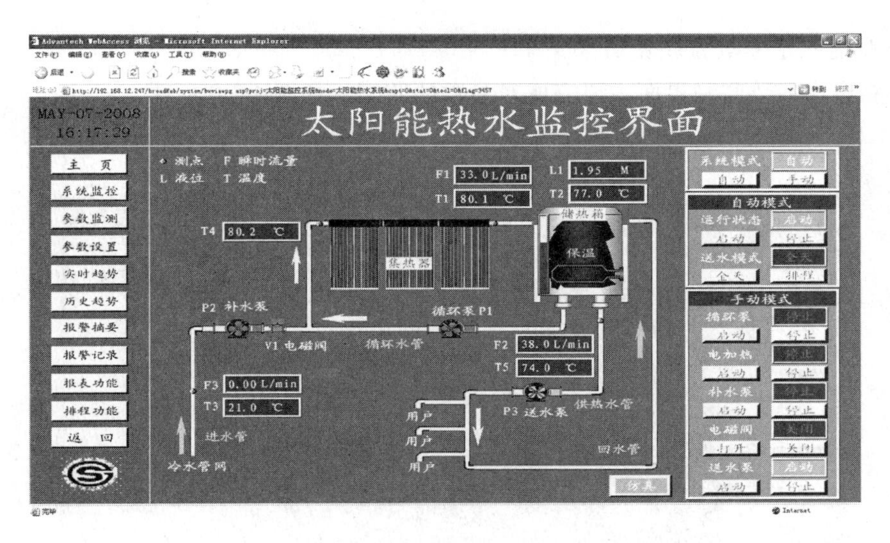

图 4-28 系统监控界面

界面左侧是系统的界面切换面板，用户可以很方便地选择想要浏览的界面。

界面中部是该界面的主体，它直观地通过动画效果显示了当前系统的运行状态以及所有相关仪表的监测数据。另外，还可点击画面右下角的仿真按钮进入仿真控制界面，控制系统运行在现场模式或是仿真模式，很方便地测试程序的逻辑。

2. 太阳能热水参数设置界面

参数设置界面主要用于对水箱水温、水位高低限预置，设置运行参数，界面如图 4-29 所示。在设置完成后，这些参数会迅速传送给下位 PAC 控制器，控制器会马上根据最新的参数来控制相关设备实现系统的自动上水、自动加热功能。这样就实现了控制系统要求的前三个功能，其最后一个功能的实现将在排程功能中介绍。

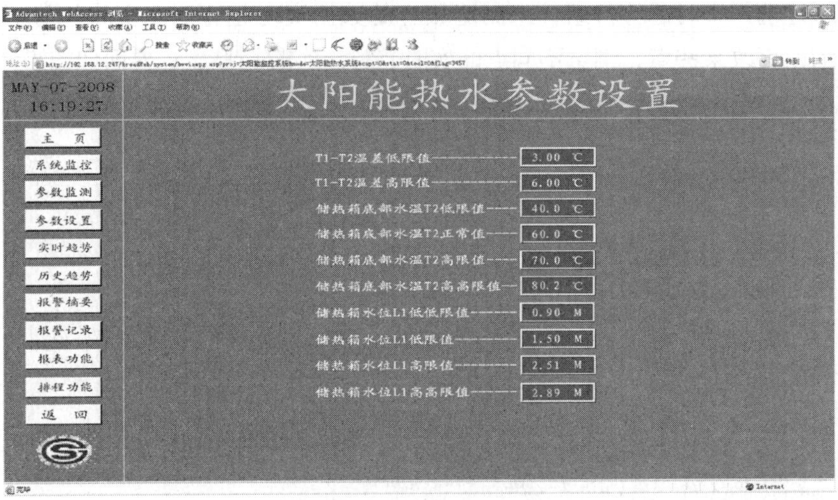

MAY-07-2008
16:19:27
太阳能热水参数设置

主 页
系统监控
参数监测
参数设置
实时趋势
历史趋势
报警摘要
报警记录
报表功能
排程功能
返 回

参数	值
T1-T2温差低限值	3.00 ℃
T1-T2温差高限值	6.00 ℃
储热箱底部水温T2低限值	40.0 ℃
储热箱底部水温T2正常值	60.0 ℃
储热箱底部水温T2高限值	70.0 ℃
储热箱底部水温T2高高限值	80.2 ℃
储热箱水位L1低低限值	0.90 M
储热箱水位L1低限值	1.50 M
储热箱水位L1高限值	2.51 M
储热箱水位L1高高限值	2.89 M

图 4-29 参数监测界面

3. 太阳能热水参数监测界面

太阳能热水参数监测界面主要完成对参数的监测，如图 4-30 所示。

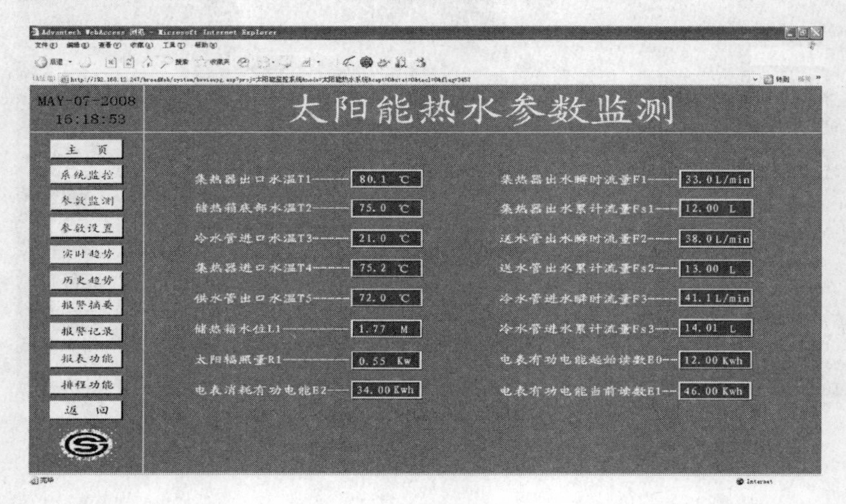

图 4-30　参数监测界面

4.6.3　数据记录和趋势功能

数据记录和趋势功能是一种实时记录数据并实现数据趋势显示的功能。数据记录趋势是非常灵活的，既有历史趋势又有实时趋势。其中，实时趋势的数据只记录在内存中；历史趋势的数据记录在监控节点的硬盘上。

1. 实时趋势

实时趋势显示的是实时数据的趋势图。它有固定的采样时间，采样点和采样速率通常在数据库创建时设定。在实时趋势建立之前，首先要定义实时趋势群组，每个群组最多 12 个点。用户要通过选择实时趋势群组，来浏览相应的数据实时趋势。在实时趋势群组建立后，可以随时添加或更改某些点，浏览不同点的实时趋势。实时趋势显示界面如图 4-31 所示。

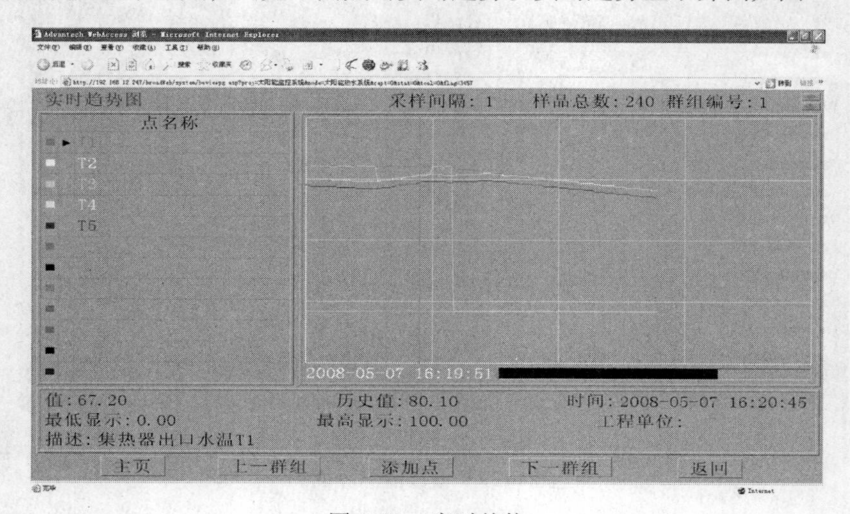

图 4-31　实时趋势

2. 历史趋势

历史趋势显示的是历史数据的趋势图。它和实时趋势一样，也要先创建历史趋势群组。在监控时，管理员能够很方便地在群组中添加或替换点，查看不同的历史数据。

用户可以通过历史趋势界面浏览任意点的最后值、最大值、最小值和平均值，并可以使用界面右上角的上下箭头来更改扫描时间（秒、分、时），更改数据记录类型（最大、最小、平均值等）。历史趋势显示界面如图 4-32 所示。

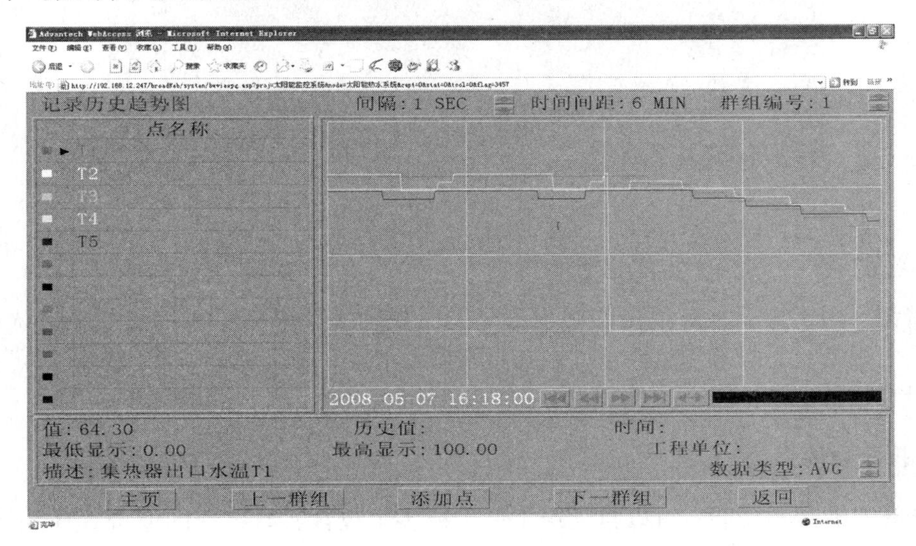

图 4-32　历史趋势

4.6.4　报警管理功能

利用 WebAccess 组态软件，可以建立强大的报警管理功能，为用户或操作员提示过程控制或设备状态。

系统内报警点主要分为模拟量报警点和数字量报警点两类。模拟量报警点可以提供系统内模拟量参数点的最高、高、低、最低、改变速率、偏差等报警；数字量报警点可以提供系统内数字量参数点状态报警。另外，系统还可将报警区分为 99 个等级的报警优先级，便于操作员区分报警的优先等级。使用报警功能时，只需要在相应的点信息设定中选择报警项，并设置相应的报警优先级。

报警管理可提供报警摘要和报警记录两种显示界面，并且带有声音提示报警。

1. 报警摘要

报警摘要用于显示当前的报警和未被认可的报警，每产生一个报警，报警摘要将自动增加一条记录；当报警认可后，报警摘要将自动消除本条报警信息。通过浏览器浏览报警摘要时，线上管理员、线上操作者和系统管理员权限都可以浏览。报警摘要界面如图 4-33 所示。

界面上提供了报警分类功能，用户可以通过选择不同的分类方式，让报警摘要按时间、优先级、名称、认可、群组等不同的排列方式来显示。此外，还提供了不同的认可按钮，供用户确认监控节点上所有的活动的报警点。

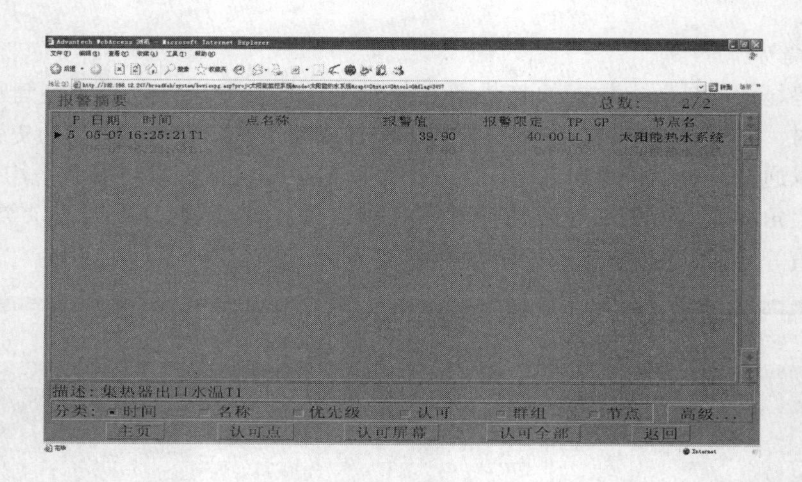

图 4-33　报警摘要

2. 报警记录

报警记录用于显示所有报警的历史记录，而报警摘要只用于显示当前未被认可的报警。当产生报警时，报警信息会被记录在报警记录中；在报警被确认后，报警认可信息也会被记录在报警记录中。

4.6.5　报表功能

系统还具有报表功能，可以自动产生一个或多个包含实时数据的值班、日及月报表。用户和操作员可以通过 Web 浏览器浏览到当前或以前产生的报表。同样，报表功能所产生的报表可以通过使用 Windows 中的复制及粘贴功能传入 Excel、Word 或其他常用的办公软件中。值班、日及月报表是由工程节点中的中央数据库、ODBC 数据库的实时数据产生的。在设置点属性中，记录到 ODBC 频率项中的值必须大于 0。用户和操作员可以通过 Web 浏览器浏览到当前或从前产生的报表。该报表可以被 WebAccess 监控节点打印出来，或以 Email 的方式发送至指定的 Email 地址。仅有模拟量类型点可被使用于报表功能中。日报表如图 4-34 所示。

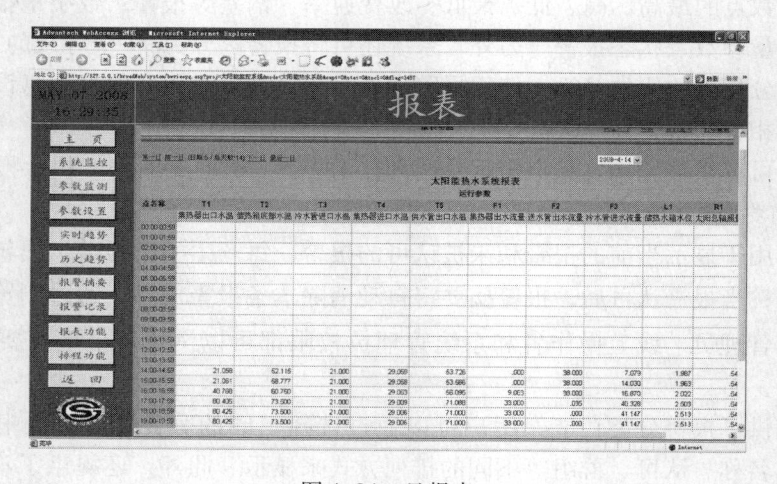

图 4-34　日报表

4.6.6 排程功能

系统的排程功能只在监控节点上运行（或备份监控节点）。用户可以通过在排程功能中的日历设置、一周中天数设置以及一天中的时间设置控制太阳能热水运行的模式。设置排程功能的步骤为：

1. 定义假日设定表格

它可用于处理每周日以外的特殊时间段。该“假日”可以是某个特殊的日子或某些重要的日子。该假日设定表格可以在任何时间内被定义、重定义和创建，如图4-35所示。

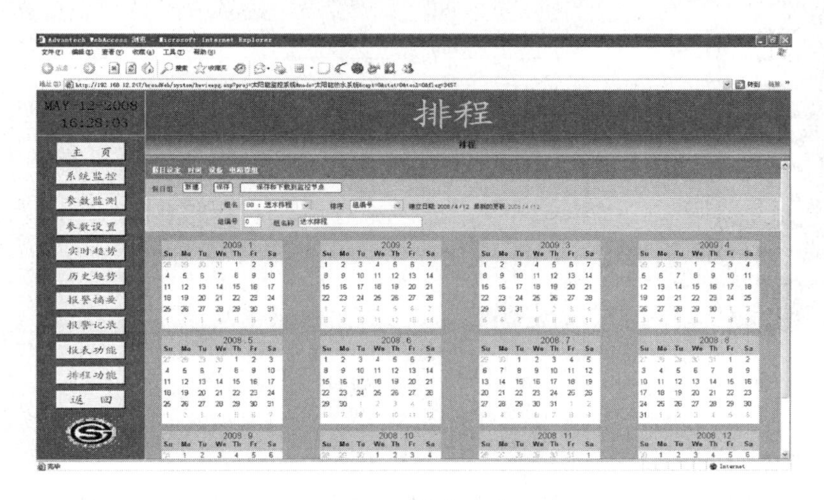

图4-35 假日设定

2. 定义时间

它是一张周时间表格，其中包含对普通时间段与特殊时间段的起始时间与终止时间的设定。“假日时间表”都需在时间表格中指定，如图4-36所示。

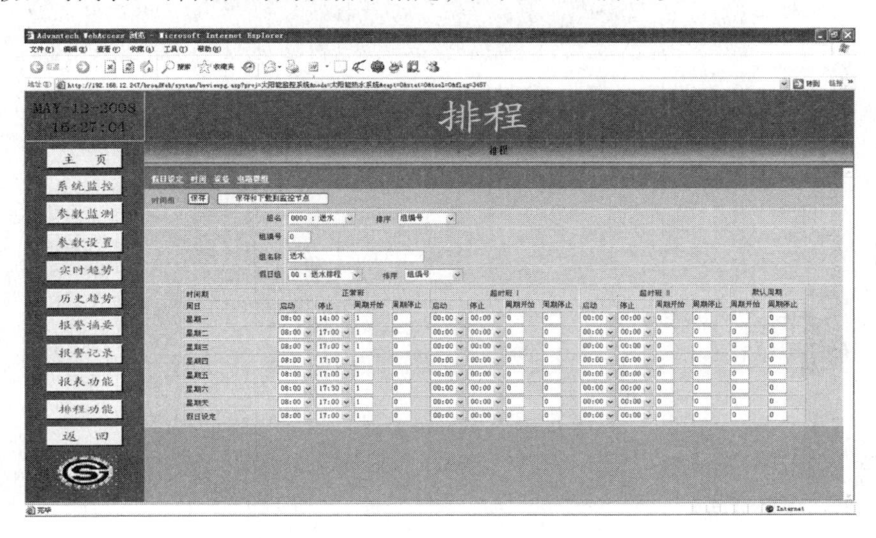

图4-36 时间设定

3. 定义电路群组

电路群组设定如图4-37所示。它们是在同一排程功能中被使用的一组（或一个）点。多组不同的“电路群组”可以通过“设备”被指定给一个时间表，同时同一个电路群组也可以被多个“设备”使用。

图4-37　电路群组设定

4. 定义设备

一个或多个电路群组和一个单独的时间表格会在每个设备群组中被指定。设备是在同一时间表格中使用的多组电路群组，如图4-38所示。

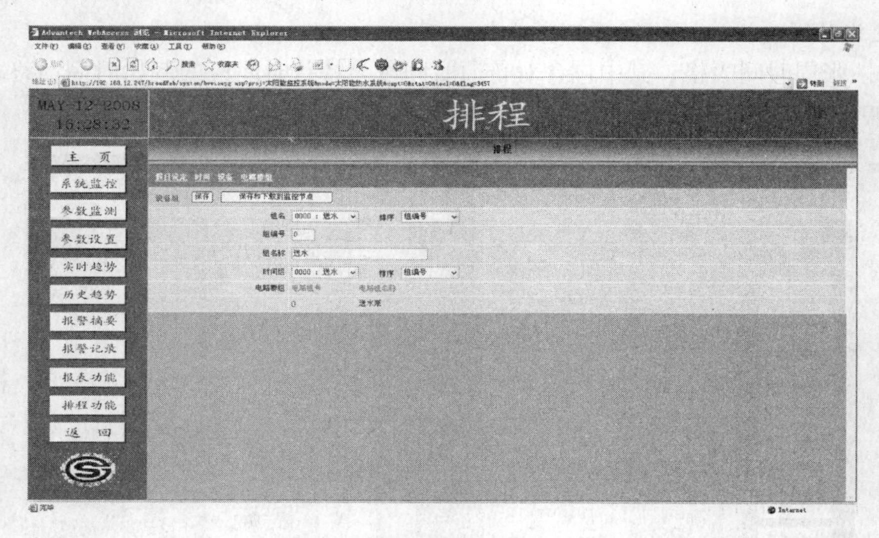

图4-38　设备设定

5. 下载到监控节点

系统可以在不断开监控节点的情况下将排程功能下载至监控节点，新的排程将被立即执行。如果某个点的值为‘开’，则它将被设置为“开”。用户可以从工程管理员处下载该排程表格。

通过排程功能，系统可以根据用户实际用水情况，按照时间段设置电加热以及送水泵的运行，这样就实现了控制系统要求的第四个功能。在长时间没有用户用水时，可以不启动电加热以及送水泵，只在用户用水的时间段保证储热水箱的水温及供水管网的供水。这种人性化的安排不仅满足了用户需要，而且节省了大量的能源。

本章参考文献

[1] 美国柏元网控信息技术有限公司．WebAccess 网际组态软件及应用［J］．工业控制计算机，2002，15（10）：28-28.

[2] 张仁杰，周麟．基于网际组态软件 WebAccess 的远程监控实验系统［J］．工业控制计算机，2002，15（12）：22-23，61.

[3] 尹敏，谭连生等．基于 Internet 的远程过程控制系统设计［J］．计算机过程与应用，2002，38（21）：254-256.

[4] 顾洪军．工业企业网与现场总线技术及应用［M］．北京：人民邮电出版社，2002.

[5] 谢军．工控组态软件的功能分析与应用［J］．交通与计算机，2000，18（3）：46-48.

[6] 易江义，周彩霞．工业组态软件的发展与开发设计［J］．洛阳工业高等专科学校学报，2003，13（1）：33-35.

[7] 研华（中国）有限公司．Advantech WebAccess 功能概述，2007.

[8] http：//www. vccode. net/forum_ view. asp? forum_ id = 17&view_ id = 300.

[9] http：//dev. csdn. net/develop/article/61/article/60/60406. shtm.

[10] 叶明．基于 HMI 控制系统中数据采集技术的应用与研究［D］．武汉：武汉理工大学，2006.

[11] 王晓宁，李文梁，佩鹏．利用网际组态软件 WebAccess 实现过程控制系统远程监控［J］．仪器仪表用户，2003，10（5）：26-27.

[12] 易异勋．工控系统组态软件体系结构的研究［J］．基础自动化，2000，7（2）：62-64.

[13] 储春华．基于 Ethernet 的洒水除尘及污水处理控制系统的设计与实现［D］．武汉：武汉理工大学，2006.

[14] Henning Dierks. PLC-automation：a new class of implementable real-time automation. Theoretical computer science，2001，253（1）.

[15] Krairojananan T.，Suthapradit S. A PLC program generator incorporating sequential circuit synthesis thechniques. Circuits and Systems IEEE APCCAS，1998，12.

[16] Dick Johnson. Product focus programmable logic controllers. Control Engineering，2002. 49（8）：43-44.

[17] A. Campisano and C. Modica. PID and PLC units for the real – time control of sewer systems. Water Science and Technology，2002，45（7）：95-104.

[18] By Stephanie Neii. Programming the PLC. Managing Automation，2002，17（10）：2630.

[19] A. Mader，Ed Brinksma. Design of a PLC control program for a batch plant VHS case study 1. European Journal of Control，2001，7（4）. E4-E4.

[20] 研华（中国）有限公司．MULITIPROG 使用手册，2007.

[21] Clarke S. J. Safety considerations in using IEC1131 - 3 programming languages. Open control in the process and manufacturing Indusgtries，1998（5）：1619.

[22] 结构化程序设计方法，http：//whuy. blogdriver. com/whuy/891055. html.
[23] 李现勇．Visual C + + 串口通信技术与工程实践［M］．北京：人民邮电出版社，2002.
[24] 谭思亮，邹超群．Visual C + + 串口通信工程开发实例导航［M］．北京：人民邮电出版社，2003.
[25] Eugene Olafsen，Kenn Scribner，K. David White 等．MFC Visual C + + 6 编程技术内幕［M］．北京：机械工业出版社，2000.
[26] 梁庚，白焰，李文．基于 Windows DDE 的客户服务器应用开发［J］．计算机工程与设计，2004，25（5）：736-739.
[27] 胡锦晖，胡大斌．基于 DDE 技术的监控软件及其实现［J］．微计算机信息，2004，（11）：70-71，51.
[28] 马亚龙，王精业，郭齐胜．DDE 通信在分布式实时仿真软件中的应用［J］．计算机仿真，2003，（6）：60-63.
[29] 黄康铭．基于 OPC/DDE 技术的监控软件的研究和开发［D］．长沙：中南大学，2006.

第 5 章　基于 WebAccess 组态软件的地源热泵远程监测系统

5.1　系统概述及总体设计

5.1.1　系统总体分析

采用现代计算机和通信技术，对示范工程地源热泵空调/供暖系统的运行情况进行远程连续监控，得出能够真实反映系统优劣的技术经济评价参数，以便确定地源热泵与建筑集成技术的适用范围和性能特点，并为在建筑集成系统中推广地源热泵技术提供依据。另外还可根据监测数据，优化地源热泵空调/供暖系统的运行方式，实现最小运行成本。

1. 地源热泵系统分析

地源热泵是一种利用地热资源既能供热又能制冷的高效节能环保型空调系统。利用水源是地源热泵的一种形式，它利用水与地能（地下水、土壤或地表水）进行冷热交换来作为地源热泵的冷热源，冬季把地能中的热量“取”出来，供给室内采暖，此时地能为“热源”；夏季把室内热量取出来，释放到地下水、土壤或地表水中，此时地能为“冷源”。

（1）地源热泵系统工作原理

地源热泵系统是一种由双管路水系统连接起建筑物中的所有地源热泵机组而构成的封闭环路的中央空调系统。地源热泵机组原理图如图 5-1 所示。

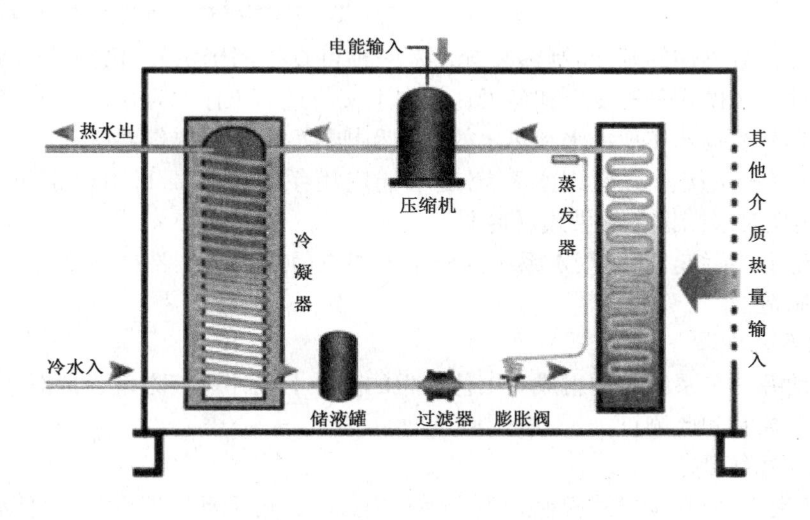

图 5-1　地源热泵机组原理图

在制冷模式时，地源热泵机组内的压缩机对冷媒做功，使其进行汽—液转化循环。即高温高压的制冷剂气体从压缩机出来后进入冷凝器，向水中排放热量并被冷却成高压液体，使水温升高。经热膨胀阀进行节流膨胀成低压液体后进入蒸发器蒸发成低压蒸汽，同时吸收空气（水）的热量。低压制冷剂蒸汽又进入压缩机压缩成高压气体，如此循环不已。此时，制冷环境需要的冷冻水在蒸发器中获得。

在供热模式时，高温高压制冷剂气体从压缩机压出后进入冷凝器排放热量而冷却成高压液体，经热膨胀阀进行节流膨胀成低压液体进入蒸发器蒸发成低压蒸汽，蒸发过程中吸收水中的热量将水冷却。低压制冷剂蒸汽又进入压缩机压缩成高压气体，如此循环不已。此时，供热环境需要的热水在冷凝器中获得。

（2）地源热泵系统的组成

地源热泵系统由下列部分组成：模块式地源热泵机组、循环水泵、水管环路、水系统控制箱等。其主要设备包括：抽水泵、热泵机组、末端循环水泵、中介循环泵、换热器、膨胀补水箱、分水器、集水器以及相应的辅助设备。地源热泵系统结构示意图如图5-2所示。

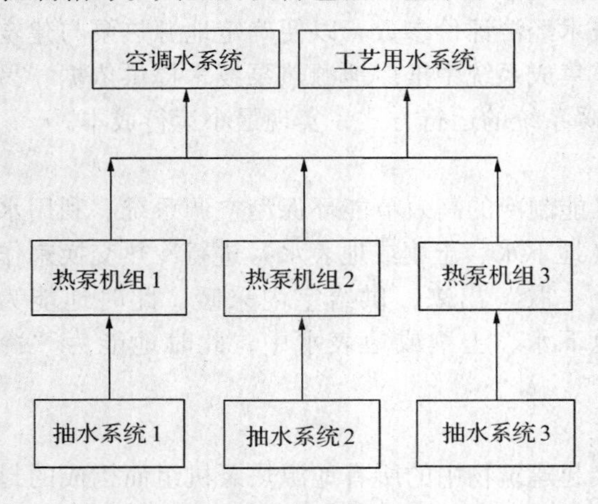

图5-2　地源热泵系统结构示意图

根据地源能量的流动方向，地源热泵系统分为以下几个部分：

1）抽水系统。抽水系统通过水泵抽取地下水，利用散热器热交换完成对地下水热量的提取。

2）热泵机组。热泵机组是一种水冷式的供冷/供热机组。机组由封闭式压缩机、同轴套管式水/制冷剂热交换器、热力膨胀阀（或毛细膨胀管）、四通换向阀、空气侧盘管、风机、空气过滤器、安全控制等组成。机组本身带有一套可逆的制冷/制热装置，是一种可直接用于供冷/供热的热泵空调机组。该系统有两种工作模式——夏天和冬天，根据上文所述的工作原理由用户的实际需求分别通过不同的热交换技术实现冷水和热水的循环和排放，并供给末端系统利用。

3）空调用水系统。空调用水系统是末端应用系统，主要利用热泵机组产生的热（冷）水，实现对末端设备的供热（冷）。

4）工艺用水系统。工艺用水系统同样是末端应用系统，主要是将热（冷）水应用于工业生产和制造。

2. 监控系统要求

在分析地源热泵系统结构组成和工艺流程的基础上设计监控方案，拟对整个地源热泵系统进行实时控制和监测。

（1）控制系统要求

1）可实现手动/自动模式控制切换：手动模式时，可手动启停设备；自动模式时，可根据水位、水温参数自动控制相关设备。

2）水位设置，自动补水功能：当水箱水位较低时，发出低报警信号，并自动上水；

水位较高时，发出高报警信号，并自动停止上水。

3）系统管理员根据现场获得的监测设备的实时数据、历史趋势等，对系统设备做出相应的调整，以适合实际生活或生产的需要。

（2）设备控制对象

各种水泵阀门启闭开关，各种水泵、机组启停开关，分水器、集水器阀门开关，末端系统供水线路开关，膨胀水箱手/自动补水选项及相应的阀门开关等。

（3）运行参数的监测

根据地源热泵与建筑集成工程经济评价指标，对相应的数据参数建立监测点，制定相应的监测方案，其中监测内容共分5类，详见表5-1。

监测内容　　表5-1

	监测内容	监测目的
1	室外环境温度	大气温度变化对空调/采暖系统的影响
2	空调/采暖房间温度	确认是否达到国家规定的采暖/空调温度要求
3	用户侧和地源侧主干管以及消防水池进出口的流量、温度和压力	计算地埋管换热器供热/冷能力、用户侧的热/冷量需求以及消防水池的蓄能能力；计算可再生能源的利用率
4	地源热泵机房全部电气设备的耗电量	计算运行费用，以便同其他热源比较，进行技术经济分析，并结合用户侧的供冷/热数据综合计算整个系统的COP（经济评价指标）值
5	垂直地埋管管孔不同深度土壤温度	研究地下温度场的变化规律

5.1.2 监控系统构成

地源热泵监控系统主要用于监控建筑中地源热泵系统相关设备的运行，并采集系统运行的必要参数、地热利用参数以及各种其他能源（主要为电能）的使用情况。根据地源热泵系统的运行需求，提出了利用以太网以及现场总线技术，以可编程自动化控制器为控制核心，以数据库和应用程序为数据服务中心并加以计算机和组态软件为上位机监控系统，设计出一套地源热泵监控系统，完成对相关设备的控制、对实时数据的自动采集，并针对监控系统存储的数据进行基本的分析处理。系统总体设计网络拓扑图如图5-3所示。整个监控系统由现场监控层、本地监控层以及远程数据服务中心和客户端三部分组成。

（1）现场监控层

现场监控层中的监控点主要由传感器（电磁流量计、温度传感器、压力传感器）、温度计数据转换模块、数据采集箱和数据传输总线组成，完成数据的采集功能，并将传感器所采集的信号送至现场控制器进行处理。控制层主要由ADAM5510现场控制器、智能电表组成，其中ADAM5510现场控制器利用输入模块采集各类设备相应监控点的数据及各阀门、水泵的状态，并接收监控节点的控制命令，对水泵、电磁阀进行控制。智能电表用于监测热泵机组等设备消耗的电量。

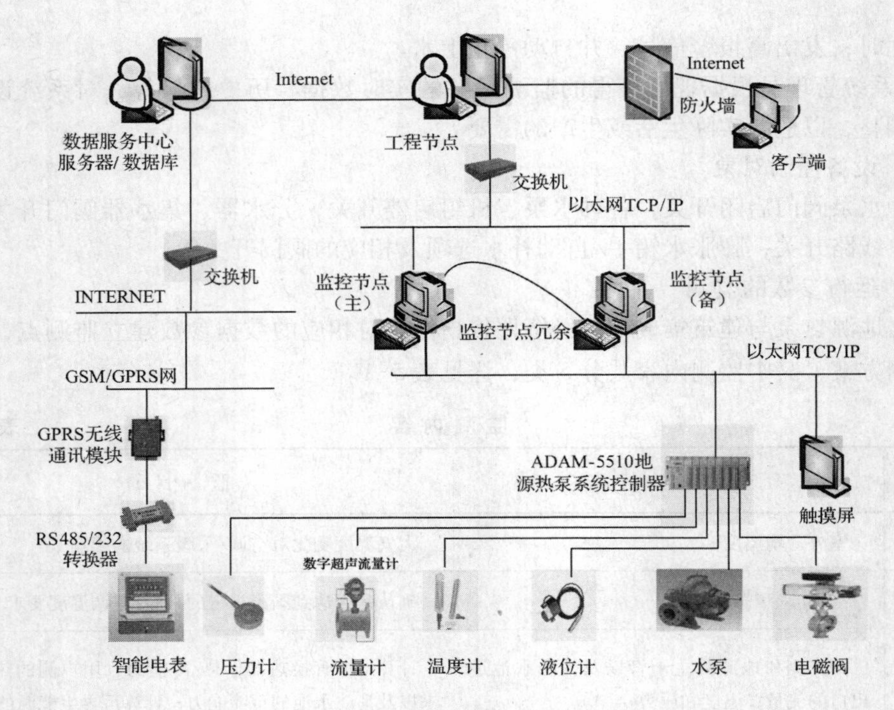

图 5-3　系统总体设计网络拓扑图

（2）本地监测层

本地监测层主要由三台工控机及一台触摸屏组成。两台工控机作为监控节点计算机，WebAccess 组态软件通过以太网连接现场控制器，采集现场数据，并将控制命令传输给现场控制器，然后通过输出模块对各类设备相应监控点进行实时控制。这里采用了双监控节点冗余技术，因此当一个监控节点出现故障或需要维护时，整个系统不会停止运行。

系统采用另一台工控机作为工程节点计算机，它的主要任务是通过以太网接收监控节点的数据并备份，进一步连接 INTERNET 网络，访问远程数据服务中心和客户端。

（3）远程数据服务中心和客户端

远程数据服务中心采用一台工控机作为客户端计算机，它通过 INTERNET 和 GPRS 网络访问智能电表，读取相关数据，同时远程访问工程节点计算机实时采集各类数据，进行处理分析，得出地源热泵系统的各项参数和经济评价指标，并将结果传输到工程节点计算机。

5.2　监控系统网络结构

系统网络是将上位机监控系统和下位机控制系统联系起来的介质，通信网络的可靠性、快速性直接关系到整个系统的运行状况和控制功能，所以合理网络的选择和建立对监测系统的正常高效运行相当关键，系统网络结构图如图 5-4 所示。

1. 底层控制网络

底层控制网络即各监控节点控制主机与控制器之间的数据传输网络，主要由以太网和 485 总线网络组成。其中控制器通过采集模块采集各设备状态，并进行相应控制；通过以太网与两监控节点进行通信，读取上位机指令进行实时控制，并将系统状态参数反馈给上位机。智能电表则直接通过 GPRS 网络将数据传输到数据服务中心。

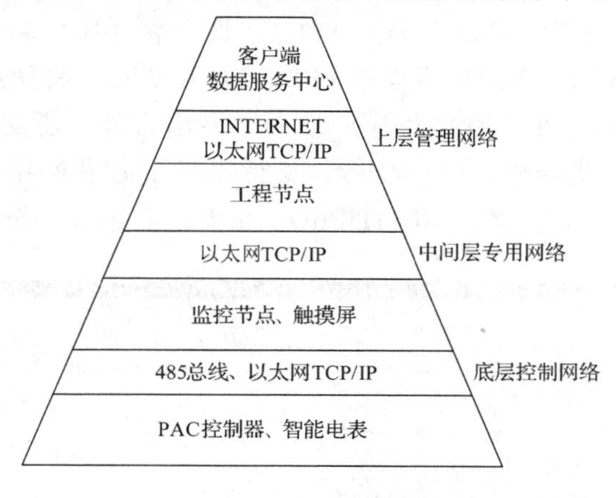

图 5-4　系统网络结构图

2. 中间层专用网络

中间层网络由以太网组成，通过 WebAccess 开放的标准数据接口实现监控节点与工程节点的通信。系统采用两台工控机作为一用一备两个监控节点，系统自带故障诊断程序，当监测到主监控节点异常时，自动切换到备用监控节点，以实现冗余监控。工程节点通过中间层网络读取监控节点数据，并实现数据的备份。

3. 上层管理网络

上层管理网络由以太网和 INTERNET 网络组成，主要负责工程节点与数据服务中心和客户端的通信。工程节点通过上层网络将采集到的各项数据送至数据服务中心进行处理，并获取处理后的数据。各客户端用户通过上层网络，访问工程节点，监控和巡视底层各系统状况和参数，并可进行相应控制。采用这种方法有效地实现了计算机与控制器之间大量信息的高速交换，实现了对系统状态的实时监控。

5.3　系统硬件选型

控制器模块、PAC 控制器模块、智能电表、触摸屏、工控机级其他硬件选型请读者参考本书 4.2 节。

5.4　地源热泵 PAC 控制器程序设计

5.4.1　编程软件 MULITIPROG 开发平台

采用 MULITIPROG 软件编写研华 ADAM-5510 控制器的程序。MULITIPROG 是一套编程系统，适用于 PLC 和软逻辑控制器编程。程序组织单元 POU（Program Organize Unit）是 MULITIPROG 程序的语言元素，它们是包含了程序代码的独立软件单位。POU 由变量声明部分和代码本体部分组成：在变量声明部分，定义所有局部变量；在代码本体部分，用诸如指令表（IL）、结构化文本（ST）、梯形图（LD）等编程语言编写指令。

MULITIPROG 编程软件遵循 IEC-61131-3 的国际 PLC 编程标准，同时支持功能块图（FBD）、梯形图（LD）、顺序功能流程图（SFC）、指令表（IL）和结构化文本（ST）五种编程语言，并且支持在同一个编程页面中 FBD、LD 和 SFC 三种图形化语言的混合编程。其 MultiTask 架构除可以在一个工程的程序中使用不同语言外，还支持浮点运算、复杂的算法，支持仿真测试和在线监控、调试功能，支持串口下载和网络下载程序，并且还有 PID 控制模块进行 PID 运算的功能。MULITIPROG 编程环境如图 5-5 所示。

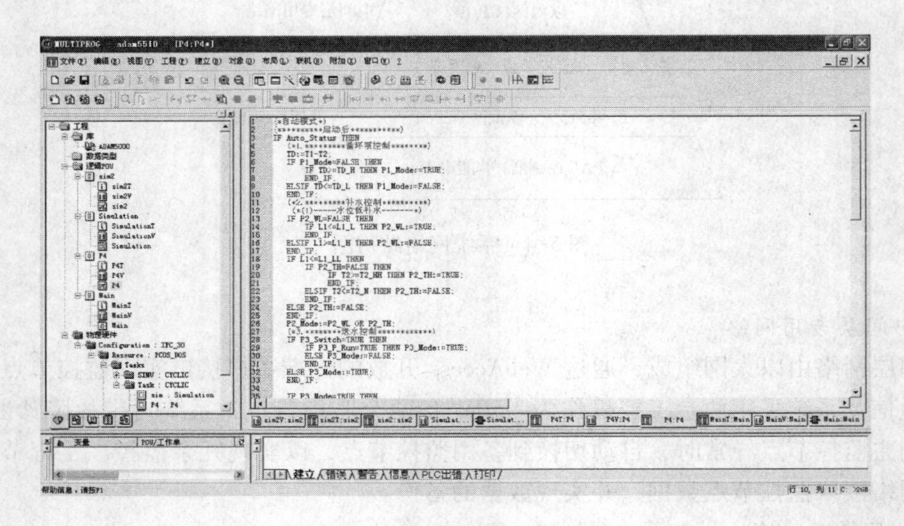

图 5-5　MULITIPROG 编程环境

5.4.2　控制器程序的设计流程及 Modbus 地址映像

1. 控制器程序的设计流程

控制器程序的设计主要是按照以下流程进行：

（1）新建工程，选择相应的模板文件，进行模板文件配置以及 I/O 配置，最后下载整个配置。在此处设置时，需将控制器 IP 地址设置为 192.168.12.221，用于与组态软件的以太网通信。这样就完成了初始化工作。配置如图 5-6 ~ 图 5-8 所示。

（2）ADAM-5510 控制器的软件编程提供了多种语言供选择，本次设计主要采用 LD 语言和 ST 语言编程。

（3）当下位机程序设计编程完成后，选择工具栏上的 Make 按钮或按 F9 键进行编译，看是否出现报警和错误，如果没有错误和报警，接下来就可以下载程序到控制器。

（4）通过 Project Control Dialog 下载程序到控制器，选择 Cold、Warm 或者 Hot 三种方式中的一种启动，观察系统运行情况。

（5）选择工具栏上的 Debug 按钮或按 F10 启动在线调试功能，在线对每一个变量进行赋值和监视。如果调试发现错误，就返回第二阶段进行程序修改，然后重复以后各步骤。确认调试无误后，就可以最终下载到 ADAM-5510 控制器。整个下位机软件编程开发简单，调试方便快捷，大大降低了开发难度，缩短了开发时间。

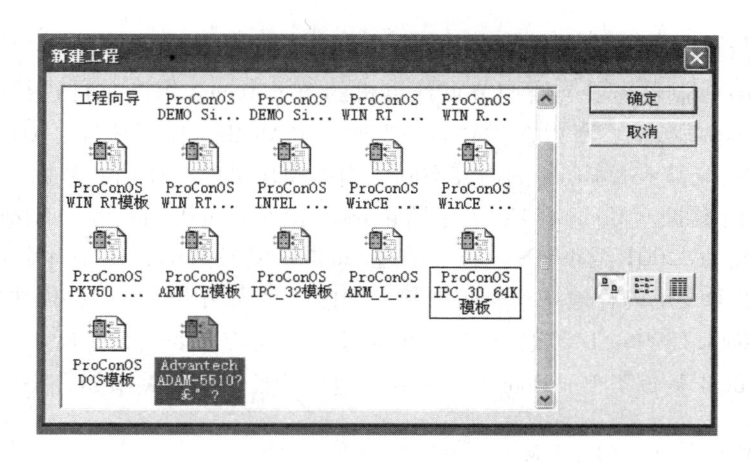

图 5-6　新建工程

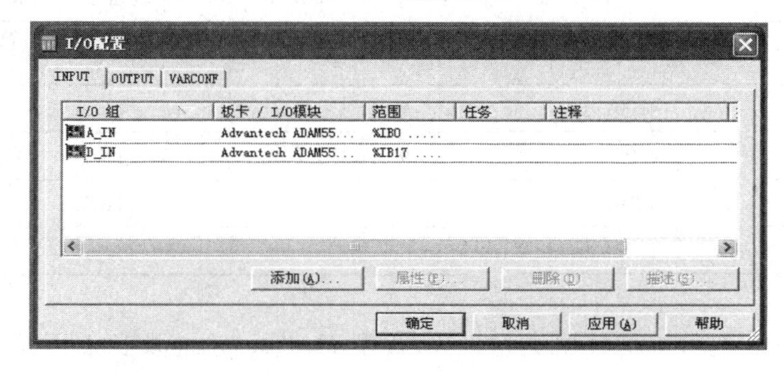

图 5-7　配置 I/O 模块

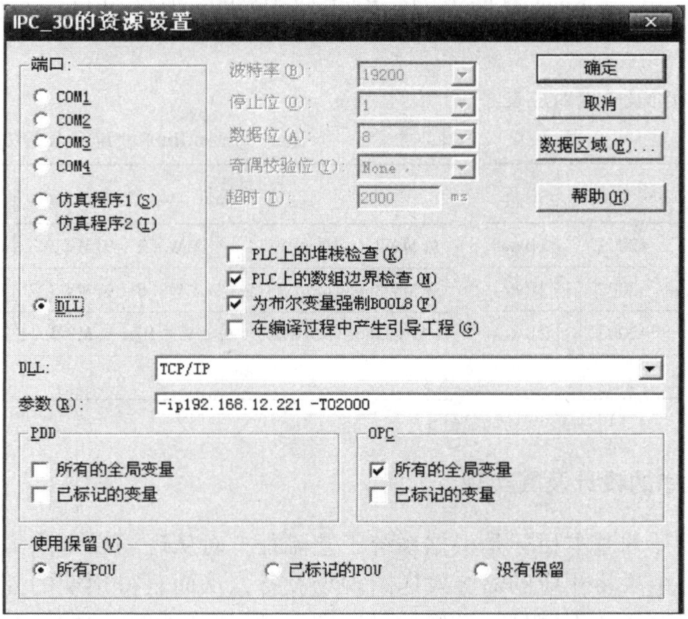

IPC_30的资源设置

端口：
COM1
COM2
COM3
COM4
仿真程序1 (S)
仿真程序2 (I)
DLL
波特率 (B)： 19200
停止位 (O)： 1
数据位 (A)： 8
奇偶校验位 (Y)： None
超时 (T)： 2000 ms
PLC上的堆栈检查 (K)
PLC上的数組边界检查 (M)
为布尔变量强制BOOL8 (F)
在编译过程中产生引导工程 (G)
确定
取消
数据区域 (E)...
帮助 (H)
DLL： TCP/IP
参数 (R)： -ip192.168.12.221 -T02000
PDD
所有的全局变量
已标记的变量
OPC
所有的全局变量
已标记的变量
使用保留 (V)
所有POU
已标记的POU
没有保留

图 5-8　IP 设置

2. Modbus 地址映像

ADAM-5510 控制器需要与监控节点计算机的 WebAccess 组态软件进行通信，需要传输控制器监测的各项数据，所以在控制器中需要设定 Modbus 协议地址。ADAM-5510 控制器为 Modbus 功能保留 16K Bytes 的内存空间。内存模块可储存使用者数据，并透过 Modbus 通信协议交换数据。Modbus 4X 缓存器内的单位是 Word，因此共有 8K Word 可用。Modbus 地址定义为 42001 至 49999。若要透过 Modbus 交换数据，使用者必须在［I/O Address］字段内手动设定内存地址，将数据移动到此内存模块中。此内存模块的内存地址定义为 MW3.0-MW3.15996。I/O 地址与 Modbus 地址的对应表如表 5-2 所示。

（1）若为 Bool 数据类型，Bool 型 Modbus 地址及长度对应关系如表 5-3 所示。

I/O 地址与 Modbus 地址的对应表

表 5-2

I/O 地址	Modbus 地址
%MW3.0	42001
%MW3.1	42002
%MW3.2	42003
……	

Bool 型 Modbus 地址及长度对应表　　表 5-3

I/O 地址	Modbus 地址	长度
%MW3.0.1	42001	1Bit
%MW3.0.2	42002	1Bit
%MW3.0.3	42003	1Bit
……		

（2）若为 Byte 与 Word 数据类型，Word 型 Modbus 地址及长度对应关系如表 5-4 所示。

（3）若为 Dword 与 Real 数据类型，Real 型 Modbus 地址及长度对应关系如表 5-5 所示。

Word 型 Modbus 地址及长度对应表

表 5-4

I/O 地址	Modbus 地址	长度
%MW3.0+%MW3.1	42001	2Bytes
%MW3.2+%MW3.3	42002	2Bytes
%MW3.4+%MW3.5	42003	2Bytes
……		

Real 型 Modbus 地址及长度对应表　　表 5-5

I/O 地址	Modbus 地址	长度
%MW3.0+%MW3.1+%MW3.2+%MW3.3	42001+42002	4Bytes
%MW3.4+%MW3.5+%MW3.6+%MW3.7	42003+42004	4Bytes
%MW3.8+%MW3.9+%MW3.10+%MW3.11	42005+42006	4Bytes
……		

5.4.3 控制器程序的设计及其实现

控制器程序设计的基本目标是根据系统工艺流程，对从现场设备采集的数据进行接收处理，并根据处理结果将相应的命令发送给现场设备，从而获得预期的控制效果。提高程序的质量、编程效率，使程序具有良好的可读性、可靠性、可维护性以及良好的结构，编制出优秀的程序是每位工程设计人员追求的目标。而要做到这一点，就必须掌握正确的程序设计方法和技术。

本系统的控制器程序采用了结构化的程序设计方法。这种设计方法首先是用于与C语言类似的相关语言方面的。通过本系统的开发发现，结构化的程序设计方法也完全适用于控制器程序中梯形图语言的开发。下面介绍本系统程序的设计实现方法。

1. 主程序

主程序主要由四个程序模块组成，分别是输入程序模块、控制程序模块、输出程序模块和仿真程序模块。输入程序模块用于将从控制器的开关量和模拟量输入模块采集的数据存储到中间变量中。地源热泵控制程序用于控制地源热泵系统设备的启停、水泵的运转、阀门的开闭、水箱补水等。输出模块用于在工艺逻辑控制程序运算后，将最后的控制信号传给控制器上模拟量及开关量输出模块。仿真程序模块用于在开发测试阶段，模拟现场状态点的参数，进而校验主控制程序是否满足实际工艺要求。主程序流程图如图5-9所示。

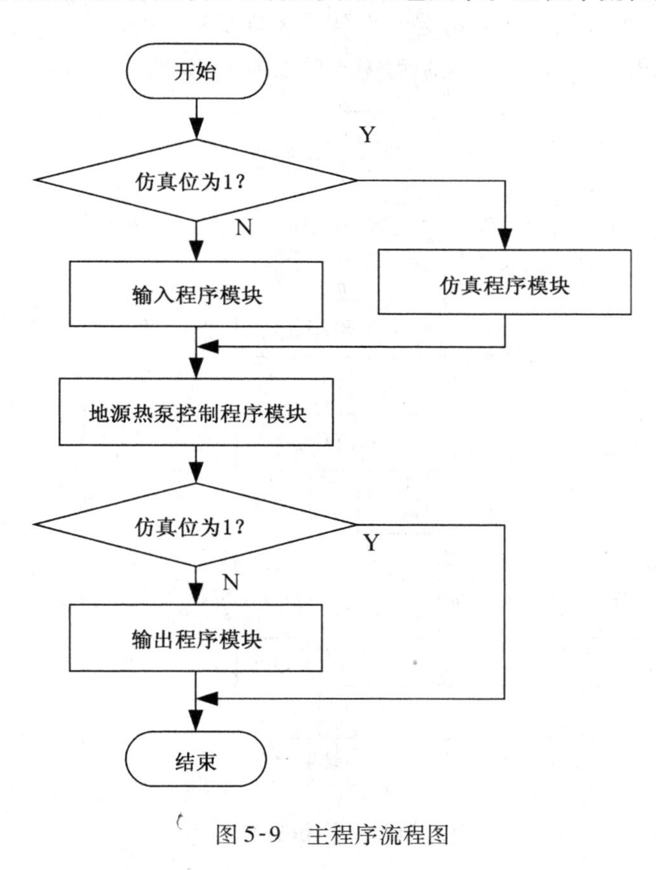

图5-9　主程序流程图

在现场运行时，系统将所有现场输入数据先存储到中间变量中，放在输入程序模块中集中执行；在控制程序中，全部用中间变量进行运算，最后将用于控制现场设备的数据命令存储于另一些中间变量中，在输出程序模块中集中送给实际输出地址，对现场设备进行控制。在仿真模式下，也就是在仿真控制位为1时，系统会执行仿真程序模块，仿真程序会按照实际现场情况模拟现场情况，将数据存储到现场数据的中间变量中，然后再去执行控制算法程序，最后直接跳过输出模块程序。这样不仅实现了对控制算法程序的编程和调试，而且对现场设备不会产生任何影响。

这种主程序的设计方法具有以下特点：将整个控制工艺以及控制器的读写数据过程全部模块化，不仅方便了开发人员，而且提高了程序的可读性。充分利用了结构化程序设计的方法，使得整个程序井然有序。

2. 地源热泵控制程序

地源热泵控制程序可分为五个部分，即自动/手动算法程序、机组控制程序、空调用水控制程序、工艺用水控制程序、水箱补水控制程序。具体来说分为两类：一类是自动控制和手动控制的算法程序部分。在自动模式下，系统会根据现场温度、液位、流量等数据来控制热泵机组和各种水泵的运行。在手动模式下，系统会通过上位机手动控制的命令来控制现场设备的运行。另一类是热泵机组、水泵和阀门等设备控制程序。例如膨胀水箱补水控制不仅要控制补水泵的运行，而且控制所在回路上的电磁阀门。如果水箱需要补水，首先要先打开回路上的阀门，然后再启动水泵；水箱需要停止补水时，首先要先停止水泵运行，然后再关闭阀门。地源热泵控制程序流程如图 5-10 所示。

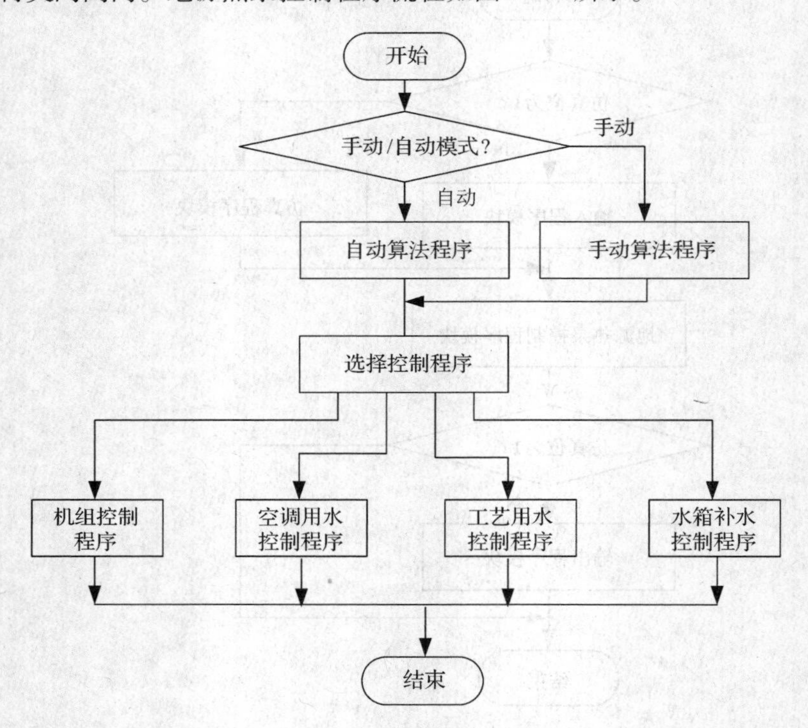

图 5-10　地源热泵控制程序流程图

3. 算法程序

自动控制算法程序包含许多控制设备启停的控制位，通过控制位以及温度、水位这些参数的运算，给被控设备发出控制指令。该算法程序通过运算最终会确定机组控制模式、空调用水控制模式、工艺用水控制模式、水箱补水控制模式是在启动模式还是在停止模式。如果是启动模式，就将相应的控制位置 1；如果是停止模式，就将相应的控制位置 0。这里主要以水箱补水的自动控制算法为例。

根据分析，补水需要的自动控制功能是根据水箱液位的高低限设置，自动实现补水的启停。液位小于低限时，开始补水；液位超过高限时，停止补水。并且在水箱液位低于低低限时或是液位超过高高限时，开始报警。根据这种工艺要求，自动算法程序中补水相关算法程序流程如图 5-11 所示。

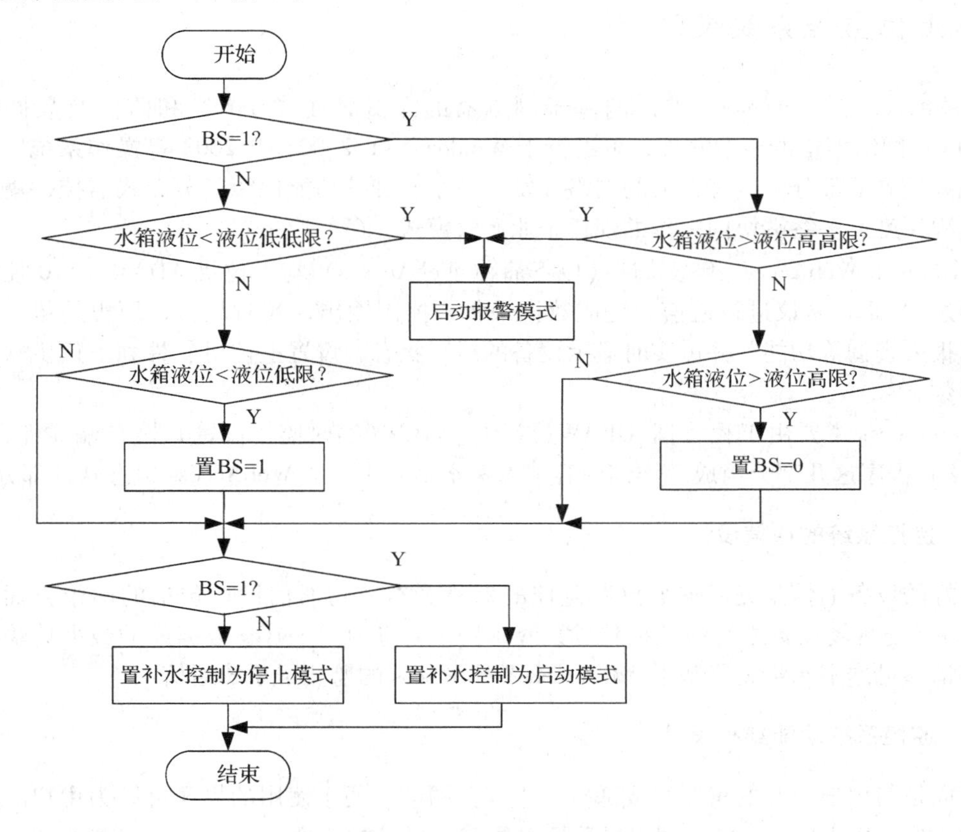

图 5-11　补水算法程序流程图

流程图中 BS 为液位低补水标志位。当因水箱液位小于设定液位低限时，将 BS 置 1；当液位超过设定高限后，将 BS 置 0。最后程序根据 BS 的值来判断是补水还是不补水。补水命令将传给设备控制程序，并在设备控制程序中实现补水动作。机组控制、空调用水控制、工艺用水控制的自动控制算法程序在此不再一一介绍。

水箱补水自动控制算法 ST 语言脚本如下：

```
IF P2_ BS = FALSE THEN
    IF L1 < = L1_ LL THEN P2_ AL: = TRUE;
    ELSIF L1 < = L1_ L THEN P2_ BS: = TRUE;
END_ IF;
  ELSIF L1 > = L1_ HH THEN P2_ AL: = TRUE;
  ELSIF L1 > = L1_ H THEN P2_ BS: = FALSE;
END_ IF;
END_ IF;
```

手动算法程序在此不再详细介绍，与自动算法程序不同的是，它的指令直接来自上位机组态软件。它最终也会确定机组控制、空调用水控制、工艺用水控制、水箱补水控制的模式是在启动模式还是在停止模式，是直接通过上位机设置按钮来确定的。

5.5 上位监控系统设计

WebAccess 是 Advantech 推出的基于浏览器的人机界面（HMI）和监控及数据采集（SCADA）网络架构的组态软件，可运行于 Windows NT/2000/XP/2003 等操作系统，属于上位机人机界面部分，具有强大的网络开发、发布、维护功能保障了分布式监控，集中管理，远程调度，多终端协同运作的现代企业运营模式。

Advantech WebAccess 组态软件（以下简称 WebAccess）与下位机 ADAM-5510 控制器之间通过 Modbus 协议进行通信，完成数据采集、控制输出、实时趋势、历史趋势、报警摘要、报表查询等功能，并可实时显示设备的运行状态，设置上位机软件和下位机软件的运行参数。

WebAccess 主要由工程管理、DRAW（绘图）、VIEW（实时监控浏览）、客户端插件、瘦客户端、核心程序这几部分组成。详细内容请参考本书 4.4.1 节 WebAccess 组态软件部分。

5.5.1 监控系统的通信设计

良好的设备通信是完成整个数据监控的保障。本节的通信设计包括的两个方面：是 WebAccess 与现场设备之间的数据传输，WebAccess 与 SQL Server 数据库的数据传输。详细内容请参见本书 4.4.2 节基于 Advantech WebAccess 的监测子系统通信。

5.5.2 监控系统功能结构设计

界面是与用户交互的重要组成部分，直观美丽的、便于使用的界面可以为用户的提供很大的方便。WebAccess 的绘图工具采用向导和矢量绘图模式，它提供了丰富的图库和功能强大的工具箱，可以很方便地模拟工作现场，实现动画界面。本系统在界面设计中，监控界面采用统一的风格，方便用户使用。整个上位监控系统的界面设计包括监控界面和功能界面两部分。其功能结构图如图 5-12 所示。

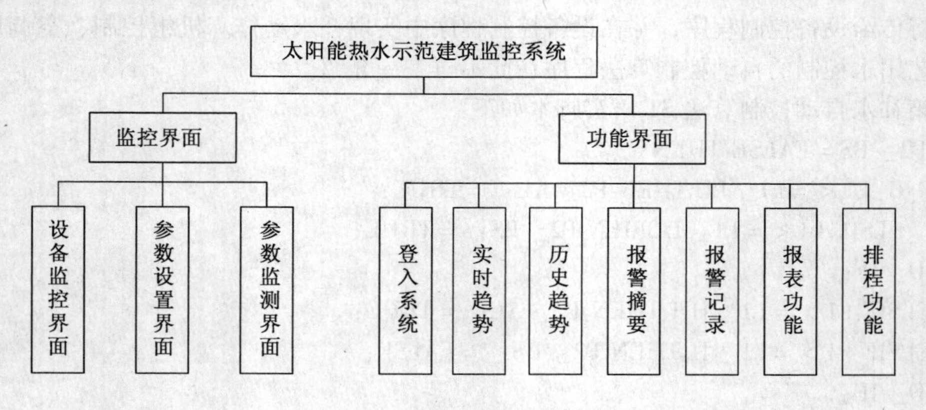

图 5-12　监控系统功能结构图

（1）监控界面。主要实现监控点所采集的数据的显示和主要设备的运行状态，管理员可以通过监控界面来对整个地源热泵系统进行实时控制。

（2）功能界面。主要完成对系统相关数据参数的处理，包括数据记录和趋势显示、报警记录、排程和报表记录。

1. 系统的动画实现

本系统通过动画连接，将某个对象连接到某一个变量上，实现对象的闪烁、移动、旋转等动作。下面简单介绍本书所用到的动画效果。

（1）闪烁

闪烁主要是颜色的变换，本系统主要用于显示泵和阀门的工作状态。

例如：阀门在关闭时，显示为红色，在打开后会变成原始颜色；热泵机组启动时为绿色，停止时为红色。其动画效果如图5-13和图5-14所示。

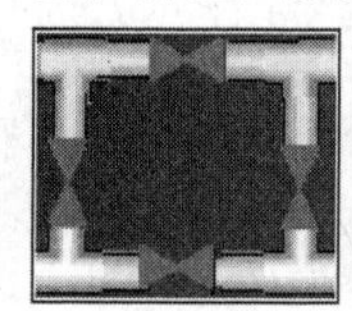

图5-13　动画启动前状态

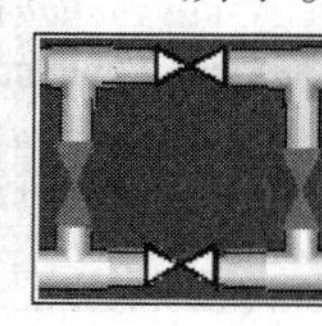

图5-14　颜色的动画显示

点的颜色的动画属性如图5-15所示。

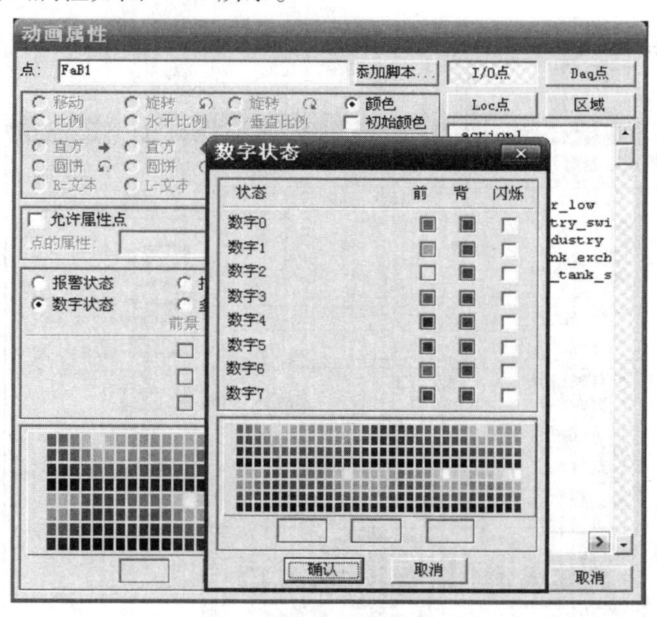

图5-15　点的动画属性

（2）移动

移动主要是位置的变换，本系统主要用于实现水的流向。以建立LOC点（pump）为例，通过% ROTATEPLUS循环累加函数来实现水的流动。脚本为SETVAL {pump = % ROTATEPLUS 8}。其动画属性如图5-16所示。

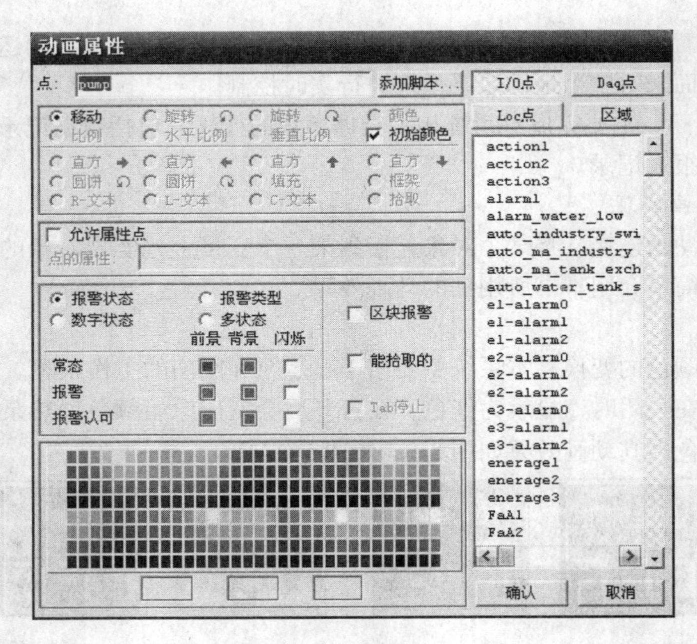

图 5-16　移动的动画属性

(3) 旋转

旋转主要是实现泵中风扇的旋转。其脚本语言与上面介绍的水流相同，其动画属性如图 5-17 所示。

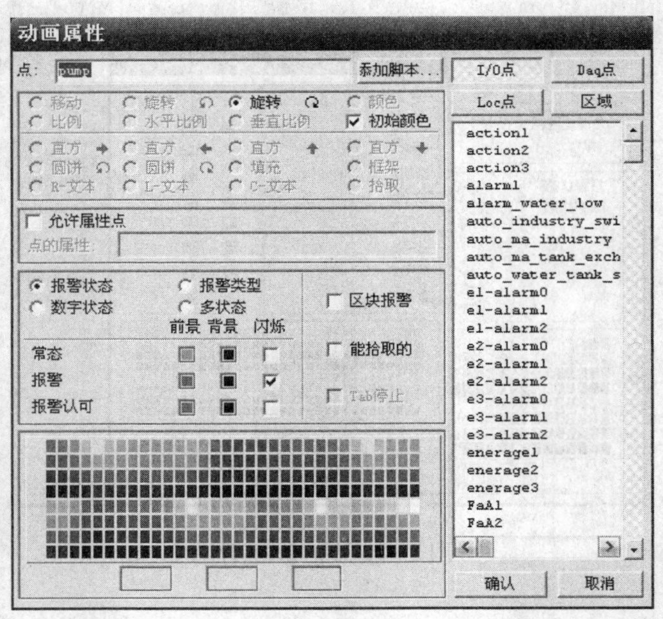

图 5-17　旋转的动画属性

其他的动态在此不再一一介绍，通过这一系列动画效果的实现，真正实现了对现场的模拟，使系统更加人性化。

2. 实时监控界面

(1) 抽水系统监控界面

抽水系统监控界面如图 5-18 所示。图中包括启动/停止的切换按钮以及运行状态的显示。界面左侧是系统的界面切换面板，用户可以方便地点击想要浏览的界面。监控直观地通过动画效果显示了当前系统的运行状态，以及相关仪表的监测数据。

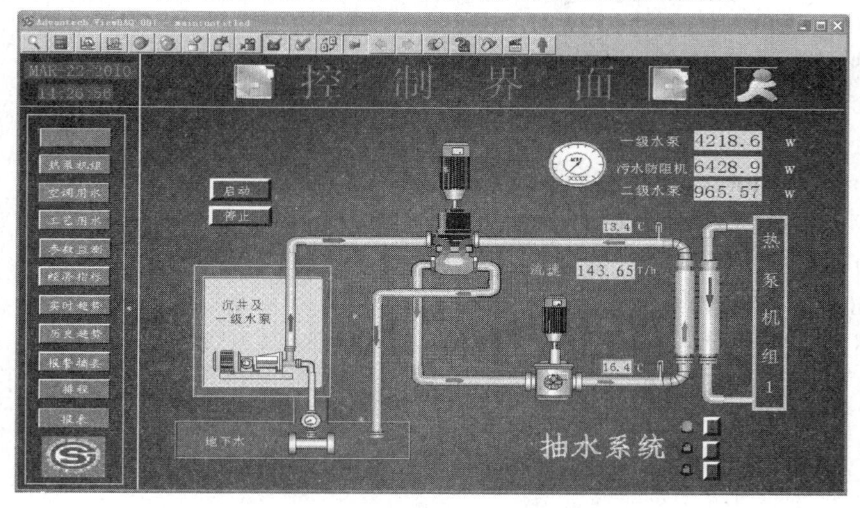

图 5-18　抽水监控界面

(2) 热泵机组监控界面

热泵机组监控界面如图 5-19 所示。图中所显示的是热泵机组工作模式为冬季时设备的运行状态，从图上可以清晰地看出热泵机组的结构和相应监控点的数据。当点击启动后，可以看到各项参数的示数发生了变化，与此同时，系统的动画被启动。监控画面的动态显示需要 WebAccess 脚本文件的支持，热泵机组监控界面的脚本如下，其他监控界面的脚本不再一一举例。

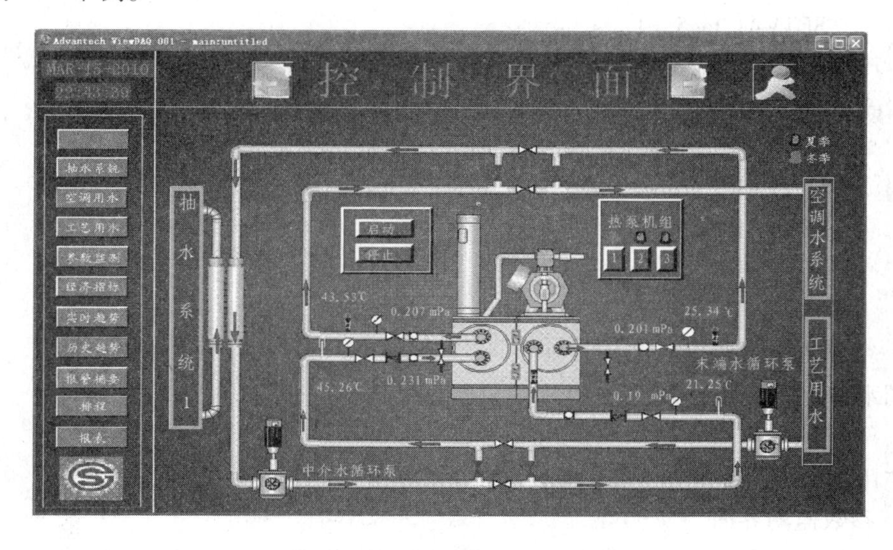

图 5-19　热泵机组监控界面

```
if {[GETVAL userinsteadflow] >0} then
{
    if {[GETVAL C] = =0} then
    {
        SETVAL C =1
        SETVAL A = [GETVAL firstammetervalve]
    }
    if {[GETVAL D] = =0} then
    {
        SETVAL A = [GETVAL firstammetervalve]
        SETVAL B = [GETVAL A]
    }
    if {[GETVAL D] = =120} then
    {
        SETVAL C =0
        SETVAL D =1
        SETVAL B = [GETVAL A]
    }
    else
    {
        SETVAL {D = % PLUS 1}
    }
    if {[GETVAL firstammetervalve] > [GETVAL B]} then
    {
        SETVAL {arrow3 = % ROTATEPLUS 8}
        SETVAL tag5 =1
    }
    else
    {
        SETVAL {arrow3 =48}
        SETVAL tag5 =0
    }
}
```

(3) 空调水系统监控界面

空调水系统监控界面如图5-20所示。

(4) 工艺用水监控界面

工艺用水监控界面如图5-21所示。

(5) 参数监测界面

地源热泵参数监测界面主要完成对参数的监测，如图5-22所示。从图中可以看到，参数包括地源侧供回水温度、压力、温差、瞬时流量、土壤温度、地源侧和用户侧单位热量、各种电表数值等，各种数据一目了然。

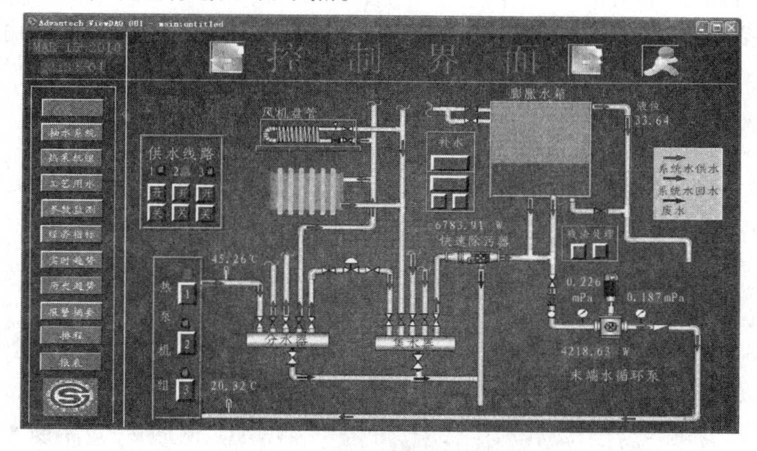

图 5-20　空调水系统监控界面

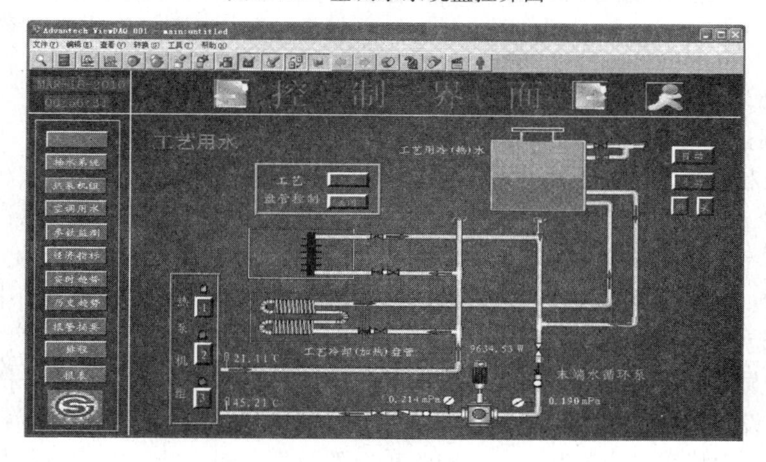

图 5-21　工艺用水监控界面

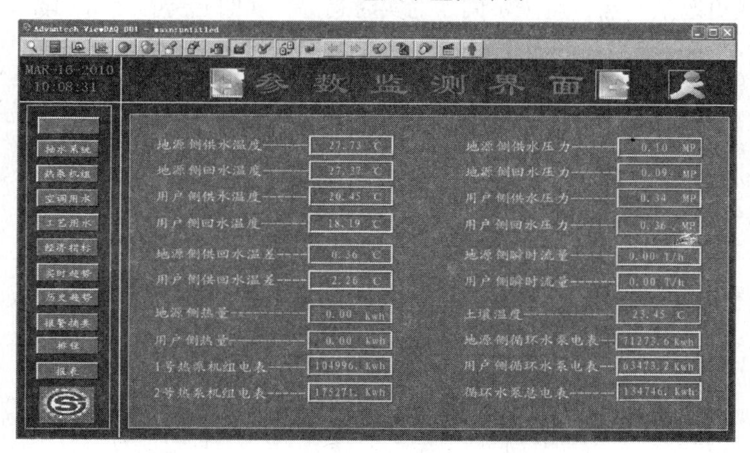

图 5-22　参数监测界面

(6) 经济评价指标界面

经济评价指标界面如图 5-23 所示。图中主要是每天、每周、每月三个周期的系统能效比指标，包括热泵机组、循环水泵、空调泵的三个周期的耗电量，系统输出的热量总和等指标。

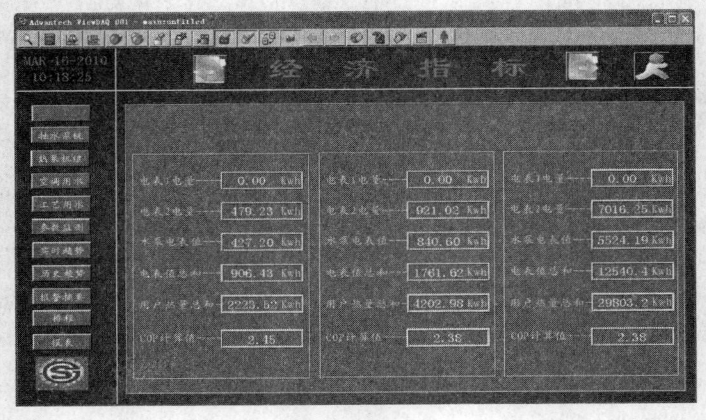

图 5-23　经济评价指标界面

3. 系统功能界面

(1) 数据记录和趋势功能

数据记录和趋势功能是一种实时记录数据并实现数据趋势显示的功能。数据记录趋势是非常灵活的，既有历史趋势又有实时趋势。当设定点时，必须选择记录数据和数据记录值，基本的速率是每秒记录一次，但也要根据数据记录而定，只有数值的更新大于数据记录，才被记录。用户可至少创建一组数据记录趋势，在实时监控时可添加不同的点。

1) 实时趋势

实时趋势显示的是实时数据的趋势图。它有固定的采样时间，采样点和采样速率通常在数据库创建时设定。在实时趋势建立之前，首先要定义实时趋势群组，每个群组最多 12 个点。用户要通过选择实时趋势群组，来浏览相应的数据实时趋势。在实时趋势群组建立后，可以随时添加或更改某些点，浏览不同点的实时趋势。实时趋势显示界面如图 5-24 所示。

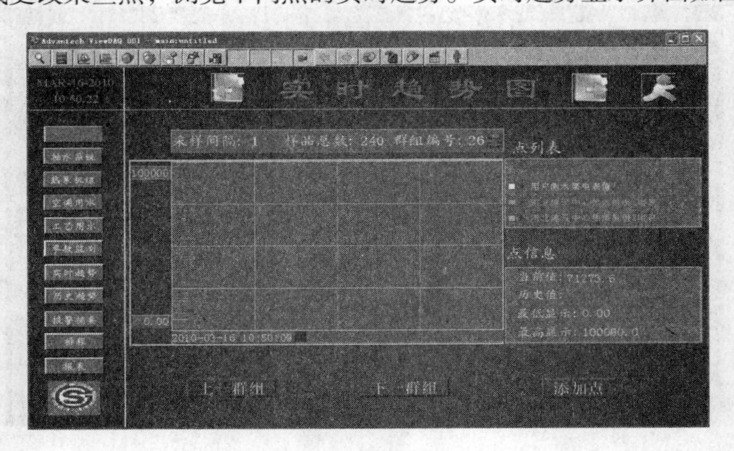

图 5-24　实时趋势显示界面

2）历史趋势

历史趋势显示的是历史数据的趋势图。它和实时趋势一样，也要先创建历史趋势群组。在监控时，管理员能够很方便地在群组中添加或替换点，查看不同的历史数据。历史趋势显示界面如图 5-25 所示。

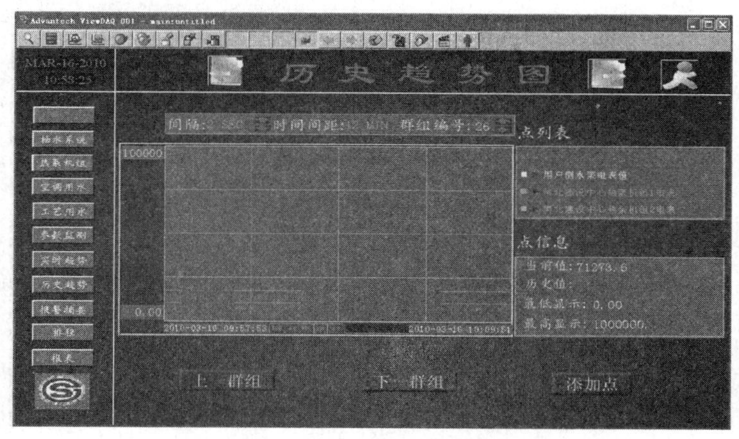

图 5-25　历史趋势显示界面

用户可以通过历史趋势界面浏览任意点的最后值、最大值、最小值和平均值，并可以使用界面右上角的上下箭头来更改扫描时间（秒、分、时），更改数据记录类型（最大、最小、平均值等）。添加或删除点不会丢失历史数据。

（2）报警管理功能

报警管理是 WebAccess 内建的一项功能，为用户或操作员提示过程控制或设备状态。WebAccess 提供对系统中的每个点有多种报警方式，用户无需创建额外的监控界面、无需创建额外的点或逻辑，只需在设定点时选择报警，设定报警优先级就可以实现。

系统内报警点主要分为模拟量报警点和数字量报警点两类。模拟量报警点可以提供系统内模拟量参数点的最高、高、低、最低、改变速率、偏差等报警；数字量报警点可以提供系统内数字量参数点状态报警。

WebAccess 提供有可重建的报警摘要、报警记录等显示，并且带有声音提示报警。报警摘要显示和标准工具栏所提供的报警认可按钮可方便地进行报警认可。报警优先级、区块报警、报警群组和报警打印也是 WebAccess 提供的报警辅助功能之一；另外，WebAccess 还可对报警进行过滤，对特殊的报警点或监控节点以报警过滤功能，使之失去报警能力。注意：报警值可以在不停止和下载监控节点的基础上进行更改。

报警设定步骤：

①打开 Internet Explorer 浏览器连接到 WebAccess 设定；

②依用户名和密码登录，选择工程进入工程管理员界面；

③选择的监控节点，修改点的属性；

④选择报警，在报警属性区域更改报警优先级；

⑤输入报警值，点击提交；

⑥下载和再起动监控节点。

1）报警摘要

报警摘要用于显示当前的报警和未被认可的报警，每产生一个报警，报警摘要将自动增加一条记录；当报警认可后，报警摘要将自动消除本条报警信息。报警摘要界面如图5-26所示。

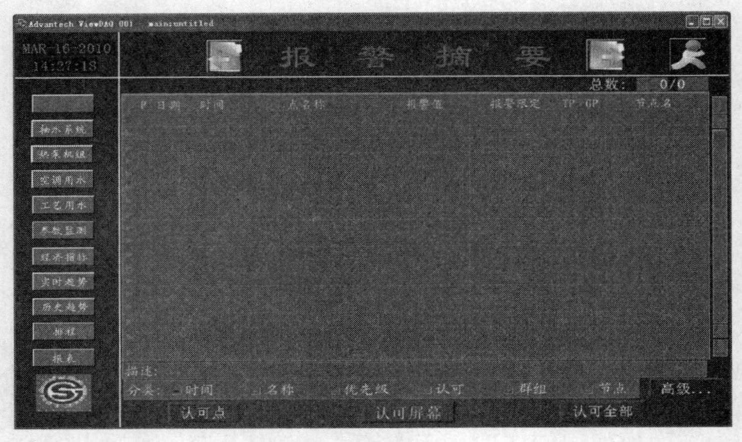

图5-26 报警摘要

界面上提供了报警分类功能，用户可以通过选择不同的分类方式，让报警摘要按时间、优先级、名称、认可、群组等不同的排列方式来显示。此外还提供了不同认可按钮，供用户确认监控节点上所有的活动的报警点。

2）报警记录

报警记录用于显示所有报警的历史记录，而报警摘要只用于显示当前未被认可的报警。当产生报警时，报警信息会被记录在报警记录中；在报警被确认后，报警认可信息也会被记录在报警记录中。

（3）报表功能

WebAccess的报表是由一个或多个自动产生的包含实时数据的值班、日及月报表组成。用户和操作员可以通过Web浏览器浏览到当前或从前产生的报表。同样，WebAccess报表功能所产生的报表可以通过使用Windows中的复制及粘贴功能传入Excel、Word或其他常用的办公软件中。值班、日及月报表是由工程节点中的中央数据库、ODBC数据库的实时数据产生的。在设置点属性中，记录到ODBC频率项中的值必须大于0。该报表可以被WebAccess监控节点打印出来，或以Email的方式发送至指定的Email地址。

仅有线上管理员及admin帐户可通过Web浏览器实时浏览时进入HTML格式报表界面中，工程管理员及admin帐户可在工程管理员工具中查看报表。当数据被传送至ODBC数据库中时，就可以浏览查看这些数据了。数据库维护功能可以定义ODBC数据库的保留期限。值班报表如图5-27所示。

（4）排程功能

排程功能只在监控节点上运行（或备份监控节点）。WebAccess中的排程功能提供了设定一天中的时间、一周中的天数和日历来控制启动和停止。无限定数量的电路群组和设备都可以互相组合并指定给唯一的排程时间表。多个电路群组和设备组也可以共同使用同一个排程时间。

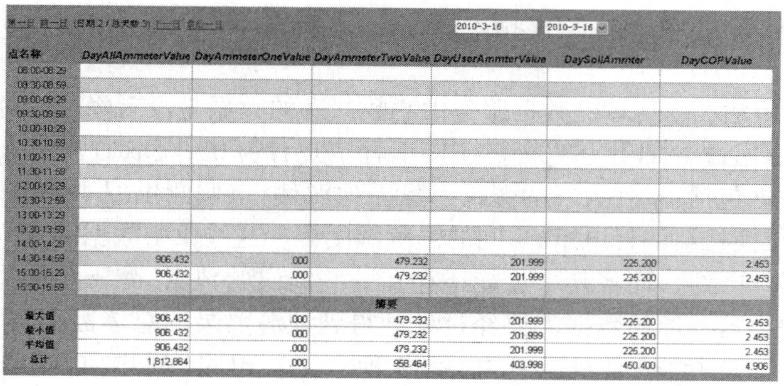

第一日 前一日 (日期 2 / 总天数 3) 下一日 最后一日   2010-3-16   2010-3-16

点名称	DayAllAmmeterValue	DayAmmeterOneValue	DayAmmeterTwoValue	DayUserAmmterValue	DaySoilAmmter	DayCOPValue
08:00-08:29						
08:30-08:59						
09:00-09:29						
09:30-09:59						
10:00-10:29						
10:30-10:59						
11:00-11:29						
11:30-11:59						
12:00-12:29						
12:30-12:59						
13:00-13:29						
13:30-13:59						
14:00-14:29						
14:30-14:59	906.432	.000	479.232	201.999	225.200	2.453
15:00-15:29	906.432	.000	479.232	201.999	225.200	2.453
15:30-15:59						
摘要						
最大值	906.432	.000	479.232	201.999	225.200	2.453
最小值	906.432	.000	479.232	201.999	225.200	2.453
平均值	906.432	.000	479.232	201.999	225.200	2.453
总计	1,812.864	.000	958.464	403.998	450.400	4.906

图 5-27　报表

通常设置排程功能的步骤为：

1）定义假日设定表格。它可用于处理每周日以外的特殊时间段。该“假日”可以是某个特殊的日子或某些重要的日子。该假日设定表格可以在任何时间内被定义、重定义和创建。

2）定义时间。它是一张周时间表格，其中包含对普通时间段与特殊时间段的起始时间与终止时间的设定。“假日时间表”都需在时间表格中指定。

3）定义电路群组。它们是在同一排程功能中被使用的点。

4）定义设备。一个或多个电路群组和一个单独的时间表格会在每个设备群组中被指定。设备是在同一时间表格中使用的多组电路群组。

5）下载到监控节点。可以在不断开监控节点的情况下将排程功能下载至监控节点，新的排程将被立即执行。如果某个点的值为‘开’，则它将被设置为“开”。用户可以从工程管理员处下载该排程表格。

假日设定根据月、日和年，假日设定表格可在将来一年内的任何日历中或连续事件中使用。多个假日设定可以设置和指定到不同组的点中。典型的使用为：建立一组特殊的时间，它可能为公共假期，也可能为某些重大的日子，假日设定可以为任何日历中的事件而设立，不仅仅为假期，抽水系统假日组排程如图 5-28 所示。

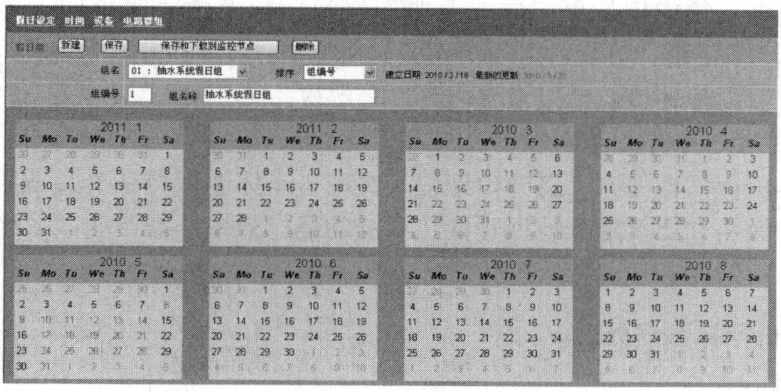

图 5-28　抽水系统排程

5.6 地源热泵系统的评价指标及其数据处理

通过 GPRS 传输技术传输到数据服务中心数据库的数据是没有经过处理的原始电表数据,数据服务中心通过 INTERNET 网络连接工程节点计算机,获取监控节点的原始监测数据。这些原始数据包括:室外大气的湿度、温度,地源侧/空调侧供回水的温度、压力、流量,所有水泵、热泵交换机组的耗电量,房间的温度湿度等。这些原始数据的时间间隔是 1 分钟采样一次,数据量非常大,而且其中可能还存在一些错误的数据,需要对这些数据进一步分析处理。然后根据这些原始数据需要经过处理得到地源热泵的总体数据指标,这些指标包括:系统输出热量总和、热泵机组耗电量、各种水泵耗电量、制热/制冷工况系统能效比 $COP_{系统}$、热水工况系统能效比 $COP_{热水}$ 等。本节主要对上述指标的处理作详细介绍。

5.6.1 经济评价指标的数学分析

地源热泵监测系统的经济评价指标包括:制热/制冷工况系统能效比 $COP_{系统}$、热水工况系统能效比 $COP_{热水}$ 两个参量。这两个经济评价指标的数学模型中所用到的各种数据量有:系统输出热量 Q_b,带热回收的地源热泵机组耗电量 Q_{p1},地源侧循环泵耗电量 Q_{p2},用户侧空调泵耗电量 Q_{p3},用户端进出口水温差 ΔT,水流量 M。

1. 制冷/制热工况系统能效比 $COP_{系统}$

制冷/制热工况系统能效比是指在特定的夏季或者冬季工况下,系统的制热/制冷量与制热/制冷消耗功率之比。$COP_{系统}$ 的计算如下式所示:

$$COP_{系统} = \frac{Q_b}{Q_{p1} + Q_{p2} + Q_{p3}} \tag{5-1}$$

其中系统输出热量 $Q_b = C \cdot M \cdot \Delta T$,$C$ 为水的比热容。

2. 热水工况系统能效比 $COP_{热水}$

热水工况系统能效比是指在特定工况下,制热水系统的制热量与制热水消耗功率之比。$COP_{热水}$ 的计算如下式所示:

$$COP_{热水} = \frac{Q_b}{Q_{p1} + Q_{p2}} \tag{5-2}$$

3. 室内外环境温湿度

为了评价热泵系统应用效果,应选取典型房间,考虑楼层(顶层、首层、标准层)、楼的朝向(阴面、阳面)、负荷、人员等因素进行布置。

测试参数:室内外环境温度以及室内外环境湿度。

4. 全年土壤热平衡测试(地源热泵)

全年冷、热负荷平衡失调,将导致地埋管区域岩土体温度持续升高或降低,从而影响地埋管换热器的换热性能,降低地埋管换热系统的运行效率。需要测试系统的排热量(吸热量)Q_b。

5.6.2 经济评价指标数据处理

1. 数据处理的方式

本地 SQL Server 数据库通过 INTERNET 网络实时接收原始数据,然后通过后台程序对原始数据进行处理，剔除异常的数据。数据处理的程序是在 Visial Studio 2005 平台上利用 C#语言开发的。程序运行期间不断地读取数据库的原始数据，以每天、每周、每月为基本单元的三个周期进行处理，根据原始数据库的最新数据自动更新各项评价指标，然后将各项数据处理结果写入数据库，而且具有在系统出现故障停机重新开机运行时自动补全中间缺失周期数据的功能，将计算结果实时地送入新的数据库保存，以便 WebAccess 监测界面的实时查询显示。可知这个数据库中存在四个表分别为原始数据表（Table1）、以天为周期的表（Table2）、以周为周期的表（Table3）、以月为周期的表（Table4）。

以每天为基本单元为例，建立以天为周期的新表包括以下几个列字段：

（1）日期：从原始数据库的采样时间字段获得。

（2）每天的系统输出热量 Q_b：

$$Q_b = \int CM\Delta T \mathrm{d}t \tag{5-3}$$

其中，C 为水的比热容，M 为水流量。

（3）每天地源热泵机组耗电量 Q_{p1}：

$$Q_{p1} = (Q'_{A2} - Q'_{A1}) + (Q''_{A2} - Q''_{A1}) \tag{5-4}$$

本系统的地源热泵机组有两套，其中 Q'_{A2} 和 Q''_{A2} 是 1 号和 2 号热泵机组电表每天运行时间段最后一个量值，Q'_{A1} 和 Q''_{A1} 是 1 号和 2 号热泵机组电表每天运行时间段开始的一个量值。$Q'_{A2} - Q'_{A1}$ 是 1 号热泵机组每天的耗电量，$Q''_{A2} - Q''_{A1}$ 为 2 号热泵机组每天的耗电量。

（4）地源侧循环泵每天耗电量 Q_{p2}：

$$Q_{p2} = Q'_{B2} - Q'_{B1} \tag{5-5}$$

其中，Q'_{B2} 是地源侧循环泵电表每天运行时间段最后一个量值，Q'_{B1} 地源侧循环泵电表每天运行时间段最开始一个量值。

（5）用户侧空调泵每天耗电量 Q_{p3}：

$$Q_{p3} = Q'_{C2} - Q'_{C1} \tag{5-6}$$

其中，Q'_{C2} 是用户侧空调泵电表每天运行时间段最后一个量值，Q'_{C1} 是用户侧空调泵电表每天运行时间段最开始一个量值。

数据处理后得到每天制热/制冷工况系统能效比 $COP_{系统}$ 和每天热水工况系统能效比 $COP_{热水}$。以每周和每月为周期的数据处理方法与以每天为周期的数据处理类似。以每天为基本单元的表名为 Table2，其中的列名定义如图 5-29 所示。

列名	数据类型	允许空
计算日期	nvarchar(50)	☑
系统输出热量总和	nvarchar(50)	☑
[1号热泵机组耗电量]	nvarchar(50)	☑
[2号热泵机组耗电量]	nvarchar(50)	☑
用户侧空调泵耗电量	nvarchar(50)	☑
地源侧循环泵耗电量	nvarchar(50)	☑
热水工况消耗功率	nvarchar(50)	☑
[制冷/制热工况消耗功率]	nvarchar(50)	☑
热水工况系统能耗比	nvarchar(50)	☑
[制冷/制热工况系统能耗比]	nvarchar(50)	☐
		☐

图 5-29　每天为基本单元的表定义

2. 数据处理的流程

由于经济评价指标需要处理每天、每周、每月三个周期，在此仅以每天为基本单元为例，阐述数据处理的过程，其他两个周期的处理与此类似，不再累述。以天为周期的经济评价指标处理程序流程图如图 5-30 所示。

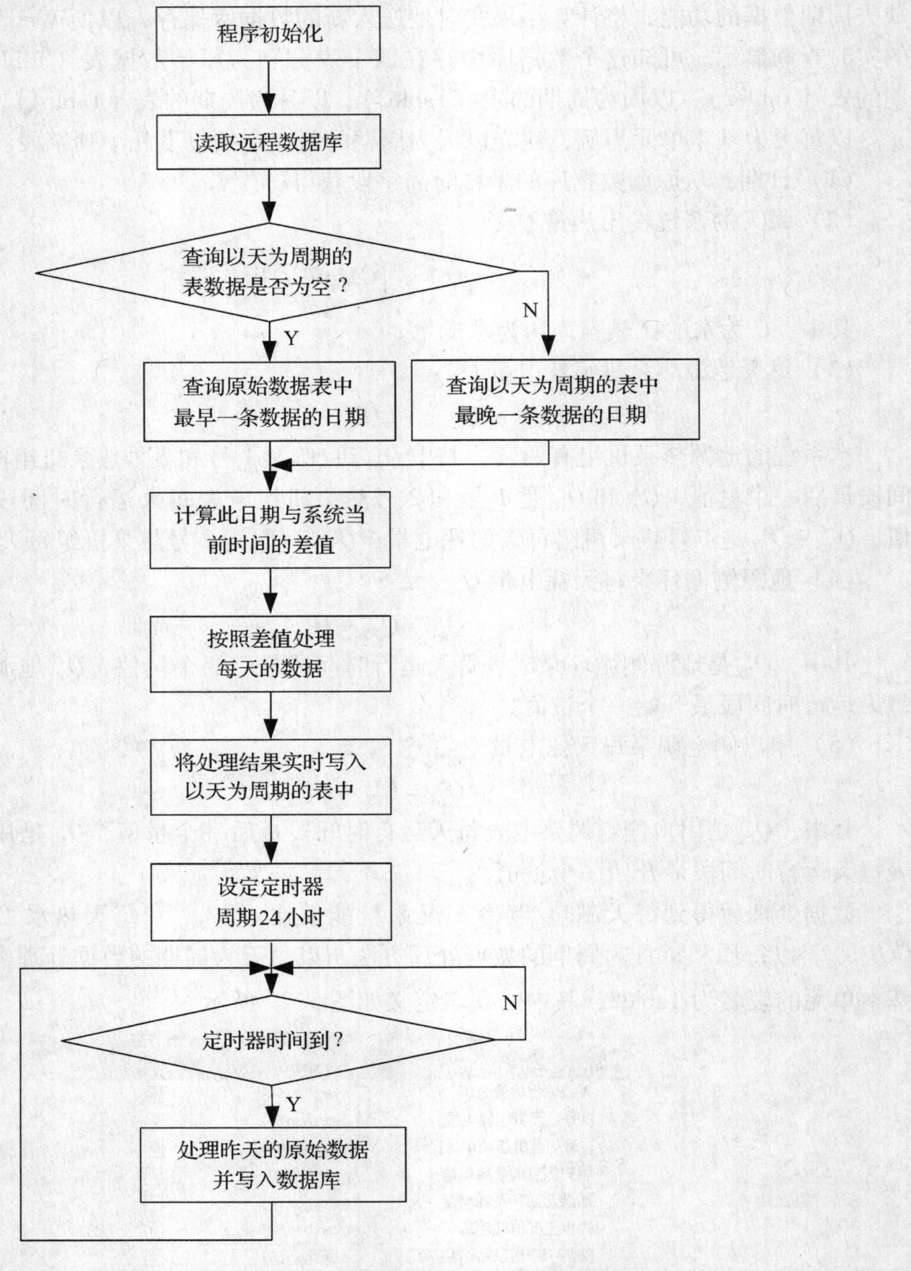

图 5-30　以天为周期的经济评价指标处理程序流程图

（1）在程序运行时，首先利用标志位判断是否需要查询以天为周期的表（Table2），如果标志位为 0，程序跳转到数据查询子程序 InquiryDayValue 执行。否则，程序就会跳转到以天为周期的数据处理子程序 CaculateByDay，默认处理的是比当前日期早一天的原始数据。程序主要代码如下：

```
private void timer1_ Tick (object sender, EventArgs e) //定时器运行计算 COP 值
{ //计算每天的 COP 值
  if (SingleDay = = 0)
  {
      InquiryDayValue (); //查询天为周期的表
  }
  else
  {
      DateTime StrDateByDay = System. DateTime. Today. AddDays ( -1);
      CaculateByDay (StrDateByDay);
  }
}
```

在数据查询子程序中，首先要连接远程或者本地的数据库，查询相关数据，连接数据库程序代码如下：

```
double Number1 = 0;
SingleDay = 1; //将标志置成 1，系统连续运行时不再检测 //连接数据库
SqlConnection myCon = new SqlConnection ( "Persist Security Info = False; User id = sa;
            Pwd = mayaqiang; database = test; server = (local)"); //测试本地数据库
//SqlConnection myCon = new SqlConnection (@ "server = 211. 82. 113. 60; database =
Energy; Userid = sa; Pwd = beijing"); //连接远程数据库
myCon. Open (); //打开数据库
……代码省略
InquiryCmd1. Connection = myCon;
InquiryCmd1. CommandText = "select * from Table2 order by 计算日期 desc";
SqlDataAdapter custDW = new SqlDataAdapter ();
custDW. SelectCommand = InquiryCmd1;
DataSet custDX = new DataSet ();
custDW. Fill (custDX);
custDX. EnforceConstraints = false;
myCon. Close (); //关闭数据库
```

(2) 成功连接数据库以后，首先查询以天为周期的表 Table2，如果 Table2 为空，则直接跳转读取原始数据库查询最早的一条数据的日期，然后进行处理。如果表不为空，则读取表中最近一条数据的日期，然后去读取原始数据库中对应日期的数据，进行处理。程序主要代码如下：

```
SqlCommand InquiryCmd1 = new SqlCommand (); //查询数据表以前的 COP 值
……代码省略
Number1 = custDX. Tables [0] . Rows. Count; //判断每天是否存在数据
```

```
if (Number1 = = 0)
{
    myCon. Open ();
    SqlCommand InquiryCmd2 = new SqlCommand ();
    //查询原数据表中的最早采集时间
    ……代码省略
    System. TimeSpan k1 = new TimeSpan (System. DateTime. Today. Ticks - P_ 6_
4Time. Ticks);
  int h1 = System. Convert. ToInt32 (k1. TotalDays); //计算今天以前未计算的 COP 值
  for (int i = h1; i >0; i - -)
    {
    DateTime StrDate1 = System. DateTime. Today. AddDays (-i);
    CaculateByDay (StrDate1);
    }
}
else
  {
    DataRow cust2 = custDX. Tables [0] . Rows [0];
      DateTime HBDayCopTableTime = Convert. ToDateTime (cust2 ["计算日
期"]); //求出 HBDayCopTable 中的最新数据的时间
  System. TimeSpan k2 = new TimeSpan (System. DateTime. Today. Ticks - HBDayCopTable-
Time. Ticks);
  int h2 = System. Convert. ToInt32 (k2. TotalDays); //计算所有今天以前没有计算的
COP 值
  for (int i = h2; i > = 0; i - -)
   {
    DateTime StrDate2 = System. DateTime. Today. AddDays (-i);
    CaculateByDay (StrDate2);
   }
  }
```

（3）在数据处理子程序 CaculateByDay 中，由于原始数据库的采集时间是 1 分钟一次，这样每天 24 小时总共有 1440 条数据，数据量非常大。所以每次处理时利用数据库查询语句直接取出相同日期的数据，将数据写入内存数据集，然后再进行处理计算。数据处理子程序流程图如图 5-31 所示。

首先构造数据库表的查询语句，然后将查询结果写入 DataSet 内存数据集，程序主要代码如下：

```
SqlCommand SelectCmd = new SqlCommand ();
SelectCmd. Connection = myCon;
SelectCmd. CommandText = "select * from Table1 where DATEDIFF (d, Table1. 采集时
```

```
间,'" + StrDateDay + "') =0 order by 采集时间 asc"; //建造数据库查询语句
    SqlDataAdapter custDA = new SqlDataAdapter ();
    custDA. SelectCommand = SelectCmd;
    DataSet custDS = new DataSet ();
    custDA. Fill (custDS); // 查询数据库，将数据写入内存数据集
    custDS. EnforceConstraints = false;
```

然后根据经济评价指标公式计算需要的各类数据包括系统的热量，热泵机组、循环泵、空调泵的耗电量，程序主要代码如下：

```
for (int i = 0; i < custDS. Tables [0] . Rows. Count; i + +)
{      DataRow custDT = custDS. Tables [0] . Rows [i];
       UserHotEnergy = Convert. ToDouble (custDT [ "用户热量"]);
       TotalUserHotEnergy = TotalUserHotEnergy + UserHotEnergy;
//累加每一天用户的热量
} //如果没有数据则退出查询
DataRow custDU = custDS. Tables [0] . Rows [0];
DataRow custDV = custDS. Tables [0] . Rows [custDS. Tables [0] . Rows. Count -
1];
//获取表中的电表的第一和最后一个值
FirstAmmerterOneValue = Convert. ToDouble (custDU [ "电表1"]);
SecondAmmerterOneValue = Convert. ToDouble (custDV [ "电表1"]);
AmmeterOneValue = SecondAmmerterOneValue - FirstAmmerterOneValue;
//电表1一天的用电量
……代码省略其他电表程序
//电表2一天的用电量
//水泵总电表一天的用电量
//电表1、2水泵总电表的总耗能
```

（4）将各项结果插入以天为周期的表（Table2）中，程序主要代码如下：

```
SqlCommand InsertCmd = new SqlCommand ();
//在SQL数据库中插入计算的各项数据;
InsertCmd. Connection = myCon;
InsertCmd. CommandText ="insert into Table2 values ('" + StrDateDay + "','" + TotalUser-
HotEnergy + "','" + AmmeterOneValue + "','" + AmmeterTwoValue + "','" + UserAmmter-
Value + "','" + SoilAmmter + "','" + HotwaterAmmter + "','" + TotalAmmerterValue + "','"
+ COP2 + "','" + COP + "')";
InsertCmd. ExecuteNonQuery ();
```

3. 数据处理的结果

通过对示范工程地源热泵系统进行连续监测，对2008年11月17日到2009年02月02日的监测数据进行分析及处理，按天、周、月三个周期计算得到的部分经济评价指标数据如表5-6～表5-8所示，从表中可以清楚地了解到各项参数的数据的大小、不同周期

的变化，各个周期的经济评价指标一目了然。通过对示范工程能源系统相关数据进行监测及进一步的分析，为今后热泵建筑的推广普及取得了非常有价值的参考数据，从而进一步提高我国热泵技术与建筑集成的应用水平。

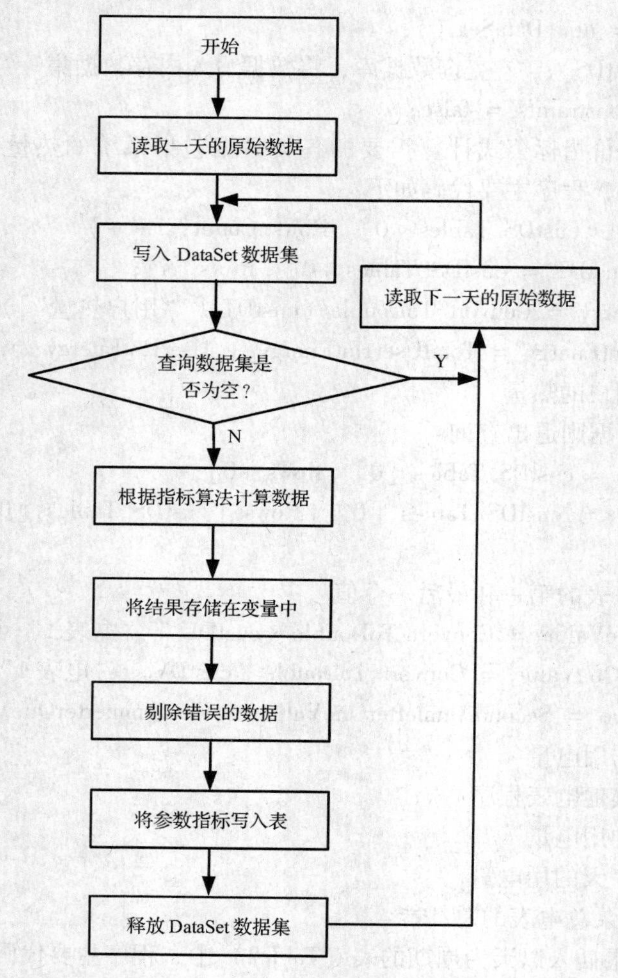

图 5-31 数据处理子程序流程图

按天计算的结果 表 5-6

表 - dbo.Table2 摘要

计算日期	系统输出热量总和	1号热泵机组耗电量	2号热泵机组耗电量	用户侧空调泵耗电量	地源侧循环泵耗电量	热水工况消耗功率	制冷/制热工况消耗功率	热水工况系统能效比	制冷/制热工况系统能效比
2008-12-17	3781.305	756.288	0	208.2	312	1068.288	1276.488	3.539	2.962
2008-12-18	5381.929	580.319	565.2	239	353.2	1498.72	1737.72	3.591	3.097
2008-12-19	6696.658	0	1465.2	261.2	406	1871.2	2132.4	3.578	3.14
2008-12-20	5233.462	0	1090.799	252.4	338	1428.799	1681.2	3.662	3.112
2008-12-21	5109.359	0	1044	321.399	346.399	1390.4	1711.799	3.674	2.984
2008-12-22	8206.833	0	1890	277.199	337.2	2227.2	2504.399	3.684	3.276
2008-12-23	7667.964	0	1724.399	263.8	315.199	2039.599	2303.399	3.759	3.328
2008-12-24	7772.594	0	1728	284	366.4	2094.4	2378.4	3.711	3.267
2008-12-25	7844.008	3.743	1756.8	281.799	348.799	2109.343	2391.143	3.718	3.28
2008-12-26	7595.63	0	1724.399	259.4	353.2	2077.6	2337	3.655	3.25
2008-12-27	4804.251	0	1011.6	219.2	295.599	1307.199	1526.399	3.675	3.147
2008-12-28	4894.807	0	1018.799	256.6	324.799	1343.599	1600.2	3.643	3.058
2008-12-29	4679.831	0	1123.199	201.4	243.199	1366.399	1567.799	3.424	2.984
2008-12-30	7535.402	0	1731.6	264.2	346	2077.6	2341.8	3.626	3.217
2008-12-31	6974.138	0	1634.4	250.999	308.8	1943.2	2194.2	3.588	3.178
2009-01-01	3221.765	0	860.399	227.6	278.799	1139.199	1366.799	2.828	2.357
2009-01-02	3518.474	0	774	183.199	217.599	991.599	1174.799	3.548	2.994

按周计算的结果 表 5-7

起始日期	结束日期	周用户热量总和	周1号热泵机组...	周2号热泵机...	周用户侧...	周地源侧...	周热水工况消耗功率	周制冷/制热工况消耗功率	周热水工况系统能效比	周制冷/制热工况系统能效比
2008-12-15	2008-12-21	32552.522	2751.838	4165.199	1552.799	2122.798	9039.838	10592.638	3.601	3.073
2008-12-22	2008-12-28	48786.087	3.743	10853.997	1841.998	2341.196	13198.94	15040.94	3.696	3.243
2008-12-29	2009-01-04	33296.968	0	7945.197	1352.997	1675.197	9620.396	10973.396	3.461	3.034
2009-01-05	2009-01-11	54170.636	0	13053.597	1894.596	2428.397	15481.997	17376.596	3.498	3.117
2009-01-12	2009-01-18	49109.514	3.743	11743.197	1919.995	2313.599	14060.541	15980.541	3.492	3.073
2009-01-19	2009-01-25	36331.403	0	9226.797	1737.198	2012.796	11239.595	12976.795	3.232	2.799
2009-01-26	2009-02-01	16038.698	3455.708	82.797	937.398	914.798	4453.308	5390.71	3.601	2.975

按月计算的结果 表 5-8

计算日期	月用户热量的总值	月1号热泵机组...	月2号热泵机组...	月用户侧空调泵耗...	月地源侧循环泵耗...	月热水工况消耗功率	月制冷/制热工况消耗功率	月热水工况系统能效比	制冷/制热工况系统能效比
2008年11月	65068.012	9705.596	3.6	3251.993	4480.795	14189.996	17441.994	4.585	3.73
2008年12月	100527.98	2755.581	19508.395	4111.395	5361.992	27625.977	31737.377	3.638	3.167
2009年1月	160350.417	1156.892	37558.787	6835.385	8037.988	46753.681	53589.081	3.429	2.992
2009年2月	9407.432	2302.559	3.599	293.2	408.799	2714.959	3008.159	3.465	3.127

通过对某公共建筑的地源热泵系统运行工况进行监测，对 2009 年 1 月 5 日 ~2009 年 03 月 15 日的监测数据进行分析及处理，按日、周、月 3 个周期计算得到的制热/制冷工况系统能效比和热水工况系统能效比等经济指标数据。表 5-9 所示为以周为周期计算得到中间结果和制热/制冷工况系统能效比 $COP_{系统}$ 和热水工况系统能效比 $COP_{热水}$ 经济指标。按周所得的能效比 *COP* 值的趋势图如图 5-32 所示。

以周计算的综合经济评价指标 表 5-9

周次	起/止日期	用热量(kWh)	1 号机组耗电量(kWh)	2 号机组耗电量(kWh)	空调泵耗电量(kWh)	地源侧泵耗电量(kWh)	热水工况消耗功率(kW)	制冷（制热）工况消耗功率(kWh)	热水工况能效比	制热/制冷能效比
1	01-05/01-11	5 4171	0	13576	1895	2428	16 004	17 899	3.4	3.0
2	01-12/01-18	4 9110	4	12213	1920	2314	14 530	16 450	3.4	3.0
3	01-19/01-25	3 6331	0	9596	1737	2013	11 609	13 346	3.1	2.7
4	01-26/02-01	1 6039	3456	86	937	915	4 457	5 394	3.6	3.0
5	02-02/02-08	4 7533	96186	2771	2908	2668	15 057	17 965	3.2	2.6
6	02-09/02-15	2 13493	48266	7	1634	1656	6 489	8 123	3.3	2.6
7	02-16/02-22	3 56523	79266	7	1852	1919	9 853	11 705	3.6	3.0
8	02-23/03-01	3 78743	83456	8	1900	1953	10 306	12 206	3.7	3.1
9	03-02/03-08	2 79643	6234	4	1421	1539	7 777	9 198	3.6	3.0
10	03-09/03-15	2 03903	4152	8	1582	1432	5 591	7 173	3.6	2.8

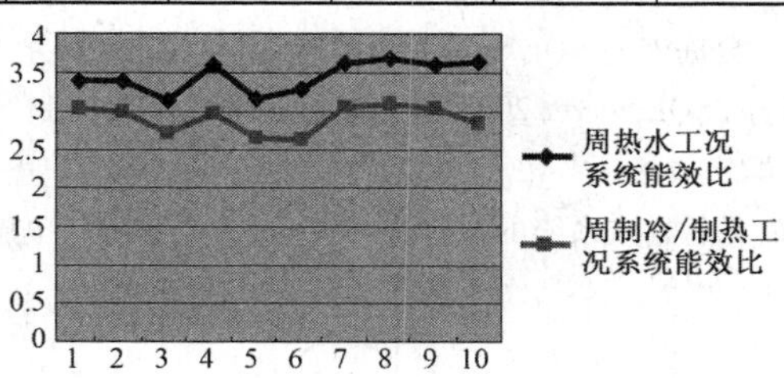

图 5-32 制冷/制热工况、热水工况系统周能效比趋势图

本章参考文献

[1] 吴康．新兴可编程自动控制器 PAC 特征与应用［J］．机床电器，2007，34（4）：13-15.

[2] 徐志伟．基于 PAC 的网络监控系统的研发［D］．南京：南京理工大学，2007.

[3] http：//www. gongkong. com/customer/advantech/pac_ zl1. asp.

[4] ARC Advisory Group. Programmable Logic Controller Worldwide Outlook. www. arcweb. com.

[5] Hu W.，Schroeder M.，Starr A. G. A knowledge-based real-time diagnostic system for PLC controlled manufacturing system. IEEE SMC′99 Conference Proceedings，1999（4）：58.

[6] D. Adalsteinsson and J. A. Sethian. The Fast Construction of Extension Velocities in Level Set Methods. Journal of Computational Physics 1999，（148）：2-22.

[7] Craig Resnick Programmable Automation Controller：A New Class of Systems Have Emerged. www. arcweb. com.

[8] 张仁杰，周麟．基于网际组态软件 WebAccess 的远程监控实验系统［J］．工业控制计算机，2002，15（12）：22-23，61.

[9] 谢军．工控组态软件的功能分析和应用［J］．交通与计算机，2000，18（3）：46-48.

[10] 易江义，周彩霞．工控组态软件的发展与开发设计［J］．洛阳工业高等专科学校学报，2003，13（1）：33-35.

[11] 美国柏元网控信息技术有限公司．WebAccess 网际组态软件及应用［J］．工业控制计算机，2002，15（10）：28-28.

[12] 李文等．基于 WebAccess 的远程监控系统的研究［J］．工业仪表与自动化控制，2009，05：23-53.

[13] 王晓宁，李文．WebAccess 与工业设备通信的一种简捷实现［J］．现代电子技术，2003，26（22）：8-9，12.

[14] 蒋冰华，叶晗，封帆等．基于 WebAccess 的真三轴仪电气监控系统设计［J］．计算机应用与软件，2008，25（9）：212-213，235.

[15] 周晓娟．基于 ADO. NET 的数据库访问技术研究［J］．现代商贸工业，2009，21（24）：292-293.

[16] 徐照兴，王斌．ADO. NET 访问数据库的方法及步骤［J］．中国科技信息，2009，（22）105，132.

[17] 叶安胜，周晓清．ADO. NET 通用数据库访问组件构建与应用［J］．现代电子技术，2009，32（18）：102-104.

[18] 孙逸敏．浅谈使用 ADO. NET 和 ASP. NET 访问 SQL Server 数据库［J］．太原城市职业技术学院学报，2008，（11）：147-148.

[19] 叶倩，刘翼．基于 SQL Server 数据库的 ADO. NET 数据访问技术［J］．现代电子技术，2008，31（18）：74-77.

[20] 姜黎莉，姜巍巍．Access 数据库与 SQL Server 数据库［J］．知识经济，2010，（4）：112-113.

[21] 罗海兵，张艳敏，唐勇等．SQL Server 2005 远程连接问题的解决［J］．河北工程技术高等专科学校学报，2009，（4）：42-44.

[22] 贾文．SQL Server 数据库安全监控系统的设计与实现［J］．信息与电脑．2009，（12）：124.

第6章　太阳能光伏发电电能远程监测系统

太阳能发电电能远程监测系统开发是基于GPRS的太阳能光伏电能质量无线远程监测系统。该系统将采集的多功能电参数，如光伏发电系统逆变器输出的三相电压、三相电流、频率、功率因素等，通过终端设备驱动LQ8110 GPRS模块，然后通过GPRS网络连接到Internet网络，实现数据的远程传输。

6.1　太阳能光伏远程监测系统概述

6.1.1　监测目的

通过监测太阳辐照量、光伏发电系统的发电量、光伏发电系统逆变器输出的三相电压、三相电流、频率、功率因素等参数指标，对并网发电系统电能质量进行分析，并计算得出太阳能光伏发电系统工作效率。

6.1.2　监测内容

太阳能辐照度、系统输出电量、系统输出电压、系统输出的交流频率、系统输出的电流、系统功率因数、其他与电能质量有关的参数。

6.1.3　太阳能光伏远程监测系统总体框架

太阳能光伏远程监测系统主要由多个太阳能光伏子系统组成。该子系统将采集的各个数据通过终端设备驱动LQ8110 GPRS模块，然后通过GPRS网络连接到Internet网络，实现数据的远程传输。数据中心收到数据并进行处理及分析。系统总体组成如图6-1所示。

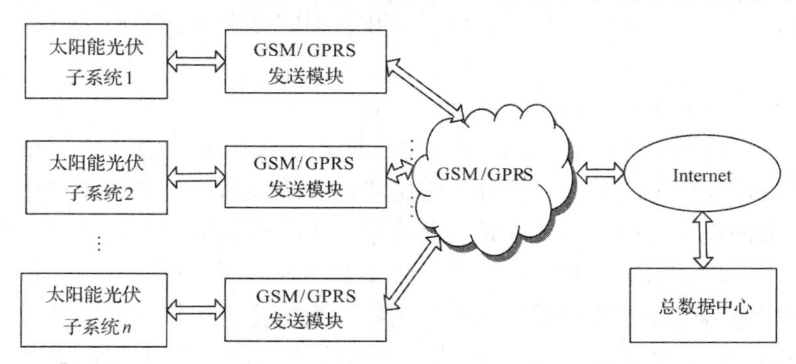

图6-1　光伏远程监测系统总体组成框图

太阳能光伏子系统主要由太阳能电池板、控制器、蓄电池、逆变器等组成。

太阳能光伏子系统的工作原理是利用太阳能电池板将太阳能转换成电能，然后通过控制器对蓄电池充电，最后通过逆变器对用电负荷供电的一套系统。

在太阳能光伏远程监测系统所传输的数据中，太阳辐照度可采用总辐射表（TBQ-2）测量得到，其所测位置在太阳能电池板的表面处。除此之外，光伏发电的重要参数是太阳能光伏发电电能质量参数的检测。

6.2 太阳能光伏发电电能远程监测系统总体分析与设计

6.2.1 系统总体分析

本章重点是设计基于 GPRS 的太阳能光伏电能质量无线远程监测系统，系统将采集的多功能电参数通过终端设备驱动 LQ8110 GPRS 模块，然后通过 GPRS 网络连接到 Internet 网络，实现数据的远程传输。数据中心收到数据参数并进行分析及处理。

太阳能光伏发电电能远程监测系统总体框架如图 6-2 所示。

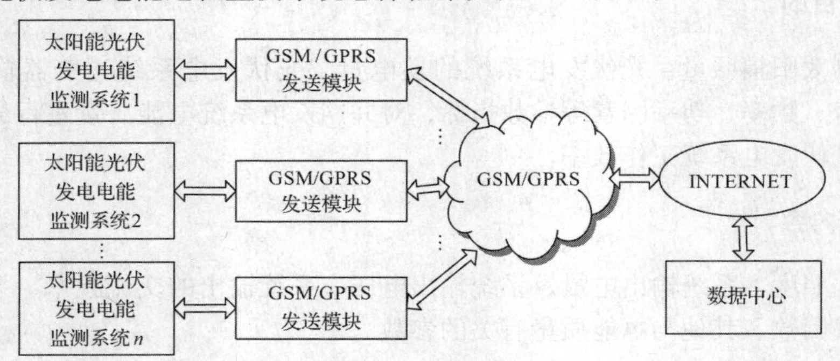

图 6-2 光伏发电电能远程监测系统总体组成框图

本章的研究目标是实现以高度集成的 TDK 71M6513 SOC 芯片为主处理器，设计三相电网参数检测电路，同时外接 GPRS 模块，实现电网检测参数的无线远程传输，以组态软件作为服务器监测中心，设计一套三相电网参数远程监测系统，实现实时检测数据的远程浏览。

本系统研究的内容主要包括三个部分：

（1）基于 TDK 71M6513 芯片的检测电路设计。在三相电网参数检测系统的整体设计中，检测电路硬件设计是最难的一部分，它主要包含前端降压降流电路设计、电源供电电路设计、LCD 液晶显示电路设计、通信电路设计、外扩存储器电路设计和其他外围电路设计等。71M6513 芯片采用 Keil C51 编写程序，主要实现电能计量、显示、参数和电能的保存、电能脉冲的输出以及电能数据的远程发送等基本功能。在软件的设计过程中，首先需要进行程序的初始化，初始化 CE、定时器、显示接口，清除 Flash 缓存中的数据，开启采样中断，对电压电流进行采样并存储，设置采样周期等操作。

（2）电网参数的远程传输设计。在数据远程传输系统设计中，主要基于 GPRS 的无线传输技术，对采集的电网参数进行远程传输。研究内容包括设计远程传输系统的总体架构、组成及数据通信协议，基于 C#. NET 平台下的数据中心及数据接收和处理的程序设计。

（3）电网参数远程监测中心设计。电网参数远程监测中心设计主要包含电网参数处理程序设计和 WebAccess 组态工程设计，其中电网参数处理程序主要对采集的电网参数以按日、按周以及按月的方式进行平均或是求和处理；WebAccess 组态工程设计的研究内容是实现 WebAccess 组态工程与 SQL Server 数据库的通信方式，利用 WebAccess 组态软件实现电网参数远程监测中心的监控界面制作。

6.2.2 系统总体设计

1. 三相电网参数检测系统设计

三相电网参数检测系统主要用于实时检测电网参数的变化，可以部署在变电站的重要位置，对电网参数进行采集，并将采集的参数通过 GPRS 模块实时发送到服务器中心数据库，同时以数据库和应用程序为数据服务中心并加以计算机和组态软件为远程监测系统，完成三相电网参数检测系统的设计，实现对实时数据的自动采集，并针对采集的数据进行基本的分析和处理。系统总体设计网络拓扑图如图 6-3 所示。整个检测系统的设计包括三部分：基于 TDK 71M6513 芯片的检测电路设计、电网参数的远程传输设计、电网参数数据处理及远程监测中心设计。

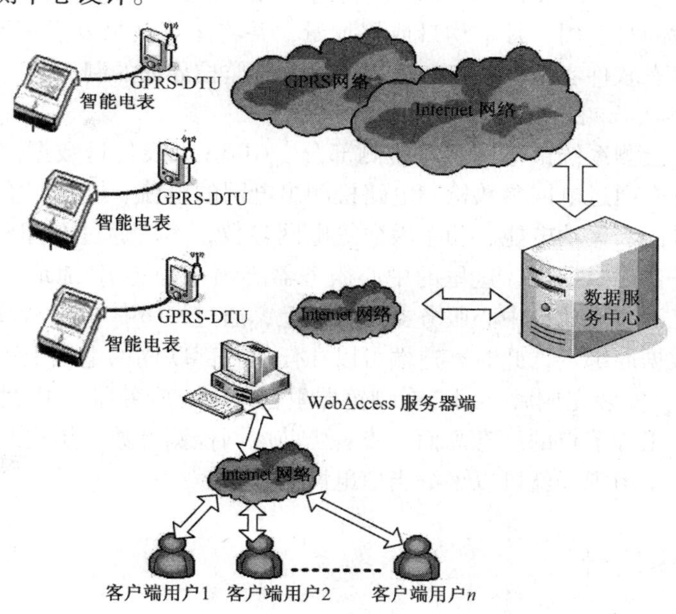

图 6-3 系统总体设计拓扑图

（1）基于 TDK 71M6513 芯片的检测电路设计

电网参数检测模块是整个检测系统的核心，主要包括检测电路的硬件设计和软件设计。

其中硬件设计主要由高度集成的 71M6513 芯片、前端降压降流电路、液晶显示电路、整流电路、数据通信电路、外扩存储器电路和仿真电路等组成。由于检测电路模拟量采集的最大采样信号幅值为250mV，因此需要设计前端降压降流电路，把电网输入的电压电流信号幅值整定到250mV范围之内；液晶显示电路主要显示实时检测的电网参数；整流电路提供检测电路的直流电源；数据通信电路主要向外界传送实时检测的电网参数；外扩存储器电路，可以保存当前芯片的配置参数；采用Protel 99设计电路原理图及PCB板。

检测电路的软件设计基于Keil C51语言编程，具体内容包括71M6513的主程序设计、芯片初始化模块程序设计、LCD液晶显示模块程序设计、芯片内置参数擦除程序设计、UART通信模块程序设计、电能参数算法设计等。

（2）电网参数的远程传输设计

在电网参数的远程传输设计中，基于.Net Framework 2.0平台，利用C#语言设计GPRS数据接收程序，同时基于Microsoft SQL Server 2005设计服务中心数据库，当检测电路准备好检测数据时，GPRS模块通过串口读取检测数据，然后由DTU加入控制信息，通过GPRS网络及Internet网络将数据最终传送到数据服务中心，与数据服务中心数据库进行数据交互。

（3）电网参数远程监测中心设计

电网参数远程监测中心利用WebAccess组态软件和SQL Server 2005设计工程节点及数据库，它通过Internet和GPRS网络访问智能电表，读取相关电网参数，并将电网参数实时存入数据库，基于.Net Framework 2.0，利用C#语言编程，对采集的数据进行处理分析，得出电网参数的日、周、月平均量或累加量，并将运算结果发送至数据中心数据库，利用WebAccess组态软件实现电网参数远程监测中心监控界面的制作。

2. 三相电网参数检测系统工作流程

三相电网参数检测系统由电网参数检测部分、GPRS无线传送数据部分，远程监测系统三部分组成，首先通过电网参数检测电路检测出电网的电流、电压、有功功率、无功功率、频率、有功电能、无功电能、功率因数等电网参数；然后通过GPRS将电网参数数据包发送给中心服务器端数据库，这里的中心服务器必须是静态IP地址；最后将已搭建完成的WebAccess工程节点放在中心服务器的电脑上，通过ODBC桥将WebAccess工程节点的数据源与中心数据库绑定，此时客户端可以在任何一部联网的电脑上下载WebAccess工程的ActiveX插件，安装完成后，用户在浏览器里输入中心服务器的IP地址，即可访问服务器端WebAccess工程节点的组态画面，查看当前电网检测参数、历史趋势和实时趋势等画面，让客户不用亲历现场就可以了解当前电网的状态。

6.3 检测电路设计

6.3.1 降压降流电路设计

TDK 71M6513是高度集成的SOC（系统级芯片），包括MPU内核、RTC、FLASH和LCD驱动器。另外，该芯片还配备了1个21位delta-sigma（Δ-Σ）模数转换、6个模拟输入、数字温度补偿、精密参考电压和32位计算引擎。而且，它只需要极少的低成本外部元器件。32kHz晶体（用于整个系统）和内部电池备份（用于RAM和RTC），进一步降低了系统成本。

由于采用了多个 UART、I2C、断电比较器、5V LCD 升压泵、多达 22 路数字 I/O 和在线可编程 FLASH（在使用中，该 FLASH 能够实现数据和应用代码升级），该芯片具有最大限度的设计灵活性。芯片内部结构框图如图 6-4 所示。

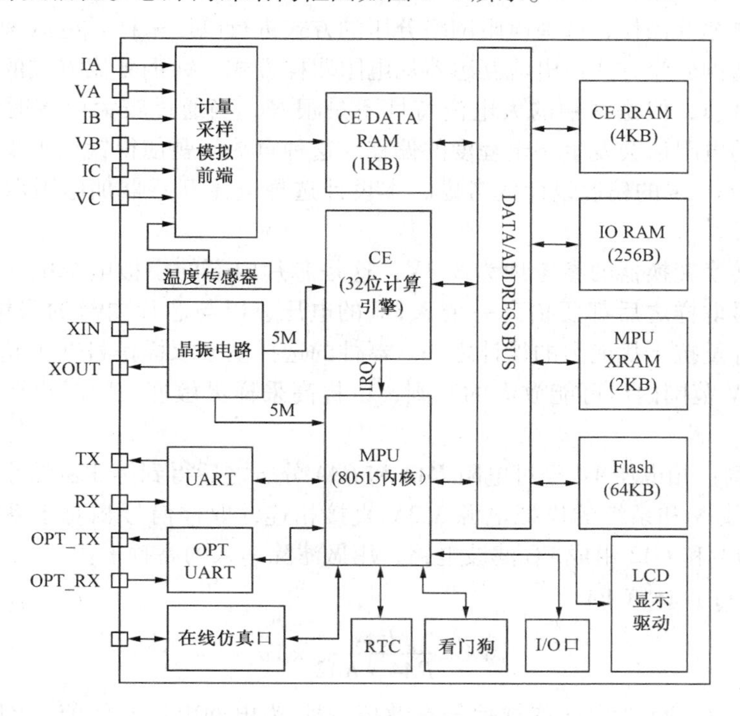

图 6-4　芯片内部结构框图

AFE 内包括一个片内的带隙电压基准 VREF 用作模数转换的转换参考电压。模数转换最大能采样的信号幅值为 250mV，因此在计量前端取样电路的设计中要把电网输入的电压电流信号幅值整定到 250mV 范围之内。降流降压电路如图 6-5 所示。

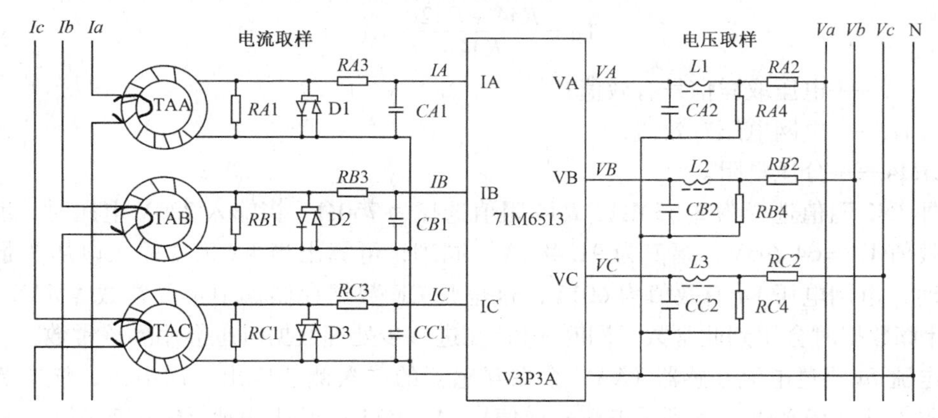

图 6-5　降压降流电路

由于要求输入电压范围是 ±250mV，需要对输入的采样电压以及电流进行降压和降流。对电压降压一般采取如下两种方式：电阻式分压或电压互感器降压。电压互感器降压是把电网电压同电能表隔离开来，相对来说提高了电能表的安全系数，但是同时也增加系统成本，同时由于三路电压互感器占用电能表比较大的空间，增加布局的难度。本设计不支持带电更换电池等操作，选择电阻网络分压的方式进行电压采样。电流采样一般采取如下两种方式：锰铜分流方式或电流互感器加电阻取样方式。锰铜分流方式的优点是简单可靠，并且价格低廉，但是锰铜的大电流特性不是很好，当通过较大电流时会引起温度变化，导致锰铜的电阻值会发生一定程度的偏移。这种自热问题使得锰铜很少用在三相电能计量表中，基于0.5s的精度设计的考虑，本设计选择电流互感器加电阻取样的方式进行电流的采样。

由于模数转换转换器的参考地为3.3V，这是芯片内部的模拟电源电压。因此取样电路的设计中信号取样之后都要抬高一个3.3V的电压，以与芯片内部的采样电压相匹配。这是芯片提高计量抗干扰能力的设计之一。器件的选择基于取样信号在不超过模数转换最大采样的250mV范围内尽可能放大的原则，以提高采样灵敏度，同时也要考虑留有一定的计量余量。

以A相为例：相电压 Va 经过电阻 $RA2$ 和 $RA4$ 分压之后得到等比例缩小的电压取样模拟信号 VA，中线 N 和系统的模拟电源3.3V直接相连，取样信号相对于系统地被抬高了3.3V的电压。$L1$ 和 $CA2$ 组成LC滤波电路，用做滤除串入的高频干扰。

通过式（6-1）计算 VA：

$$VA = \frac{RA4}{RA4 + RA2} \times Va \tag{6-1}$$

式（6-1）中，VA 为电压取样信号有效值，Va 为电网电压有效值；$RA2$ 和 $RA4$ 为分压电阻。此处 $RA2$ 阻值选择为1.2MΩ，$RA4$ 阻值选择为750Ω，1%的初始偏差，由于三相单项电压 $|Va| \leqslant 200\sqrt{2}$V，当输入单项电压有效值时，取样信号的有效值 $VA = 137.4$mV，幅值为194.3mV。

另一方面，由取样信号幅值可以通过式（6-2）计算出电网电压的有效值 Va：

$$Va = \frac{RA4 + RA2}{RA4} \times VA \tag{6-2}$$

式中　VA——电压取样信号有效值；

Va——电网电压有效值；

$RA2$ 和 $RA4$——分压电阻。

此处 $RA2$ 阻值选择为2.55MΩ，$RA4$ 阻值选择为750Ω，当输入220V电压时，取样信号的有效值 $VA = 64.6$mV，幅值为91.48mV。同理，可算出当 VA 采样输入电压为最大的250mV时，电网电压 Va 有效值为601V，这也是CE数据存储器中重要常数VMAX的值。在CE计算数据时会用到此常数，同时MPU在进一步处理数据时也会用到该常数。

线电流 Ia 流过电流互感器TAA，会在互感器的二次侧感应出二次电流，该电流流过取样电阻 $RA1$，在 $RA1$ 上得到了电流取样信号 IA。$RA3$ 和 $CA1$ 组成 RC 滤波电路。

通过式（6-3）计算 IA：

$$IA = \frac{Ia \times RA1}{N} \tag{6-3}$$

式中　IA——电流取样信号有效值；

Ia——电网电流有效值；

$RA1$——取样电阻值；

N——电流互感器的一次侧对二次侧的变比。

本设计要求工作额定电流为5A，最大电流为80A。因此选择 $RA1$ 为 3.9Ω，互感器参数为5（80）A/2.5mA，变比 $N=2000:1$。当工作在额定电流5A时，取样信号有效值$IA=9.75\text{mA}$，幅值为13.78mA；当工作在额定电流80A时，取样信号有效值 $IA=156\text{mA}$，幅值为220.58mA。

另一方面，由取样信号幅值可以通过式（6-4）计算出电网电流的有效值：

$$Ia=\frac{N\times IAp}{RA1\times\sqrt{2}} \tag{6-4}$$

式中　IAp——电流取样信号幅值。

当取样信号幅值为250mV时，电网电流有效值为 $Ia=90.6\text{A}$。这样给电能计量留有余量，在电网电流小于90.6A时，电能表都能够正确计量。

6.3.2　整流电路设计

整流电路主要分为模拟电源供电和数字电源供电两个部分。系统主芯片71M6513、EEPROM存储芯片和时钟频率芯片的供电都是采用模拟电源供电，而通信电路芯片MAX3085使用数字电源供电。模拟电源供电芯片是HT7533，该芯片前端输入电压可高达24V，输出电压为稳定的3.3V，刚好是系统主芯片的正常工作电压值。数字电源供电芯片使用78L05，该芯片前端输入电压最小值为7V，最大值为20V，输出电压为稳定的5V。电路设计中用单输入双输出的隔离变压器将单个三相输入分为两个三相电压输入，如图6-6所示。

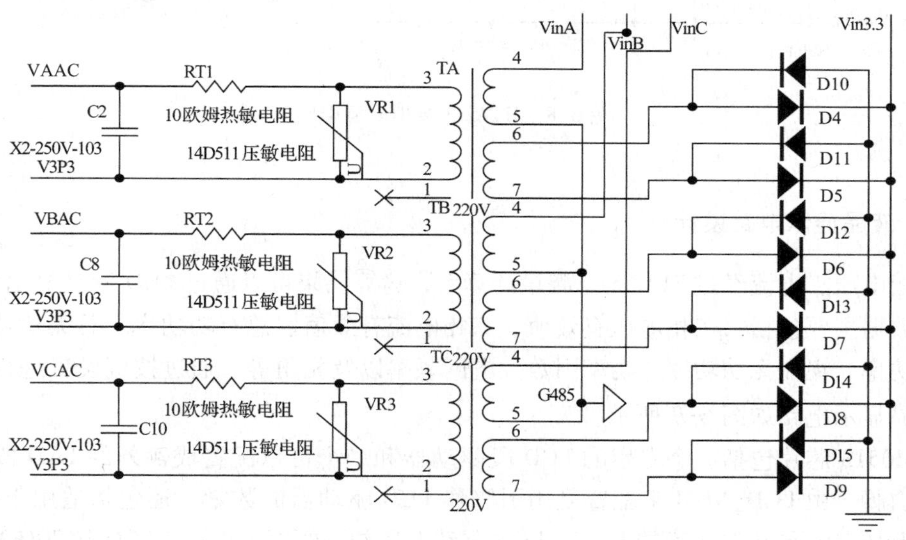

图6-6　工作电源电路

三个变压器的 4 端口为 78L05 提供电压输入，如图 6-7 所示，使用二极管三相半波整流电路保证三相电中有一相得电后，芯片即可提供稳定的电压输出。

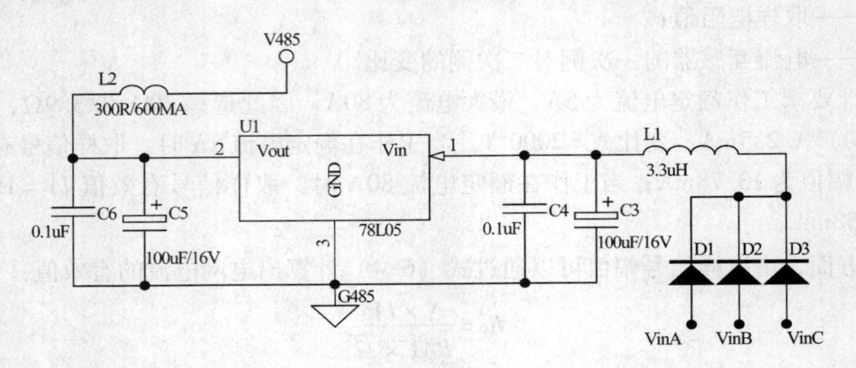

图 6-7　78L05 数字电源电路

图 6-8 为 HT7533 模拟电源电路图，图中的 Vin3. 3 与图 6-6 中的对应点连接。前端运用全波整流电路，整流后可以得到比较平整的直流电压，再通过电容 C11 和 C13 的滤波后可以减小其波动，使其更加平整。这样就可以输入稳压芯片 HT7533 后可以输出准确的 3. 3V 电压，保证系统正常工作。

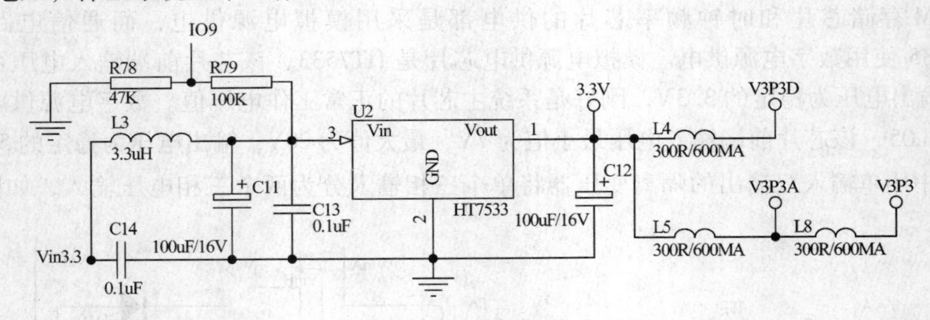

图 6-8　HT7533 模拟电源电路

6. 3. 3　液晶显示电路设计

三相电压、电流经过 71M6513 测量计算后，运算结果可以通过 LCD 液晶显示屏显示，显示的数据主要包括：三相电压有效值、三相电流有效值、总有功功率、总无功功率、视在有功功率、视在无功功率、功率因数、电网频率以及相角等，通过按键设置进行切换显示，液晶显示电路如图 6-9 所示。

71M6513 芯片包括一个专用的 LCD 段驱动器和一个可以配置成额外的 LCD 段驱动器的复用引脚。由 LCD_NUM 来配置复用引脚作 LCD 驱动器的数量。还包括适用于驱动 5V LCD 的升压泵及调节对比度的 DAC，LCD 驱动电压的满幅度可以在 VLCD 和 70% VLCD 之间进行比例调节。I/O RAM 寄存器 LCD_SEG0-LCD_SEG41 低四位用于存储 LCD 要显示的信息。本次设计选择的 LCD 显示内容如图 6-10 所示。

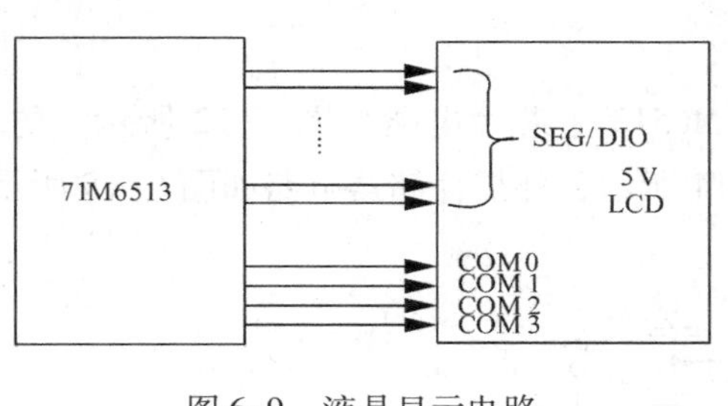

图 6-9　液晶显示电路

图 6-10　液晶显示内容

6.3.4　通信电路设计

71M6513 拥有光电、RS 232 串口两种通信方式，RS 232 通信使用 MAX3085 芯片，MAX3085 是一个具有失效保护功能的 RS 485 接口，和市场上的通用 RS 485 产品相比有以下技术优势：

（1）差分输出电压的摆幅可以达到 3.5V，大于其他通常产品的 2V，信号传输距离长，抗干扰能力强。

（2）信号状态变化时，差分输出端的共模信号抖动尖峰小于 200mV，高速应用时数据误码率低。

（3）接收器输入阻抗大于 96K，总线上允许连接 256 个收发器。

（4）信号输出端采用浮动电位 PN 结隔离专利技术，与现行的衬底电阻隔离方法相比，当总线电压超过芯片电源电压或低于地电压时，器件泄漏电流小于 10μA，而竞争对手产品的泄漏电流达到几十毫安。浮动电位 PN 结隔离专利技术降低了器件损坏的概率。

（5）驱动能力强，输出或吸入电流大于 60mA。

（6）具有失效保护功能，提高了系统可靠性。

（7）具有正和负电流限制以及热关断的特点，能对线路故障情况提供保护。

（8）ESD 保护等级为 15kV。

在 MAX3085 的输出端 485A 和 485B 连接 GPRS 模块，可以使用 GPRS 模块进行数据的远程发送，通信电路设计如图 6-11 所示。

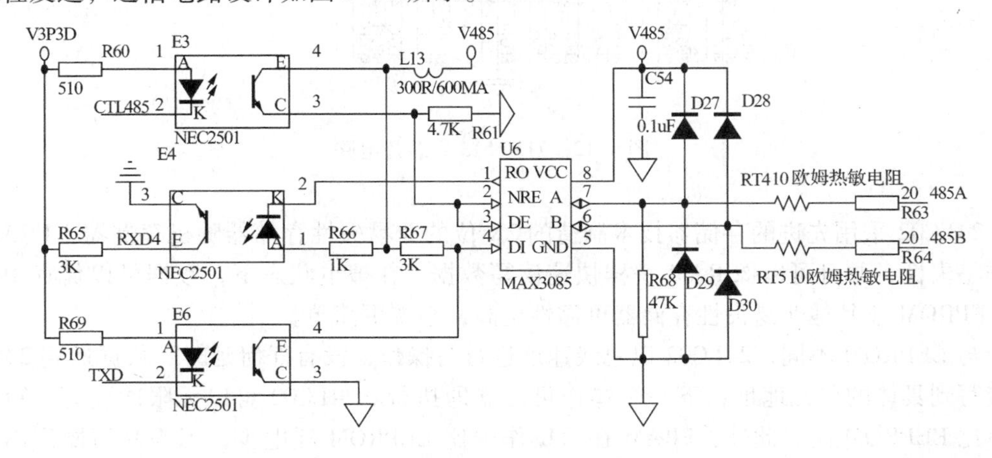

图 6-11　通信电路

6.3.5 其他外围电路设计

71M6513 的外围电路主要有以下几部分：71M6513 主芯片电路如图 6-12 所示，仿真接口电路如图 6-13 所示，电压监测电路如图 6-14 所示，外扩存储器电路如图 6-15 所示。

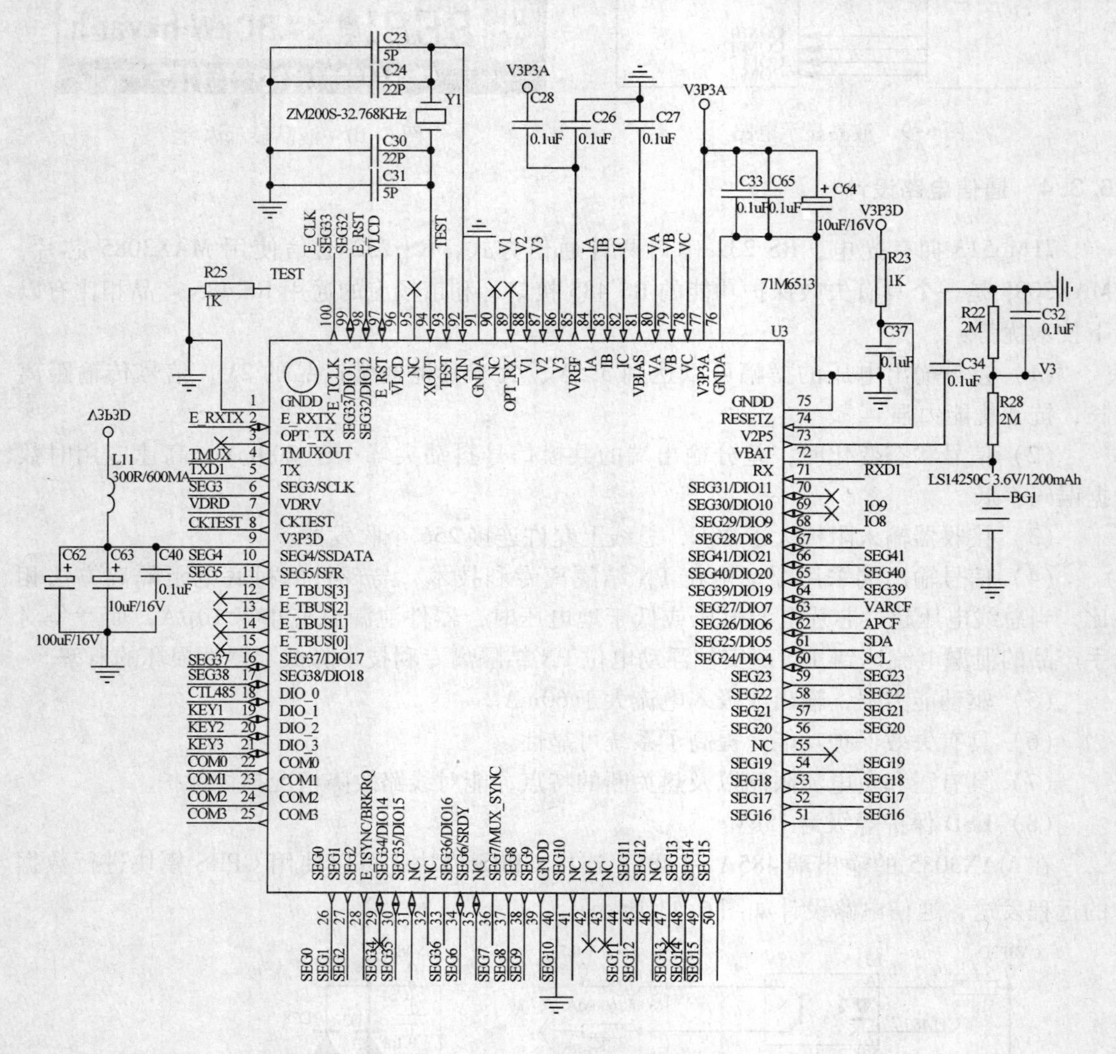

图 6-12 71M6513 主芯片电路

24LC02 采用先进的存储器技术制造的 2K 位的非易失性存储器随机存储器。FRAM 具有非易失性，并且可以像 RAM 一样快速读写数据。在掉电状态下，数据可以保存 10 年。比 EEPROM 或其他非易失性存储器可靠性更高，系统更简单。

与 EEPROM 不同，24LC02 以总线速度进行写操作，没有任何延时。数据送到 24LC02 直接写到具体的单元地址，下一个操作可以立即执行。24LC02 可以无限次读写，写操作寿命比 EEPROM 高。此外，FRAM 在写操作中比 EEPROM 耗电少，因为其写操作不要求内部电路提高写操作电压。

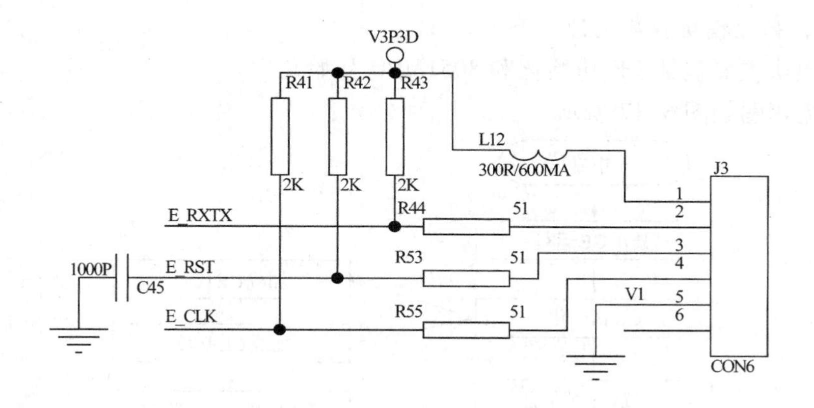

图 6-13　仿真接口电路

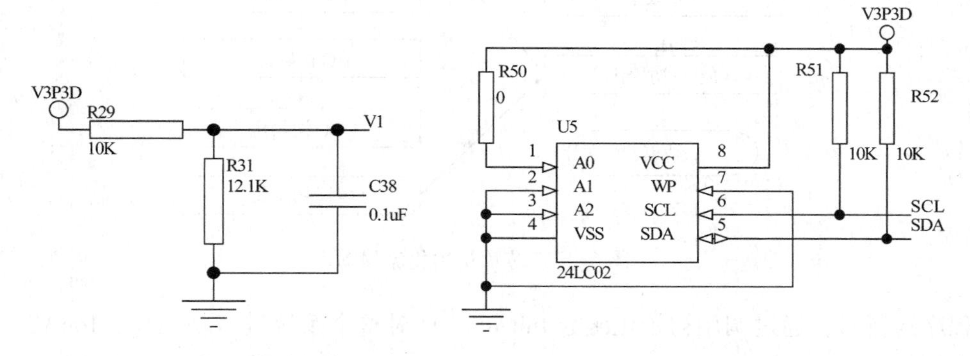

图 6-14　电压监测电路

图 6-15　外扩存储器电路

6.3.6　检测电路程序设计

该检测电路基于 Keil C51 编写程序，主要实现三相电流、电压、有功功率、无功功率、频率、有功电能、无功电能、功率因数等电网参数的检测、显示、保存以及远程发送等基本功能。IC 内部的 CE 模块，是一个专用的 32 位数字信号处理器，用来执行准确计量电能所需的精确运算，所以在进行电能计量的过程中，只要读取相应寄存器中的数值，并进行一定的处理，如乘以相应的变比，就可以得出电能的所有参数。在软件的设计过程中，首先需要进行程序的初始化，初始化 CE、定时器、显示接口，清除 Flash 缓存中的数据，开启采样中断，对电压电流进行采样并存储，设置采样周期等操作。当采样周期到，CE 会根据 MPU 指令读取采样参数进行电能参数的计算，计算结果可以保存在 CE DRAM 中，并可以在液晶显示屏上显示，也可以通过 GPRS 远程发送到服务器中心数据库，具体流程如图 6-16 所示。

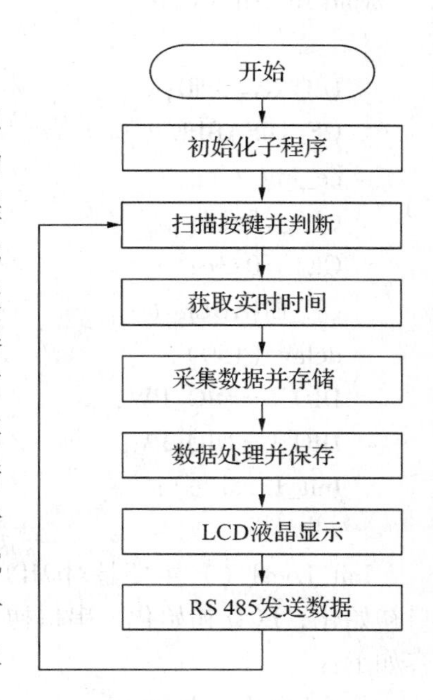

图 6-16　芯片主程序流程图

1. 芯片初始化模块程序设计

初始化模块主要包括 CE 初始化和 8051MPU 初始化，具体初始化流程图如图 6-17 所示。

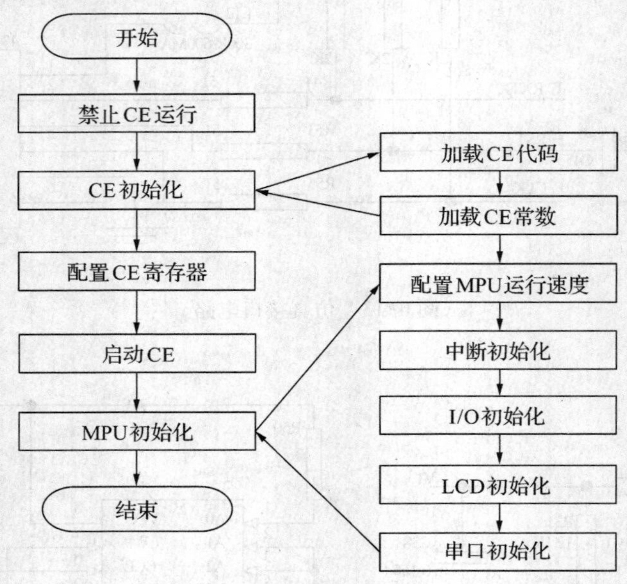

图 6-17　芯片初始化流程图

程序运行时，通过调用初始化函数 InitAll（）对整个系统进行初始化，InitAll（）的主要内容如下：

```
void InitAll (void)
{
  DIO & =0xf0;            // 配置 DIO 寄存器使 I/O 口 4 和 5 成为数字 I/O
  CE_DISABLE ()           // 禁止 CE 运行
  ce_init ();             // CE 初始化，加载 CE 程序代码和 CE 常数
  CE0 =0xad;              // 配置 CE0 寄存器，选择 CE 计量公式和 TMUX 输入类型
  CE1 =0x3c;              // 配置 CE1 寄存器，确定 CE 一个累计周期的总采样数
  CE_ENABLE ()            //启动 CE
  delay (150);            // 延时
  DIO | =DIO_PW;          // 在 DIO_ 6 上输出有功脉冲
  DIO | =DIO_PV;          // 在 DIO_7 上输出无功脉冲
  Init_Local ();          // 本地 (local) 即 MPU 的初始化
}
```

Init_Local（）主要是对 MPU 的初始化，包括设置 MPU 运行速度，中断初始化，I/O 口初始化，LCD 初始化，串口初始化，备份校表数据，EEPROM 初始化等内容，其主要内容如下：

```
void Init_Local (void)
{
```

```
    U08 i;
    EA =0;
    EX2 =0;
    CONFIG0 = (CONFIG0&0xe8) | MDIV;  //配置 MPU 运行速度
    Init_Interrupt();          //中断初始化
    Init_IOports();            //I/O 口初始化
    Init_LCD();                //LCD 初始化
    uart0_init();              //串口 0 初始化
    uart1_init();              //串口 1 初始化
…
}
```

2. LCD 液晶显示模块程序设计

要使 LCD 正常工作，需要先对 LCD 进行配置，在初始化模块中调用 LCD_Config 来配置 LCD,内容如下：

```
void LCD_Config(void)
{
LCDX = LCD_BSTEN | LCD_NUM;                 //设置要配置成 LCD 复用引脚数
LCDY = LCD_MODE_4S_3 | LCD_CLK_16384;      //选择 LCD 状态和时钟频率
LCDZ = LCDZ |LCD_FS_1F;                     //设置 LCD 满量程电压 VLC2
}
```

LCDX、LCDY、LCDX 是 LCD 重要的寄存器，通过配置这三个寄存器可以启动和关闭 LCD 升压电路，选择配置成 LCD 的复用引脚数，选择 LCD 工作模式，LCD 满量程电源等。

配置完上述寄存器后，下一步就是显示了。要显示的信息要存储到 LCD_SEG 寄存器中，在 I/O RAM 中有 42 个这样的寄存器，LCD_SEG[0]到 LCD_SEG[41]。每个寄存器只有低 4 位可以用于存储。在各个字中，位 0 ~ 3 分别对应 COM0 ~ COM3。所以在存储一个 8 字的显示信息时要使用两个 LCD_SEG 段寄存器。定义显示函数主要内容如下：

```
void lcd_write_num(U08 charn,U08 num)         // 写一个“8”字的字符
{  U08 i, k; i = charn;
    if (num <0x11)
        k = num;
    else
        k =0x0a;
    switch (i)
    {
    case 5:{LCD_SEG[9] = lcd_num1[k]&0x0f;//取 lcd_num1[k]的底 4 位
      LCD_SEG[10] = lcd_num1[k] > >4;break;}//取 lcd_num1[k]的高 4 位
        ……
    }
}
```

硬件检测电路板使用的LCD屏从左到右有14个8，调用lcd_write_num显示函数时，将要显示的数字所在位数传给 i，把要显示的数字传给 k。数组lcd_num用于存放LCD的字形码，显示程序运行时，将显示内容所在位数传给 i，把显示内容传给num，通过分支语句，选择对应的LCD_SEG寄存器存储显示内容的字形码。如上述程序中case 5表示选择LCD_SEG [9]、LCD_SEG [10] 用于存储在第5个8字位要显示内容的字形码。

3. EEPROM数据读写模块程序设计

串行EEPROM是理想的非易失性存储器。它具有体积小、价格低、接口简单以及使用灵活方便等特点。在智能仪表中用于保存各种数据，使数据不会由于停电、干扰等原因而丢失。设计中使用24LC02作为71M6513的外扩存储器，由一根数据线（SDA）和一根时钟线（SDL）组成两线制串行传输总线进行数据传送。24LC02数据传输基本过程如下：

（1）主芯片发出开始信号，然后发出1个字节的从机信息，得到24LC02芯片发出认可信号；

（2）主芯片开始发送信息，每当发完一字节，24LC02芯就会发出认可信号；

（3）主芯片发出停止信号。

开始信号：在时钟线（SCL）为高电平期间，数据线（SDA）由高变低，将产生一个开始信号。

控制字格式如图6-18所示：发送时紧跟开始信号后的4位是器件选择位，通常为'1010'，它和后面的3位器件地址码共同构成7位存储器的地址。在地址位后紧跟1位读/写控制位，该位设置为1表示读，设置为0表示写。最后1位是应答位，由24LC02芯片给出。

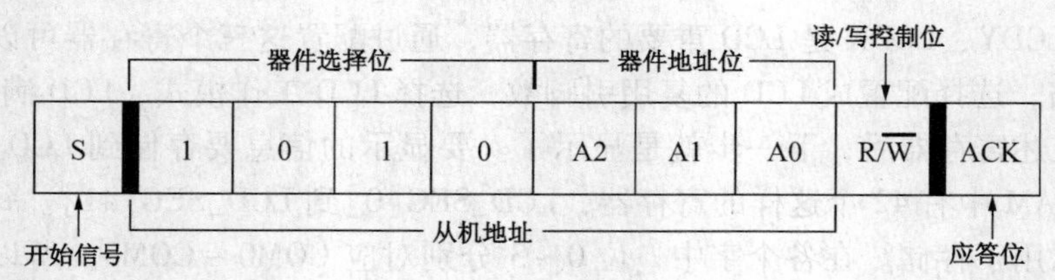

图6-18 24LC02控制字格式

停止信号：在时钟线（SCL）为高电平期间，数据线（SDA）由低变高，将产生一个停止信号。

应答信号：主机写从机时每写完一字节，如果正确，从机将在下一个时钟周期将数据线（SDA）拉低，以告诉主机操作有效。在主机读从机时正确读完一字节后，主机在下一个时钟周期同样也要将数据线（SDA）拉低，发出认可信号，告诉从机所发数据已经收妥。需要说明的是：读从机时主机在最后1字节数据接收完以后不发应答，直接发停止信号。

在程序设计中，设计一个名为I2C_Start（void）的函数实现由主芯片向半行EEPROM发出停止信号的命令，主要内容如下：

```
void I2C_Start (void)
{
  SDA_OUTPUT;          //设置P04口为输出
```

```
    SCL_OUTPUT;           //设置 P05 口为输出
    I2C_SDA = HIGH;
    I2C_SCL = HIGH;       //分别置 SDA，SCL 为高
    _nop_(); _nop_();     //延时大于 2ms
    I2C_SDA = LOW;        //置 SDA 为低，产生开始信号
    _nop_();
    I2C_SCL = LOW;
}
```

在程序设计中，设计一个名为 I2C_Stop（void）的函数实现由主芯片向半行 EEPROM 发出停止信号的命令，主要内容如下：

```
void I2C_Stop (void)
{
    SDA_OUTPUT;           //设置 P04 口为输出
    I2C_SDA = LOW;        //置 SDA 为低
    I2C_SCL = HIGH;       //置 SCL 为高
    _nop_(); _nop_();     //延时大于 2ms
    I2C_SDA = HIGH;       //置 SDA 为高，产生停止信号
    _nop_(); _nop_();
    I2C_SCL = LOW;
}
```

（1）写时序

24LC02 写时序如图 6-19 所示：主机发送开始信号，接着发出从机地址与写控制码，主机接收从机发出的应答，发送 1 个字节的地址信息，主机接收应答后，写 1 个字节数据信息到从机，主机接收应答，发出停止信号。完成以上配置，写操作完成，1 个字节数据被写入 24LC02 内指定地址。24LC02 提供页写的方式，如图 6-20 所示，每次最多可连续写入 8 字节数据再发送停止信号，利用这种方式可以加快速度。

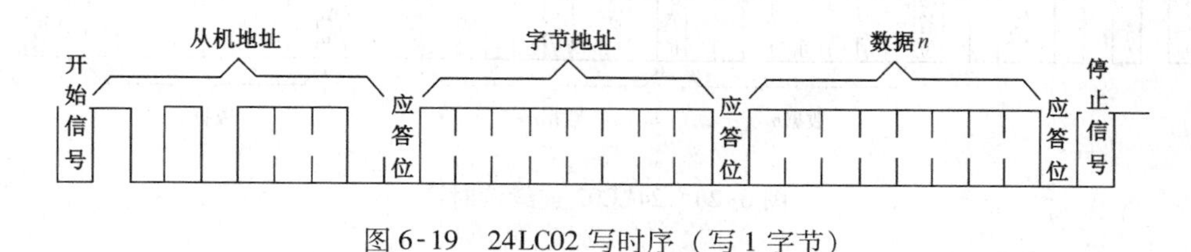

图 6-19　24LC02 写时序（写 1 字节）

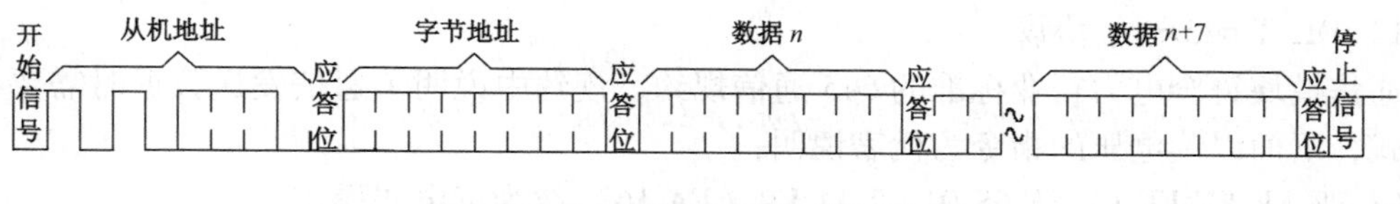

图 6-20　24LC02 写时序（写 8 字节）

（2）读时序

24LC02 的读操作可以分为两类：读随意地址内容和读当前地址内容。

读随意地址内容时序如图 6-21 所示，读当前主机发送的开始信号，然后发送从机地址与写控制码，主机将会接收应答，并且发送 1 个字节的地址信息。然后主机发送开始信号和从机地址，并读取控制码。主机接收应答，同时读取 1 个字节数据；然后主机不发应答，发送停止信号。完成上面步骤，主机已从 24LC02 中读出指定地址内 1 个字节的数据。

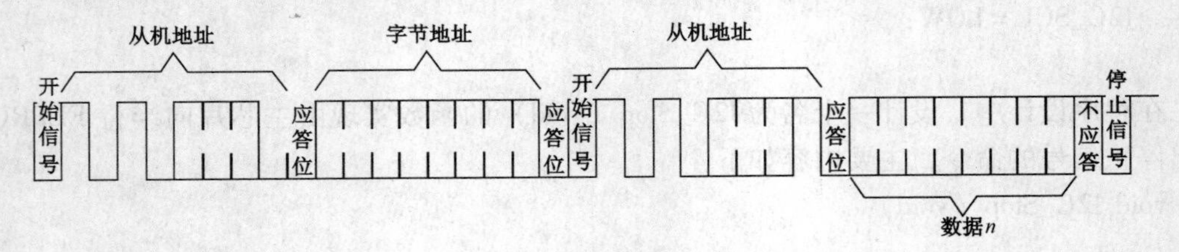

图 6-21　24LC02 随机读时序

读当前地址内容时序如图 6-22 所示，与随机读时序相比，主机并没有给从机写入起始地址，所以这种方式用于读取当前地址内的数据。另外，24LC02 也可以采用连续读数据的方式，如图 6-23 所示，这样每次最多可以读取 8 字节。注意：在连续读数据时，每当读完 1 个字节，主机就会发应答，但在最后 1 字节后主机不会发应答。

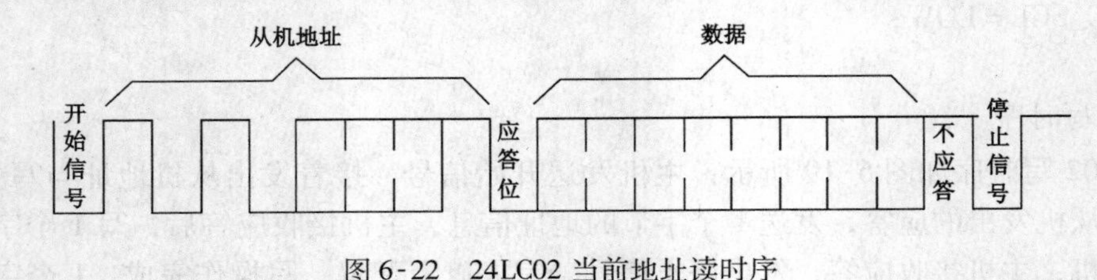

图 6-22　24LC02 当前地址读时序

从机地址
开始信号
应答位
应答位
应答位
不应答
停止信号
数据n
数据n+1
数据n+x

图 6-23　24LC02 连续读时序

4. 数据通信模块程序设计

1）DL/T 645 通信协议

通信模块符合电力行业标准的 645 通信规约，规约中说明了通信发送数据时需要符合的格式，下面以读电压的指令为代表说明：

68 FF FF FF FF FF FF 68 01 02 44 E9（FA 16）//为读电压操作

数据帧格式一般前面都是 68 FF FF FF FF FF FF 68。根据 645 协议规定，两个 68 为帧起始符，后面的 01 为控制码位，这里 01 是执行读操作，02 为数据长度位。44 E9 因为

645 协议是先传低字节，而且还要加上 33H，所以原来的电压标识符应该是 B6 11。后面的 FA 16 为校验码和结束符。

返回数据帧格式如下：

FE 68 FF FF FF FF FF FF 68 81 04 44 E9 4C 35 FD 16

FE 为应答标识符，68 后面的 81 意为无后续数据帧，04 为数据长读 = 02H + M（数据长度），所以这里数据长度为 2，后面的 44 E9 依然为电压标识符，后两个为数据项 4C 35，根据 645 协议，恢复为 35 4C 再各项减 33H，电压为 02 19，转换为十进制即 225V。

2）通信程序设计

通信功能的实现主要是运用串口中断服务程序来完成。

在主程序中调用 Serial_Buf_Process（）函数，实现对中断服务程序中各种指令进行相应的操作。该函数先通过判断接收到的指令的控制码位来判断该指令是何种指令。部分内容如下：

```
void Serial_Buf_Process（void）
{
    if（rx_ok）                         //判断串口接收数据是否成功
    {
        SuB_33H（）；                   //将接收数据减 33H
        switch（SerialBuffer［8］）     //判断控制码类型
        {
            case 0x03：                 //读指令
            {…… break；}
            case 0x04：                 //写指令
            {…… break；}
            case 0x0f：                 //修改密码
            {…… break；}
            case 0x11：                 //校表命令
            {…… break；}
            case 0x14：                 //电表初始化命令
            {…… break；}
            ……
        }
    }
    rx_ok = FALSE；                     //接收成功标志置为假
}
```

要对 71M6513 写入预定常数，或读出指定地址的数据进行监测和控制都要运行中断服务程序，由串口中断地址进入中断服务程序后，先判断是接受中断还是发送中断。对于接收中断，用 SerialBuffer 接收存储串口的数据，然后判断数据首字节是否正确，如果正确接着判断校验和，正确后发出接收成功标志。对于发送中断，判断需要发送的字符数是否已经发完。若未发完则继续发数据；如果发送完毕，则置发送完成标志，并打开数据发送。

具体通信中断流程图如图 6-24 所示。

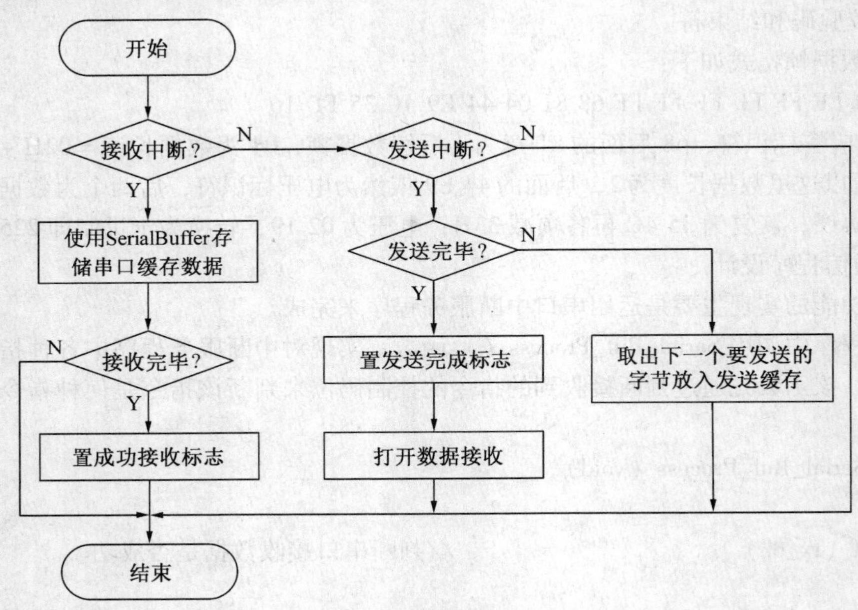

图 6-24　通信中断流程图

6.3.7　电能参数计量算法设计

1. 电压值的计算

各相电压有效值可通过式（6-5）计算得到：

$$V_x = \sqrt{\frac{V_{xsqsum} \times LSB_V \times 3600 \times F_s}{N_{ACC}}} \tag{6-5}$$

式中　V_x（$x=A$，B，C）——各相电压有效值；

V_{xsqsum}——CE 计算得到的电压数值，它是各次采样得到的电压采样值的平方和；

LSB_V——电压计算比例系数（$6.6952 \times 10-13 \times VMax2$）；

F_s——采样频率；

N_{ACC}——一个采样周期内采样的点数，采样周期可以自己手动设置。

2. 电流值的计算

各相电流有效值可通过式（6-6）计算得到：

$$I_x = \sqrt{\frac{I_{xsqsum} \times LSB_I \times 3600 \times F_s}{N_{ACC}}} \tag{6-6}$$

式中　I_x（$x=A$，B，C）——各相电流有效值；

I_{xsqsum}——CE 计算得到的电流有效值，它是根据各次采样得到的电流采样值的平方和；

LSB_I——电流计算比例系数；

F_s——采样频率；

N_{ACC}——一个采样周期内采样的点数。

3. 电网频率的计算

实际电网频率可通过式（6-7）计算所得：

$$FRE = F_{REQ} \times LSB_F \tag{6-7}$$

式中 FRE——实际电网频率；

F_{REQ}——CE 计算得到的频率数值；

LSB_F——频率计算比例系数。

4. 有功功率的计算

实际有功功率可通过式（6-8）计算所得：

$$P_x = \frac{W_{XSUM} \times LSB_W \times 3600 \times F_S}{N_{ACC}} \tag{6-8}$$

式中 P_x（$x = A$，B，C）——各相有功功率值；

W_{XSUM}——一个采样周期 CE 累积的有功电能数值；

LSB_W——有功电能计算比例系数；

F_S——采样频率；

N_{ACC}——一个采样周期内采样的点数。

其中，$W_{XSUM} \times LSB_W$ 计算得到的结果为一个累积周期内的有功电能值，单位为 kWh。

5. 无功功率的计算

实际无功功率可通过式（6-9）计算所得：

$$Q_x = \frac{VAR_{XSUM} \times LSB_Q \times 3600 \times F_S}{N_{ACC}} \tag{6-9}$$

式中 Q_x（$x = A$，B，C）——各相无功功率值；

VAR_{XSUM}——一个采样周期 CE 累积的无功电能数值；

LSB_Q——无功电能计算比例系数；

F_S——采样频率；

N_{ACC}——一个采样周期内采样的点数。

其中，$VAR_{XSUM} \times LSB_Q$ 计算得到的为一个采样周期内的无功电能值，单位为 kvarh。

6. 视在功率的计算

视在功率可通过式（6-10）计算所得：

$$S_x = \sqrt{P_x^2 + Q_x^2} \tag{6-10}$$

式中 S_x（$x = A$，B，C）——各相视在功率；

P_x——各相有功功率；

Q_x——各相无功功率。

7. 相角

相角可通过式（6-11）和式（6-12）计算所得：

$$Angel_{AB} = \frac{PH_{A\_B} \times 3600}{N_{ACC}} + 2.4 \tag{6-11}$$

$$Angel_{AC} = \frac{PH_{A\_C} \times 3600}{N_{ACC}} + 4.8 \quad (6\text{-}12)$$

式中 $Angel_{AB}$、$Angel_{AC}$——实际相电压 AB、AC 之间的夹角，单位为度；

PH_{A_B}、PH_{A_C}——CE 计量的夹角数值。

温度补偿主要是对输入的电压、电流进行补偿，用户可以设置需要或不需要进行温度补偿；温度补偿主要是通过调整基于温度的电能测量比例系数来调节输入电压、电流，进而调整运算结果，提高运算精度。

电能测量比例系数可通过式（6-13）计算：

$$GAIN\_ADJ = 16385 + \frac{TEMP\_X \times PPMC}{2^{14}} + \frac{TEMP\_X^2 \times PPMC2}{2^{14}} \quad (6\text{-}13)$$

其中，$TEMP\_X$ 是相对于参考温度 $TEMP\_NOM$ 的温度值，$GAIN\_ADJ$ 的值主要取决于 $TEMP\_X$，$PPMC$，$PPMC2$（参考电压的温度系数）。一般来说，当温度高于参考温度时，它小于16385；温度低于参考温度时，它大于16385。

6.4 电网参数的远程传输设计

6.4.1 GPRS 技术概述及远程传输数据原理

1. GPRS 技术概述

GPRS（General Packet Radio Service）是利用“包交换”的概念而发展起来的一种无线传输技术。“包交换”就是将数据封装成许多独立的数据包，再将这些数据包传输出去。并且只有当前资料需要传送时才会占用带宽，通过传输数据包流量来计价，对于广大用户来说，这是较为合理的一种计费方式。

2. 远程传输数据原理

GPRS 网络是在现有 GSM 网络中增加 GGSN 和 SGSN 来实现的，使得用户可以在端到端分组方式下发送和接收数据，不需要使用电路交换模式下的任何网络资源，从而可以自主运营，其网络结构如图6-25所示。

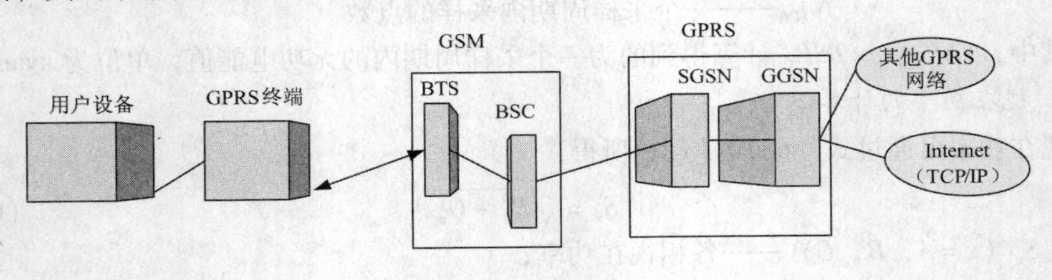

图6-25 GPRS 网络结构

图6-25中，用户设备通过串行或无线方式连接到 GPRS 终端上，GPRS 终端与 GSM 基站通信，但与电路交换式数据呼叫不同，GPRS 分组是从基站发送到 GPRS 服务支持节点（SGSN），而不是通过移动交换中心（MSC）连接到语音网络上，SGSN 与 GPRS 网关支持节点（GGSN）进行通信，GGSN 对分组数据进行相应的处理，再发送到目的网络，

如 Internet 或 X. 25 网络。其具体的数据传输流程如下：

（1）GPRS 终端通过串行接口从用户设备中读出用户数据；

（2）处理后以 GPRS 分组数据的形式发送到 GSM 基站（BSS）；

（3）分组数据经 SGSN 封装后，发送到 GPRS IP 骨干网。

3. GPRS 实物连接图

在 GPRS 无线传输数据系统的设计中，由于 71M6513 芯片自带 RS 232 串口，而本章 GPRS 模块的接入接口是 RS 485 串口，所以需要将 RS 232 信号转成 RS 485 信号，需要一个电压信号转电流信号的转换器，这里选择使用 MAX3085，它具有失效保护功能，对系统传输数据的稳定性提供可靠的保证。通信电路实物图连接图如图 6-26 所示。

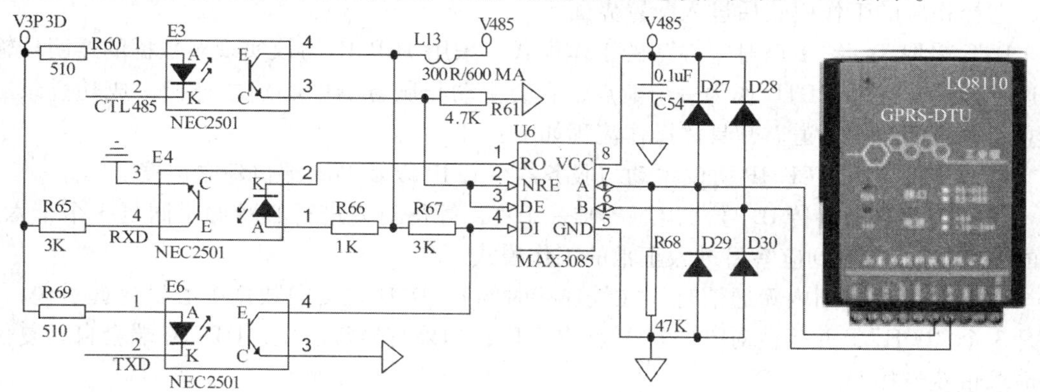

图 6-26　GPRS 通信电路实物连接图

6.4.2　GPRS 参数配置

GPRS 模块选用了山东力创科技有限公司的 LQ8110 产品。LQ8110 GPRS-DTU 为用户提供高速、永远在线、透明数据传输通道。DTU 是基于中国移动的 GSM/GPRS 通信网络的数据传输和远程监控终端设备，采用当今前沿内核技术设计的一款工业级无线通信终端产品，适用于 GSM/GPRS 网络覆盖范围内的各种室内或野外恶劣环境，主要针对电力系统自动化、工业控制、交通管理、气象、环保监测、煤矿、金融、证券、油田等行业的应用，利用 GPRS 网络平台可以实现数据信息的透明传输，并可通过辅助手段来实现对 DTU 控制，组成用户专用数据网络。

GPRS 通信模块内配置一个 SIM 卡，同时开通 GPRS 业务。从通信的稳定性和通信成本考虑，服务器应开通固定 IP 地址，因为动态 IP 稳定性较差，终端不停的重连会加大通信流量。将该固定 IP 地址通知给每一个数据采集终端，数据采集终端可以通过该静态 IP 地址进行连接。数据采集终端使用 LQ8110 GPRS-DTU 点对中心的工作模式，根据数据中心的 IP 地址和本地端口号进行参数配置。DTU 在不同的工作模式下，需要设定不同的参数。

参数配置方法步骤如下：

（1）将 GPRS 模块通过串口线与 PC 机相连，暂不上电，如图 6-27 所示。

（2）运行 GPRS 提供的配置软件，打开本机串口，给 GPRS 加 +5V 或 +10 ~ 30VDC 电源。

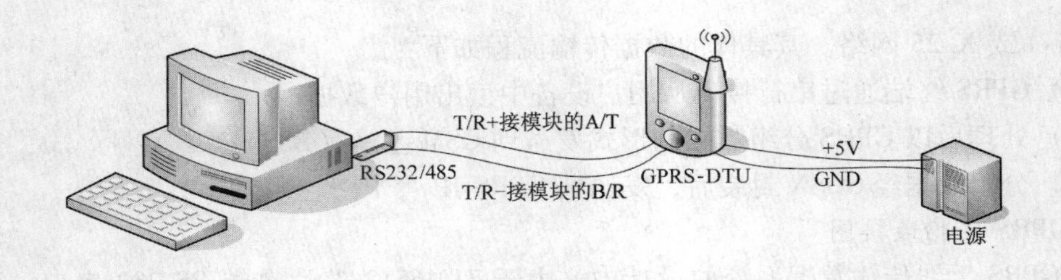

图 6-27　GPRS 配置连接图

（3）需要在上电 5s 以内，点击“进入”按钮，当“模块配置状态”显示“进入”后，选择相应的工作模式后进入配置界面。

DTU 采取 TCP“多点对中心”的工作模式。采用 TCP/IP 协议实现对数据的透明传输。在这种传输方式下，DTU 作为一个节点，它会主动与服务器中心建立连接，成功登录后，建立起稳定的数据通道。其具体操作流程如下：

（1）DTU 使用 TCP/IP 协议主动与服务器中心 IP 以及 Port 端口建立连接。

（2）DTU 自动上传 ID 号（出厂的唯一 ID），等待对方进行心跳握手回复 3 个十六进制的“00H”，在收到应答后进入正常的工作模式。

（3）当一段时间内无通信时（在线连接时间），DTU 主动向数据中心发送握手包，也就是 3 个“00H”，并等待对方回复 3 个“00H”；如果有异常出现，DTU 终端会自动复位，并请求重新连接。

当 DTU 处于正常工作状态下，通过短信命令或远程配置命令这两种方式在线修改其各项参数以及工作模式。DTU 可以自动识别当前网络连接是否正常，当检测到服务器中心主动断开连接时，会根据“断线重连时间”进行重连。但是，需要注意的是最大传输数据包的长度不能超过 1024 字节，并且发送间隔应当大于 1.5s。

LQ8110 GPRS-DTU 中心对多点的参数配置如图 6-28 ~ 图 6-30 所示。

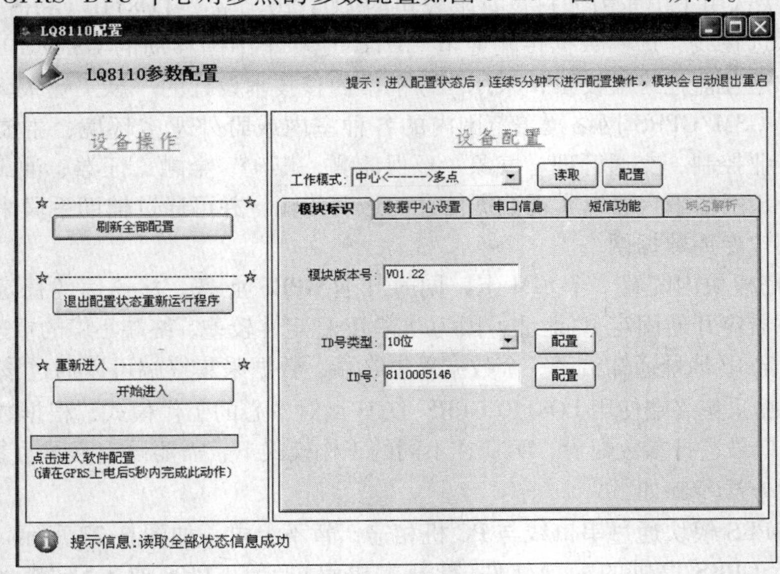

图 6-28　DTU 中心对多点的参数配置-1

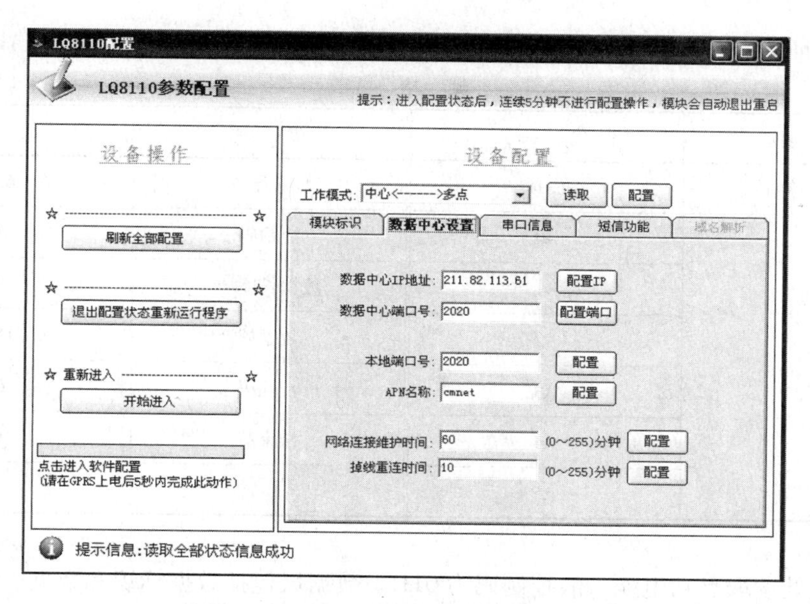

图 6-29　DTU 中心对多点的参数配置-2

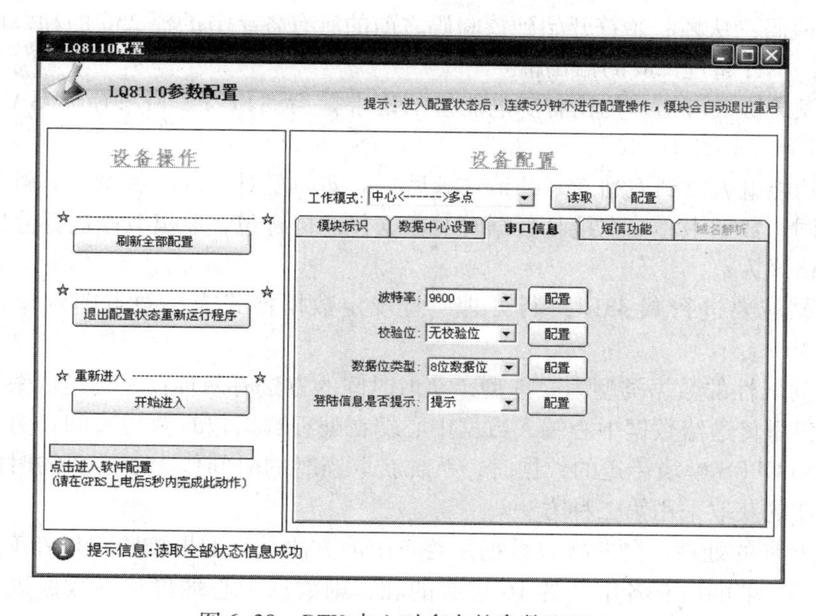

图 6-30　DTU 中心对多点的参数配置-3

6.4.3　数据远程传输的通信协议

由于进行数据的远程传输，传输终端与数据服务中心通信双方需要制定适当的通信协议。此协议按照多功能电能表通信规约 DLT645-1997 执行，所传输数据的数据类型都是浮点型。数据服务中心首先向智能电表发送读取数值的请求命令。传输帧格式为：帧起始符+地址域+控制码+数据长度域+数据域+校验码+结束符，具体标识如表 6-1 所示。

（1）在发送帧信息之前，先发送 1～4 个字节 FEH，以唤醒接收方，在此规定发送 4

个 FEH，地址域由 6 个字节构成，每字节 2 位压缩 BCD 码，在每字节均为 AAH。

帧 格 式　　表 6-1

说　明	代　码	说　明	代　码
帧起始符	68H	帧起始符	68H
地址域	A0	控制码	C
	A1	数据长度域	L
	A2	数据域	DATA
	A3	校验码	CS
	A4	结束符	16H
	A5		

（2）此处读取有功电能，故控制码为 01H。数据域包括数据标识和数据、密码等，其结构随控制码的功能而改变。传输时按字节进行加 33H 处理。

（3）校验码：从帧起始符开始到校验码之前的所有各字节的模 256 的和，即各字节二进制算术和，不计超过 256 的溢出值。

由以上发送协议可知，传输有功电能值的请求帧为“FE FE FE FE 68 AA AA AA AA AA AA 68 01 02 43 C3 D5 16”。

现场多功能电表收到主站发来的请求帧后，立即回复对应的应答帧，其帧格式和主站发送格式相同。数据中心端在接收数据时对数据包进行解包，取出数据进行分析并处理。

其协议格式为：

（1）数据域要进行减 33H 进行处理，且规定数据格式为小数点前六位，小数点后两位。

（2）时间属性的数据类型为文本型，获取时间的方法有两种：一种是取采样时间，将它放在数据包里传送给数据中心端，数据中心端在处理数据包时获得时间；另一种是数据中心端接收到 GPRS 模块传送的数据时，系统获取当时的时间作为所需要的时间属性。本系统时间属性的获取采用第二种方法。

（3）校验和的处理。判断接收数据是否正确的方法是：如果校验和是等于从帧起始符开始到校验码之前的所有各字节的 16 进制的和，则数据中心端将正确数据进行存储；否则给现场重发请求帧要求对方重传刚发的数据。

6.4.4 基于 WebAccess 的数据服务中心的设计

1. Winsock 进行网络通信的实现

Socket 实际在计算机中提供了一个通信端口，可以通过这个端口与任何一个具有 Socket 接口的计算机通信。应用程序在网络上传输，接收的信息都通过这个 Socket 套接字接口来实现。在应用开发中就像使用文件句柄一样，可以对 Socket 句柄进行读和写操作。

Winsock 是一种基于 Socket 通信模型的 API 函数。它包括许多 Berkely 函数和基于 Windows 消息机制的 Windows 扩展函数。Winsock 规范定义了一个 TCP/IP 网络上开发 Windows 程序的接口标准，它以 DLL（静态连接库）来实现 Socket 套接字接口。应用程序调用 Windows Sockets 的 API 函数实现相互之间的通信。Windows Sockets 又利用下层的网络通信协议和操作系统来实现通信工作。

本章基于 . NET 平台，利用 C#设计 Windows Form 窗体程序，其中在 DSC 数据接收界面的窗体设计器中添加了 Winsock 控件来实现 GSM 网络通信。服务器和终端之间数据的接收和发送都是相对独立的，它们是分别建立自己的套接字，调用相关的函数进行数据的发送与接收。任何一方收发的失败对另一方都不会造成影响，但要保证双方数据传输过程正确完成，并且双方都不能出错，同时要约定相同的端口号。本系统在设计时就约定双方设定相同的端口号“2020”。

2. 服务器端程序设计

基于 . NET Framework 3.5 平台，利用 C#语言，编制 Windows Form 窗体程序，实现数据服务中心（DSC）端通信模块程序的编制，数据服务中心采用 C/S 模式。设计中以现场 GPRS 出场设备 ID 为唯一标识，对接收到的电网检测参数进行处理和分析。数据服务中心主程序流程图如图 6-31 所示。

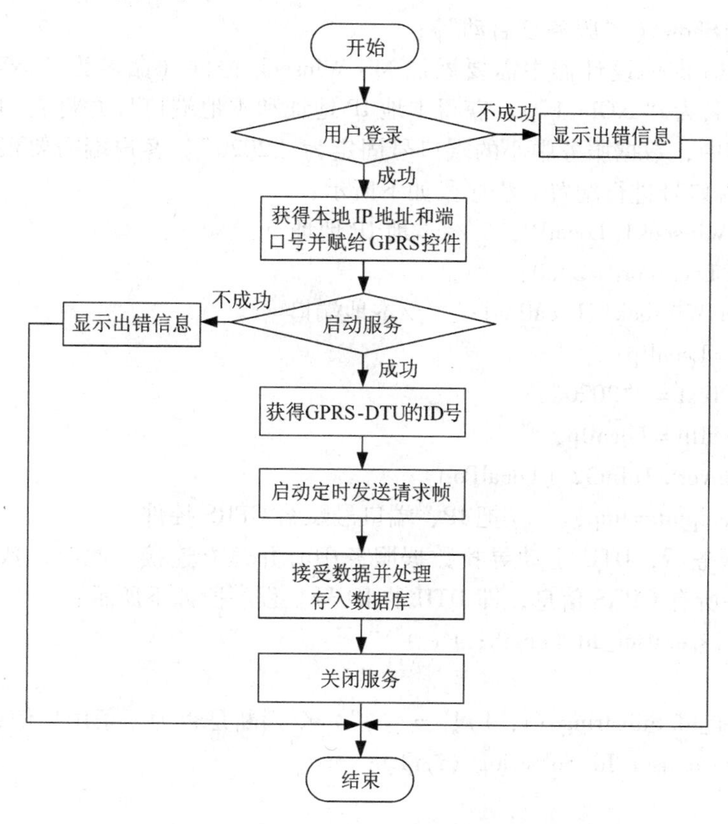

图 6-31　DSC 接收数据流程图

在设计服务器端接收数据程序时，首先要进行服务的启动以及网络连接的建立：

（1）数据服务中心和客户端建立通信之前，数据服务中心需要先启动服务。若服务已经启动，则把 IP 地址和端口号赋给 GPRS 控件，程序段如下所示：

```
if (IsStartServer = = false)   //判断是否启动服务
{
    axGprs1. LocalIp = LocalIp;    //本地 IP
    int tmp = Convert. ToInt32 (LocalPort);   //本地端口
    axGprs1. Localport = tmp;   //把 IP、端口号给 GPRS 控件
    BB = axGprs1. StartServer (ref LocalIp, ref tmp);   //启动服务
    if (BB = = true)
    {
        IsStop = false;
        toolStripStatusLabel1. Text = "服务已启动";
        IsStartServer = true;
    }
}
else if (IsStartServer = = true)
MessageBox. Show ("服务已启动");
```

（2）在 GPRS 窗体设计器中需要添加 MS Winsock 控件（命名为“axWinsock1”）和 Gprsct 控件（命名为“axGprs1”），获得本地 IP 地址和本地端口号并将它们显示在数据中心信息框内。其中，数据服务中心的端口号固定为“2020”。客户端需要根据数据服务中心的 IP 地址和端口号进行配置。程序段如下所示：

```
LocalIp = axWinsock1. LocalIP;    //本地 IP 地址
axWinsock1. LocalPort = 2020;
LocalPort = axWinsock1. LocalPort;    //本地端口
LabIP. Text = LocalIp;
labTCPPort. Text = "2020";
axGprs1. LocalIp = LocalIp;
int tmp = Convert. ToInt32 (LocalPort);
axGprs1. Localport = tmp;    //把 IP、端口号赋给 GPRS 控件
```

（3）启动服务后，DTU 主动寻找数据服务中心并建立连接。此时，数据服务中心将获得在线客户端所有 GPRS 信息，即 DTU 的 ID 号。程序段如下所示：

```
for (i = 0; i < e. user_Id. Length; i + +)
{
   if (e. user_Id. Substring (i, 1)! = ";") //判断是否为一条用户信息
      Id = Id + e. user_Id. Substring (i, 1);
   else
    {
      listBox1. Items. Add (Id);
      Id = "";
    }
}
```

（4）获得数据截图如图 6-32 所示。

表 - dbo.Powertest 摘要

date	Ua	Ub	Uc	Ia	Ib	Ic	E_Penergy	E_Nene
2010-5-25 14:3...	220	221	224	4.8	3.9	5	322.24	27.712
2010-5-25 14:3...	222	223	219	4.7	4.9	4.5	322.36	27.719
2010-5-25 14:3...	221	224	220	5	4.9	4.5	322.41	27.725
2010-5-25 14:3...	224	219	218	4.7	3.9	4.2	322.53	27.732
2010-5-25 14:3...	223	229	218	4	4.3	4.6	322.58	27.738
2010-5-25 14:3...	215	219	228	4.7	4.9	4	322.7	27.745
2010-5-25 14:3...	220	227	218	4.8	5	4.8	322.75	27.752
2010-5-25 14:3...	218	219	220	4.7	3.9	4.6	322.87	27.759
2010-5-25 14:3...	224	223	218	4.5	4.7	4	322.92	27.765
2010-5-25 14:3...	214	219	221	4.7	4.9	4.6	323.04	27.772
2010-5-25 14:4...	215	203	219	4.7	4.9	4.5	323.21	27.785
2010-5-25 14:4...	221	224	220	5	4.9	4.5	323.26	27.792
2010-5-25 14:4...	224	219	218	4.7	4.9	4.6	323.38	27.799
2010-5-25 12:5...	216	219	218	4.7	4.9	4.6	314.08	27.073
2010-5-25 12:5...	215	219	218	4	4	4.6	314.2	27.08

图 6-32　接收的实时数据

6.5　电网参数远程监测中心设计

6.5.1　电网参数数据处理程序设计

电网参数经济指标计算程序是基于 Visial Studio 2005 平台上利用 C#语言编写的一段后台数据处理程序。该程序的功能主要是为了实现电网检测参数的实时处理，得出系统要求的经济指标，这些指标包括每天、每周、每月三个周期。程序运行期间不间断地读取 SQL Server 数据库的原始数据，然后进行相应的处理，根据原始数据库的最新数据自动更新各项指标，而且具有在系统出现故障停机后重新开机启动程序、自动补全中间缺失周期数据的功能，将计算结果实时插入数据库进行保存，以便 WebAccess 监测界面的实时浏览。

1. 日数据的处理

日数据的处理流程图如图 6-33 所示，具体设计步骤如下：

（1）设置查询时刻，每当过零点时，对前一天数据进行处理，程序段如下：

```
private void timer1_Tick (object sender, EventArgs e)
{
    DateTime strDate = DateTime. Now. AddDays ( -1);
    Test (strDate);
}
private void timer2_Tick (object sender, EventArgs e)
{
    if(DateTime. Now. Hour = =0&&DateTime. Now. Minute = =0&&DateTime. Now. Second = =0)
    {
      timer1_Tick (sender, e);
    }
    timer1. Stop ();
}
```

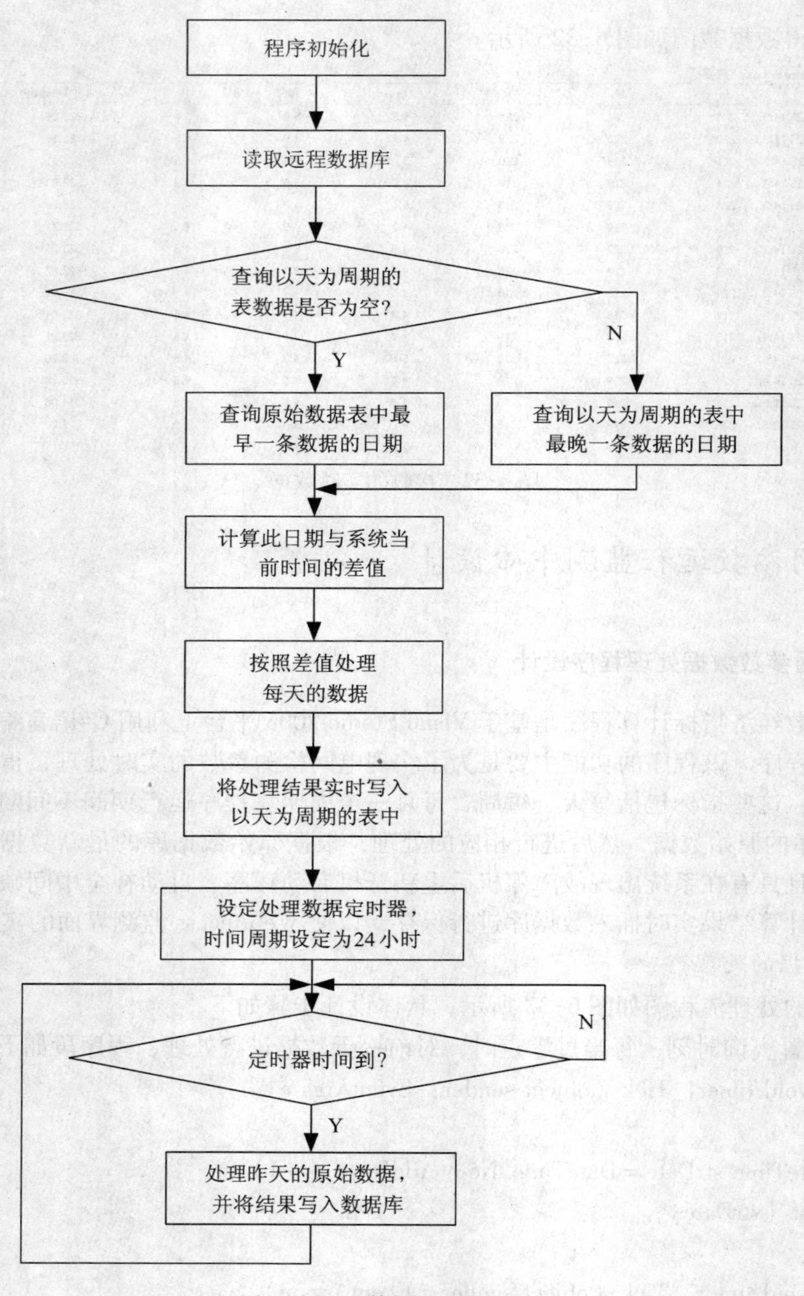

图 6-33　日数据处理的流程图

（2）进行运算处理：对有功电能和无功电能求差值（以 Penergy 为例），对其他参数求均值（以 Ua 为例）。主要程序语句如下：

```
double UaAdd =0;
double UaAverage =0;
for (int i =0; i < =ds. Tables [0] . Rows. Count-1; i + +)
```

```
{
    DataRow dr = ds. Tables [0] . Rows [i];
    double Ua = Convert. ToDouble (dr [ "Ua"]);
    UaAdd + = Ua;
}
UaAverage = UaAdd / (double) ds. Tables [0] . Rows. Count;
UaAverage = change (UaAverage);
try
{
    DataRow dr = ds. Tables [0] . Rows [0];
    double a = Convert. ToDouble (dr [ "E_Penergy"]);
    DataRow dr1 = ds. Tables [0] . Rows [ds. Tables [0] . Rows. Count-1];
    double b = Convert. ToDouble (dr1 [ "E_Penergy"]);
    double c = b - a;
    c = change (c);
}
```

周数据的处理以及月数据的处理与日数据的处理方式类似，只需要定时器控制部分进行简单改动即可。同理，将处理结果分别插入对应的数据库中，以备用户查询。

2. 数据库设计

Windows 平台下常用的数据库是 Microsoft Access 和 Microsoft SQL Server，本系统选用 SQL Server 作为后台数据库。

SQL (Structured Query Language)，结构化查询语言。SQL 语言的主要功能就是同各种数据库建立联系，并进行沟通。按照 ANSI (美国国家标准协会) 的规定，SQL 被作为关系型数据库管理系统的标准语言。SQL 语句可以用来执行各种各样的操作，例如更新数据库中的数据，从数据库中提取数据等。绝大多数流行的关系型数据库管理系统都采用了 SQL 语言标准。虽然很多数据库都对 SQL 语句进行了再开发和扩展，但是包括 Select、Insert、Update、Delete、Create 以及 Drop 在内的标准的 SQL 命令仍然可以被用来完成几乎所有的数据库操作。

在装有 SQL Server 的服务器上建库 ElecTable，在库中建表 Powertest，存放接收的三相电网参数数据，如图 6-34 所示。

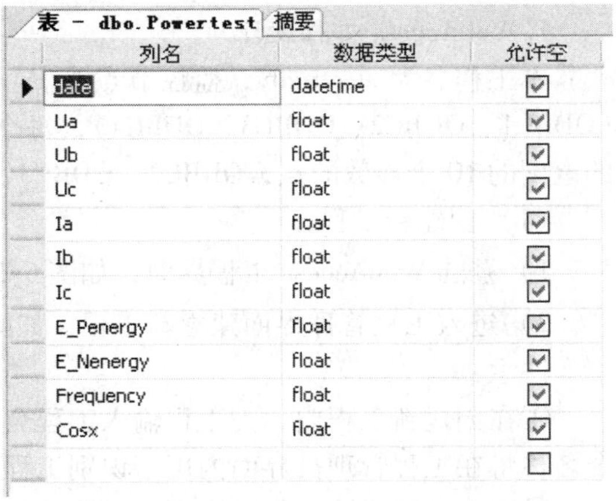

表 - dbo.Powertest | 摘要

列名	数据类型	允许空
date	datetime	☑
Ua	float	☑
Ub	float	☑
Uc	float	☑
Ia	float	☑
Ib	float	☑
Ic	float	☑
E_Penergy	float	☑
E_Nenergy	float	☑
Frequency	float	☑
Cosx	float	☑
		☐

图 6-34　表 Powertest 设计视图

本系统数据库所实现的基本功能是数据的添加、修改、删除、查询等。服务器端接收的数据在数据库的存储结果如表 6-2 所示。类似方法可建立表 day、表 month、表 year，用以存放处理后的数据。表 6-3 所示为一天的数据。

数据的存储结果表　　　　表 6-2

表 - dbo.Powertest　摘要

date	Ua	Ub	Uc	Ia	Ib	Ic	E_Penergy	E_Nene
2010-5-25 14:3...	220	221	224	4.8	3.9	5	322.24	27.712
2010-5-25 14:3...	222	223	219	4.7	4.9	4.5	322.36	27.719
2010-5-25 14:3...	221	224	220	5	4.9	4.5	322.41	27.725
2010-5-25 14:3...	224	219	218	4.7	3.9	4.2	322.53	27.732
2010-5-25 14:3...	223	229	218	4	4.3	4.6	322.58	27.738
2010-5-25 14:3...	215	219	228	4.7	4.9	4	322.7	27.745
2010-5-25 14:3...	220	227	218	4.8	5	4.8	322.75	27.752
2010-5-25 14:3...	218	219	220	4.7	3.9	4.6	322.87	27.759
2010-5-25 14:3...	224	223	218	4.5	4.7	4	322.92	27.765
2010-5-25 14:3...	214	219	221	4.7	4.9	4.6	323.04	27.772
2010-5-25 14:4...	215	203	219	4.7	4.9	4.5	323.21	27.785
2010-5-25 14:4...	221	224	220	5	4.9	4.5	323.26	27.792
2010-5-25 14:4...	224	219	218	4.7	4.9	4.6	323.38	27.799
2010-5-25 12:5...	216	219	218	4.7	4.9	4.6	314.08	27.073
2010-5-25 12:5...	215	219	218	4	4	4.6	314.2	27.08

日数据的存储结果表　　　　表 6-3

表 - dbo.day　摘要

date	D_Ua	D_Ub	D_Uc	D_Ia	D_Ib	D_Ic	D_E_Penergy	D_E_Nener
2010-5-23 0:00:00	220.011	219.914	218.482	4.607	4.646	4.595	29.819	2.333
2010-5-24 0:00:00	220	219.965	218.517	4.61	4.644	4.593	122.351	9.57
2010-5-25 0:00:00	220	219.965	218.517	4.61	4.644	4.593	122.35	9.57
2010-5-26 0:00:00	220	219.965	218.517	4.61	4.644	4.593	122.35	9.57
NULL	NULL	NULL	NULL	NULL	NULL	NULL	NULL	NULL

6.5.2 远程监测中心设计

本书用 WebAccess 组态软件设计数据显示界面，通过 ODBC 的链接将接收、处理的数据从数据库读出，主要包括用户登录界面、电网参数监测界面，实时数据显示界面、结果数据显示界面、实时趋势界面和历史趋势界面，WebAccess 工程节点创建在服务器上，用户可以通过 ActiveX 插件远程查看到服务器中间的组态画面。

1. WebAccess 工程设计

本工程名为 electricity，监控节点为 E_para，设有一个通信端口，里面包含 4 个设备（ODBC1、ODBC2、ODBC3、ODBC4），每个 ODBC 中建有 I/O 点，ODBC1 中是实时接收的电网的 10 个参数的点，ODBC2、ODBC3、ODBC4 中是按日、月、年处理后的参数。

（1）创建新工程

1）登陆 WebAccess 工程界面，如图 6-35 所示。

2）进入工程管理界面建立新工程，如图 6-36 所示。

注意：

①在创建新工程内，为工程输入工程名称，可以是任意字符（不能应用下划线）。这个名称将在工程管理员界面内用于识别工程，也将在 WebAccess 浏览中的标题内显示。

②输入工程描述，帮助识别所创建的工程。

③默认的工程节点 IP 地址已经显示（本系统使用 IP 地址为 127.0.0.1），但也可重新定义 URL 或计算机名。

④如果使用防火墙，输入由系统管理员分配的 TCP 第一通信端口号如果没有使用防火墙，默认为 0。

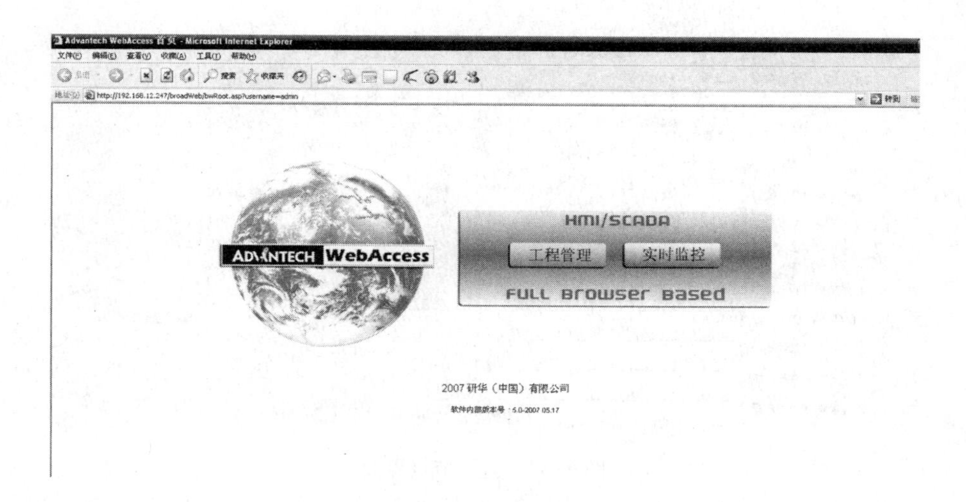

图 6-35　工程管理界面

工程设定

建立新的工程

工程名称	electricity
工程描述	Project Description
工程节点IP地址	127.0.0.1
工程节点HTTP端口	0
工程节点主要TCP端口	0
工程超时	0
远程访问密码	
确认远程访问密码	

提交新的工程

图 6-36　新建工程界面

⑤推荐使用默认的工程逾时。

⑥默认的通入代码将显示，这是在软件安装时设定的远程存取代码。

⑦点击提交新的工程。

（2）添加监控节点

1）在当前工程选择工程名称。

2）打开 WebAccess 工程管理员。

3）在工程管理员内，选择添加监控节点。

4）打开创建新的监控节点页面，如图 6-37 所示。

5）输入监控节点名称（E_para），此名称将在 WebAccess 浏览中显示，同时输入描述。

6）输入监控节点的 IP 地址，默认的 IP 地址将显示，请确认监控节点的 IP 地址，本系统使用的 IP 地址为 127.0.0.1。

建立新的监控节点	[取消]	[提交]	
节点类型	专业版		
节点名称	E_para		
节点描述	电表参数监控		
监控节点IP地址	127.0.0.1		
主要TCP端口	0	次要TCP端口	0
节点超时	0		
远程访问密码			
确认远程访问密码			
发送邮件(SMTP)服务器	127.0.0.1	服务器端口号	0
电子邮件地址			
电子邮件帐户名			
电子邮件密码			

图6-37　监控节点界面

7）如果使用防火墙，输入第一通信端口号和次要通信端口号，WebAccess 需要 2 个 TCP 端口，但这两个端口不能相同；如果没有使用，请使用默认值 0。

8）请使用推荐的节点逾时，这是监控节点与客户端、工程节点和 ASP 服务器正常通信的时间。

9）点击提交。

（3）添加通信端口

通信端口是与现场设备连接的接口，可以是“物理接口”（如 RS232 和以太网）也可是“软件接口”（如 OPC Server 或第三方软件 API）。WebAccess 提供多种通信端口，包括：

1）API - Application Programming Interface，这是一个“虚拟”接口，需要专用软件与 I/O 板卡通信。

2）OPC - OLE for Process Control（过程控制的对象链接嵌入），这是一种工业标准通信协议，也是一个“虚拟”接口，通常也需要第三方软件的支持。

3）Serial——标准的串口通信接口（RS232 - C，RS422 or RS485）。选择 Serial，意味着访问相同通信端口号的串口。

4）TCP/IP（Transmission Control Protocol/Internet Protocol），在安装有 TCP/IP 服务器的 PC 机上指定一个“虚拟”的 TCP/IP 端口。

本系统为了便于实现工程节点与数据库的通信，选择的是 API 协议端口。

添加通信端口的步骤：

1）在工程/节点列表内选择你的监控节点。

2）点击添加通信端口。

3）出现建立新的通信端口界面，如图 6-38 所示。

（4）添加设备

根据设备类型确定与现场设备通信的协议，例如：Modbus RTU 是一种串口通信协议，当添加设备时自动指定协议；设备协议必须与 WebAccess 驱动相匹配。

根据接口类型从设备类型列表内选择可用的设备，不是所有的设备都支持所有的接口

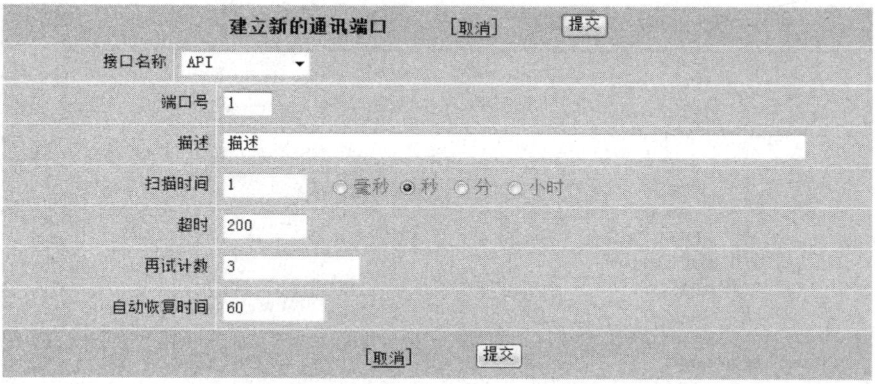

建立新的通讯端口 [取消] 提交

接口名称 API

端口号 1

描述 描述

扫描时间 1 ○毫秒 ◉秒 ○分 ○小时

超时 200

再试计数 3

自动恢复时间 60

[取消] 提交

图 6-38　建立通信端口界面

类型。一旦添加了一个通信端口，只有此接口类型的设备才能被再次添加。

WebAccess 提供 ADAM 系列设备，因此在添加设备时选择与其对应的设备类型 ADAM-MOD。设备属性画面如图 6-39 所示。

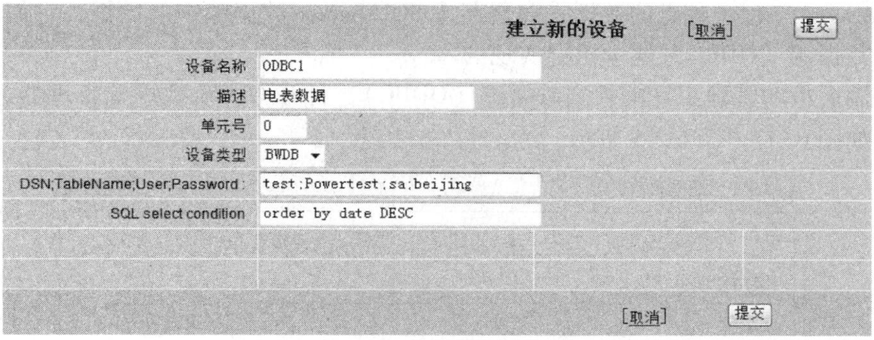

建立新的设备 [取消] 提交

设备名称 ODBC1

描述 电表数据

单元号 0

设备类型 BWDB

DSN;TableName;User;Password : test;Powertest;sa;beijing

SQL select condition order by date DESC

[取消] 提交

图 6-39　设备属性

1）设备名称：指定设备名称，有助于识别现场设备。

2）描述：项目说明，用户能更加清楚地理解该项目。描述能够为任意文本，描述最多 70 个字符。

3）单元号：对某些驱动（如 Modbus），这必须符合协议地址中的单元号；对另一些驱动（如 OPC 和 API），单元号可以是用户任意指定的号码。

4）设备类型：这是用于与设备进行通信的通信驱动，一个相同的通信端口只能有一种通信协议；一旦建立通信端口后，设备类型将受限制。使用另一个通信驱动，必须再次添加通信端口；如果使用相同的 TCP/IP 网卡，可添加多重 TCP/IP 类型的通信端口。

5）设置数据库连接：设置筛选数据的条件，将筛选结果显示在组态画面上。

（5）添加节点

点的类型有 I/O 点、计算点、累算点、常数点、系统点、LOC 点，本工程只涉及 I/O 点，选择通信端口下的 ODBC1，添加节点如图 6-40 所示。

Advantech WebAccess 工程管理界面　快速入门

字段	值
点名称	Ua
描述	a相电压
扫描类型	Constant Scan
地址	Ua
转换代码	Number
起始位	0
长度	16
信号相反	○是 ◉否
缩放类型	No Scale
缩放比例因子 1	0
缩放比例因子 2	0
记录数据	◉是 ○否
数据记录界限值	3
记录到运行记录中	◉是 ○否
只读	○是 ◉否
保存前一个值	◉是 ○否
初始值	0

图 6-40　添加点界面

2. 数据源的创建

WebAccess 工程中各点的数据来源是存入 SQL Server 数据库中的数据，它们之间的连接是通过数据源（ODBC）这个桥梁实现的。

在控制面板的管理工具中找到数据源（ODBC），打开 ODBC 数据源管理器进行创建，创建步骤如图 6-41～图 6-45 所示。

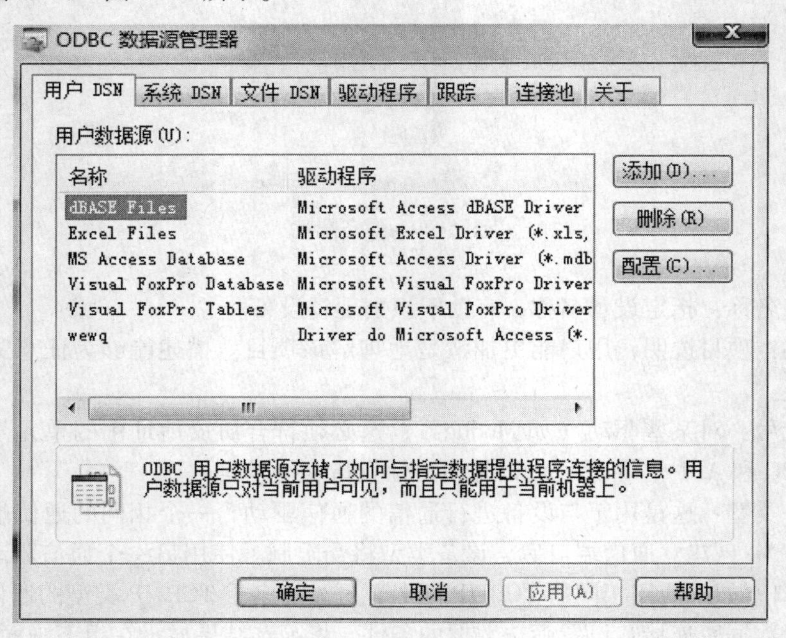

图 6-41　数据源的创建（1）

在图 6-41 中点击“添加”按钮。

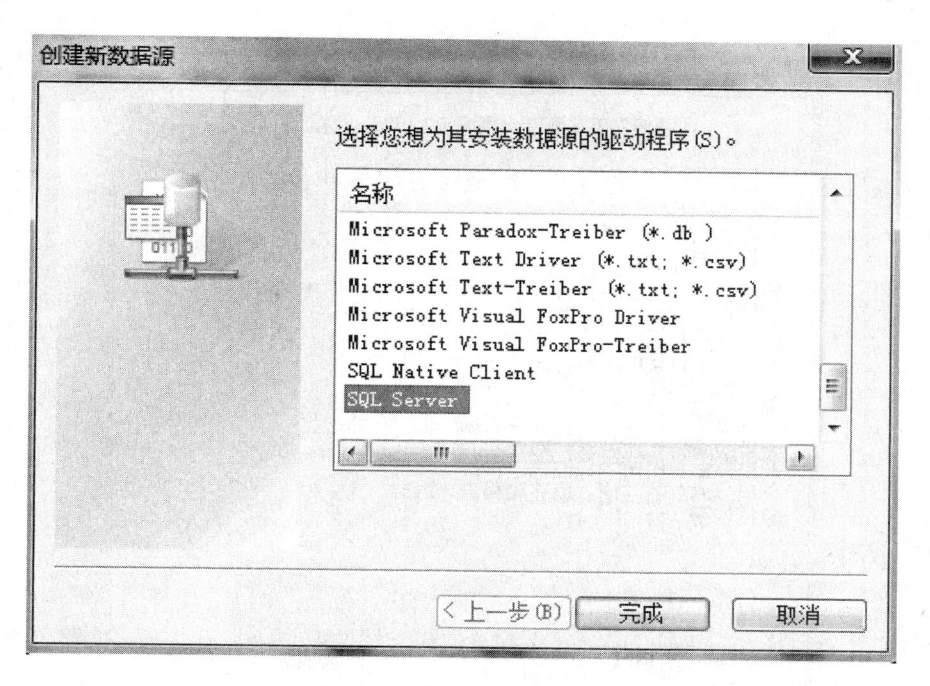

图 6-42 数据源的创建（2）

在图 6-42 中选择 SQL Server，点击“完成”按钮。

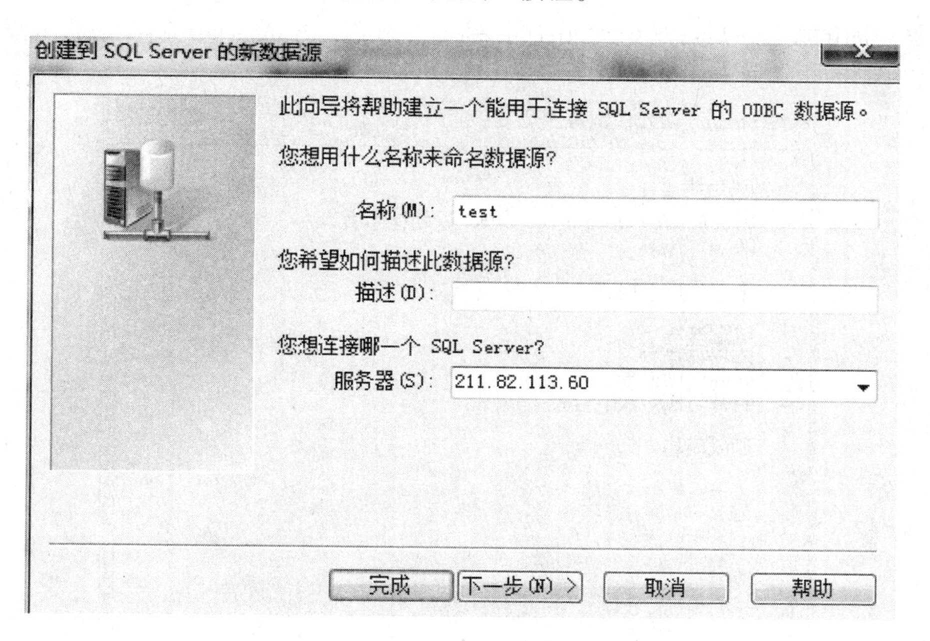

图 6-43 数据源的创建（3）

给数据源命名，并输入所连服务器的 IP 地址，点击图 6-43 中的“完成”按钮。

点击图 6-44 中的“测试数据源”按钮。

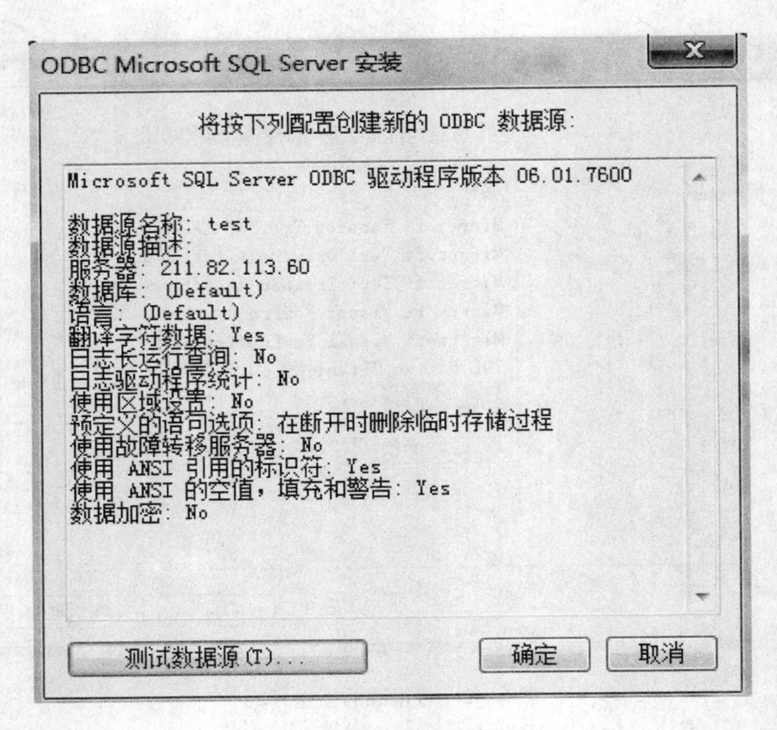

图 6-44　数据源的创建（4）

数据源测试成功，点击图 6-45 中的“确定”按钮，完成 WebAccess 工程节点数据源的创建。

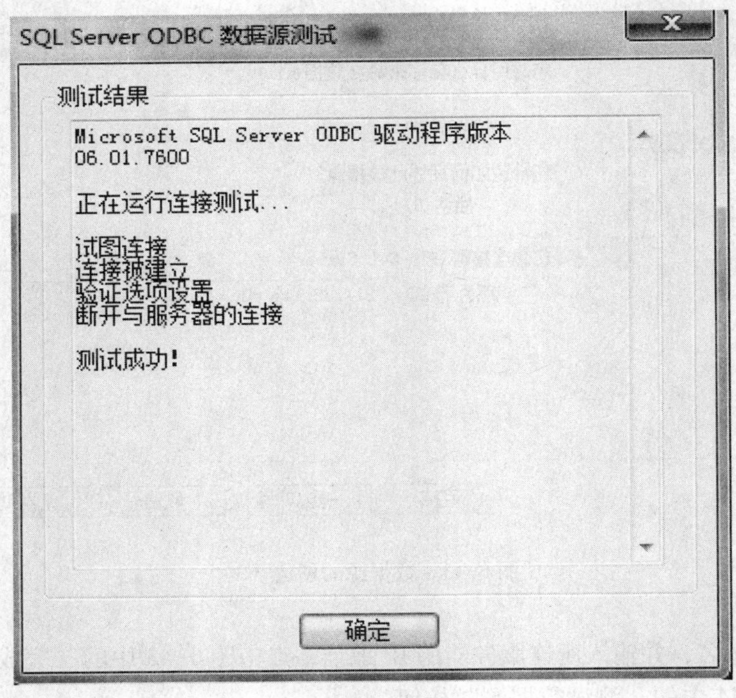

图 6-45　数据源的创建（5）

3. WebAccess 组态软件画面设计

（1）实时显示界面制作

1）界面布局设计

三相电网参数监测界面主要完成对三相电网参数实时变化的监测，界面如图 6-46 所示。

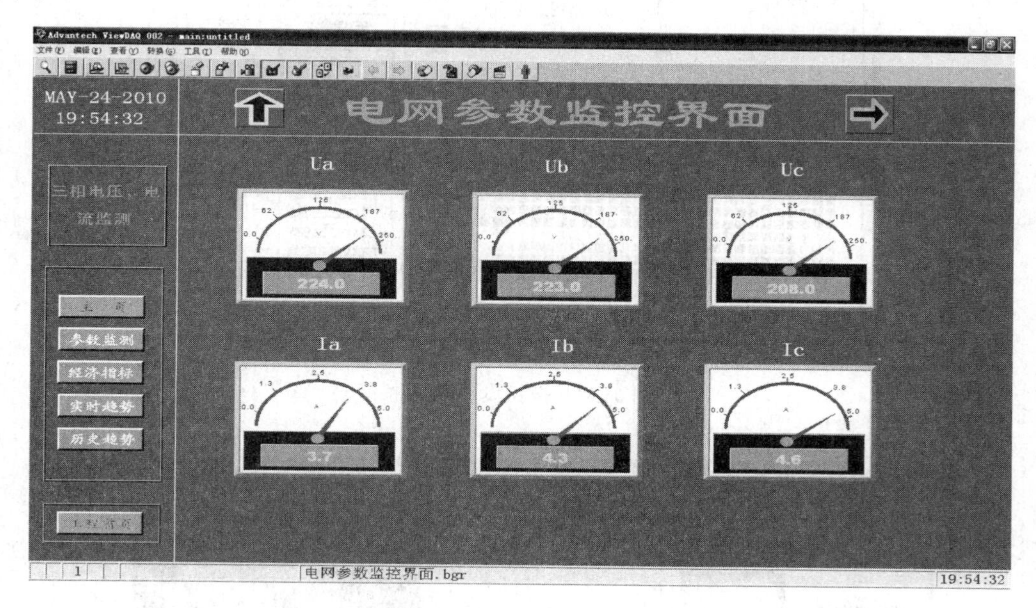

图 6-46　电网参数监测界面

界面顶部是该界面的标题，左右箭头是上下界面切换按钮，最左边显示当前的日期与时间；界面左侧是系统的界面切换面板，用户可以很方便地选择想要浏览的界面；

界面中部是该界面的主体，它通过动画效果直观地显示了当前参数的监测状态，以及相关仪表的监测数据。

2）按钮的制作

①打开绘图工具（本地绘图 DAQ 或工程管理器中的开始绘图）；

②点击动态菜单下按钮项，弹出按钮设置对话框，如图 6-47 所示。

③在“按钮向下宏指令”栏，直接点击输入宏指令，如 <DIALOG>LOGIN、<GOTO>，并且进行按钮外观的设置。

3）位图的插入

①点击工具栏中“绘图”，选择“位图”；

②在 bmp 文件中选择要插入的图片；

③点击“打开”，如图 6-48 所示。

4）电压、电流表制作

①点击工具栏中的“窗口小部件”，如图 6-49 所示；

②在 dsm 文件中选择合适的部件，如 $ meter 20，点击“打开”，弹出如图 6-50 所示的对话框；

③选择部件所要连接到的点，点击“确认”。

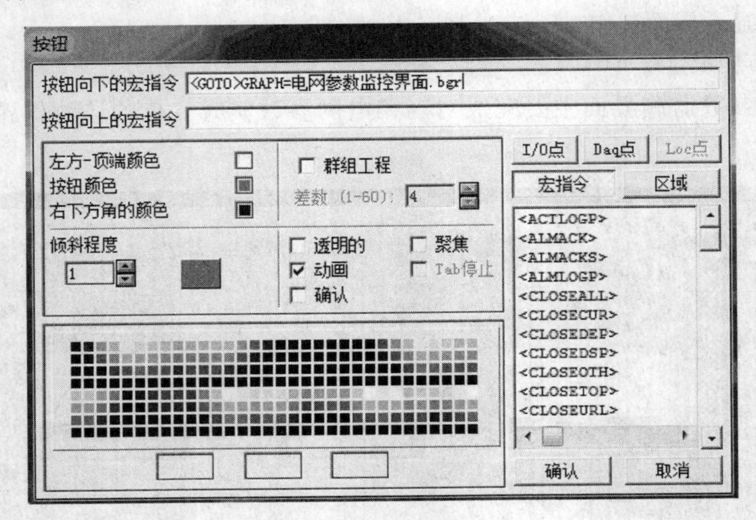

图 6-47　按钮设置对话框

图 6-48　位图的插入

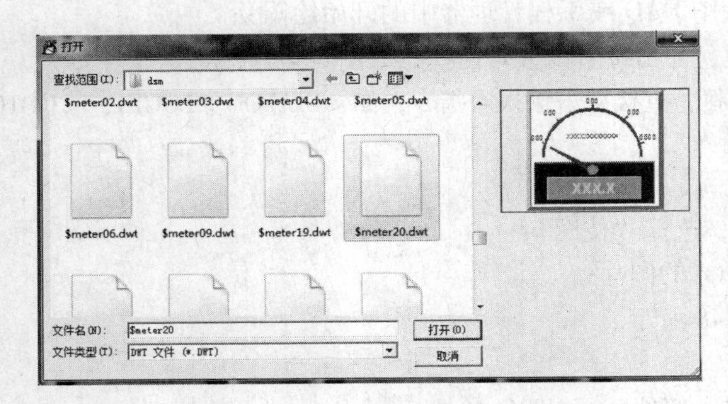

图 6-49　窗口小部件的插入

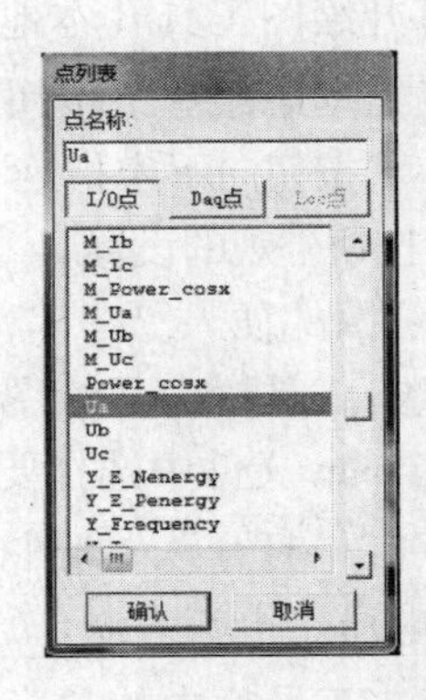

图 6-50　点的选择

5）数值显示的制作

①点击工具栏中的“文本”，在界面上输入“####”；

②选中“####”，点击“动态”中的“动画”，设置动画属性，如图6-51所示；

③选择所要显示的点，并进行外观设置。

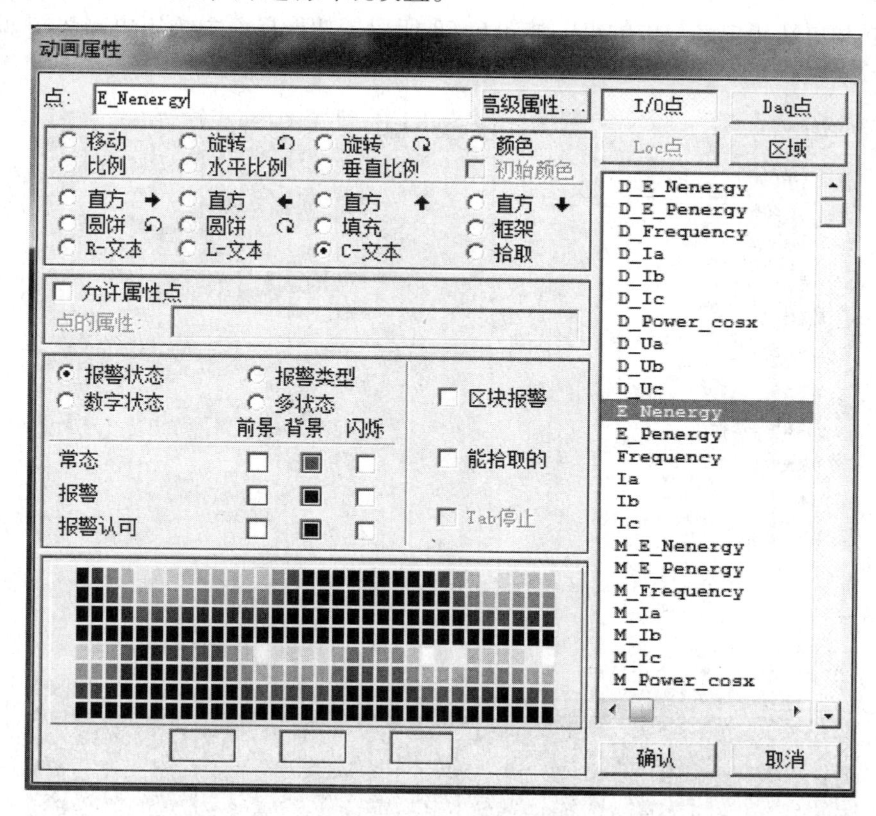

图6-51 动画属性的设置

（2）数据记录和趋势显示

数据记录和趋势显示功能是一种实时记录数据并实现数据趋势显示的功能。数据记录趋势非常灵活，既有历史趋势又有实时趋势。其中，实时趋势的数据只记录在内存中；历史趋势的数据记录在监控节点的硬盘上。

1）数据记录

Web Access能够将每个点的数据记录到单独的文件中，而且不会丢失历史数据，但在配置点的时候必须选择记录数据，如图6-52所示。

记录数据在点属性中选择允许数据记录，Web Access将创建一个新文件用于记录数据。数据记录界限值是数据记录偏差，可减小数据记录文本的容量，只有当数值的改变大于数据记录值时才将数据记录到数据记录文件中。数据记录文本位于监控节点：D：\Web Access \ODBC记录。

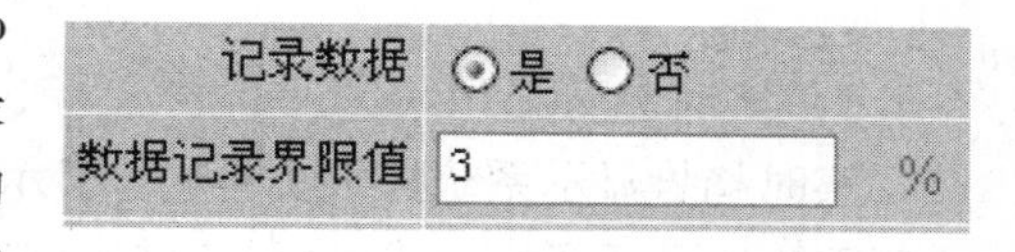

图6-52 点的属性

2）历史趋势显示

历史趋势显示浏览数据记录，用户必须首先创建至少一个历史趋势群组才能监控点的数据记录值，每个群组最多12个点，在监控时，管理员能够方便地在这一群组添加或替换点而不丢失历史数据。历史趋势列表将自动列出所有数据记录群组，管理员可以根据实际需要建立和更新历史趋势中的点，如图6-53所示，功能界面中的历史趋势图如图6-54所示。

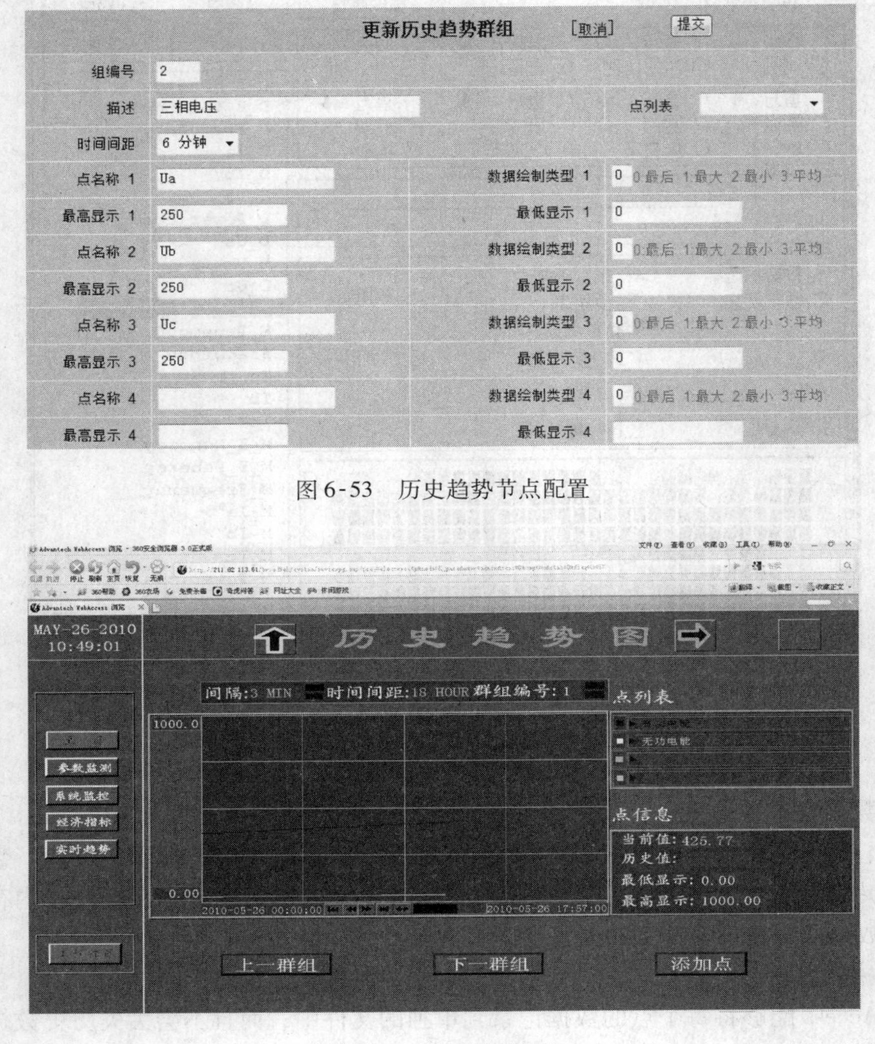

图6-53　历史趋势节点配置

图6-54　历史趋势界面

3）实时趋势显示

实时趋势显示系统提供实时趋势显示模板以实时显示数据趋势图，用户能够指定趋势采样速率，也可任意添加或更新实时趋势点（浏览），用户至少创建一个实时趋势显示，以便浏览时可实时添加或更新点。实时趋势建立和更新如图6-55所示，实时趋势图如图6-56所示。

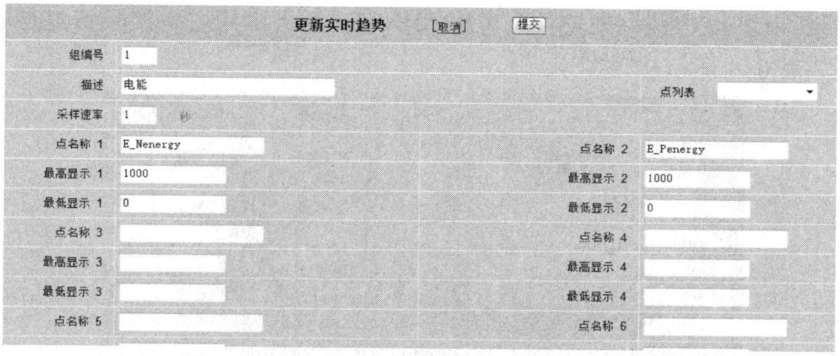

图 6-55　实时趋势节点配置

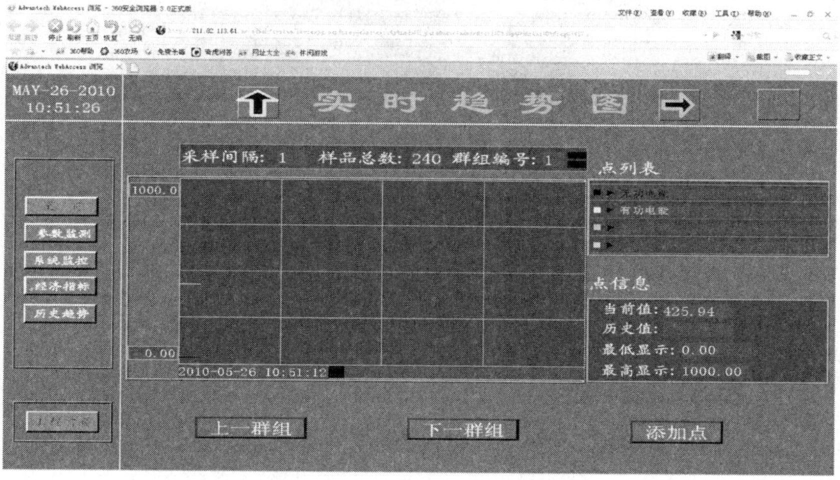

图 6-56　实时趋势界面

6.6　调试平台

6.6.1　硬件电路调试平台

为了能够很好地验证检测三相电网参数的正确性，输入端接入三相电压和三相电流，三相交流异步电动机作为负载。通过调整输入电压和电流，将标准电压和电流与测量电压和电流做比较，根据测量反馈的结果，对硬件电路进行调整，以达到需要的测量精度。系统硬件测试电路及检测的电网参数如图 6-57 所示。通过按键可以查看电网的各个检测参数。

6.6.2　GPRS 调试界面

GPRS 服务器中心接收数据界面设计如图 6-58 所示，左侧显示实时的电网参数，右侧显示 GPRS 的 ID 号以及服务器的 IP 地址和端口号。在调试过程中由于 GSM 网络信号问题，经常会出现断线以及长时间的连接断开，所以当断开连接时，需要进行反复连接，直到连接成功信号；在端口号设置上，需要将接收数据端与 GPRS 发送端的端口号设置相同，同时需要将 GPRS 段的网络连接设置为 CMNET。服务器中心将接收到实时电网参数插入数据库，如表 6-4 所示。

图 6-57　系统联调平台及测量结果

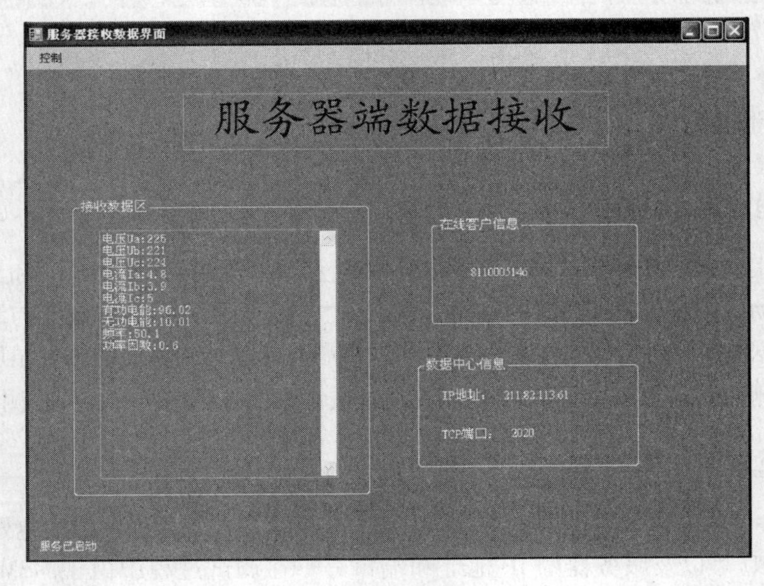

图 6-58　服务器中心

服务器数据库 表 6-4

表 - dbo.Powertest | 摘要

date	Ua	Ub	Uc	Ia	Ib	Ic	E_Penergy	E_Nene
2010-5-25 14:3...	220	221	224	4.8	3.9	5	322.24	27.712
2010-5-25 14:3...	222	223	219	4.7	4.9	4.5	322.36	27.719
2010-5-25 14:3...	221	224	220	5	4.9	4.5	322.41	27.725
2010-5-25 14:3...	224	219	218	4.7	3.9	4.2	322.53	27.732
2010-5-25 14:3...	223	229	218	4	4.3	4.6	322.58	27.738
2010-5-25 14:3...	215	219	228	4.7	4.9	4	322.7	27.745
2010-5-25 14:3...	220	227	218	4.8	5	4.8	322.75	27.752
2010-5-25 14:3...	218	219	220	4.7	3.9	4.6	322.87	27.759
2010-5-25 14:3...	224	223	218	4.5	4.7	4	322.92	27.765
2010-5-25 14:3...	214	219	221	4.7	4.9	4.6	323.04	27.772
2010-5-25 14:4...	215	203	219	4.7	4.9	4.5	323.21	27.785
2010-5-25 14:4...	221	224	220	5	4.9	4.5	323.26	27.792
2010-5-25 14:4...	224	219	218	4.7	4.9	4.6	323.38	27.799
2010-5-25 12:5...	216	219	218	4.7	4.9	4.6	314.08	27.073
2010-5-25 12:5...	215	219	218	4	4	4.6	314.2	27.08

6.6.3 远程监测系统调试步骤

将 electricity 工程节点放在服务器上。

本地查询：点击任务栏中红色电脑图标，启动核心程序 electricity_E_para，电脑图标变为绿色后，启动监控，即可进入工程首页。

远程查询：用户可以安装 Web Access 客户端插件进行远程查询。

查询结果：

（1）用户登录界面如图 6-59 所示。

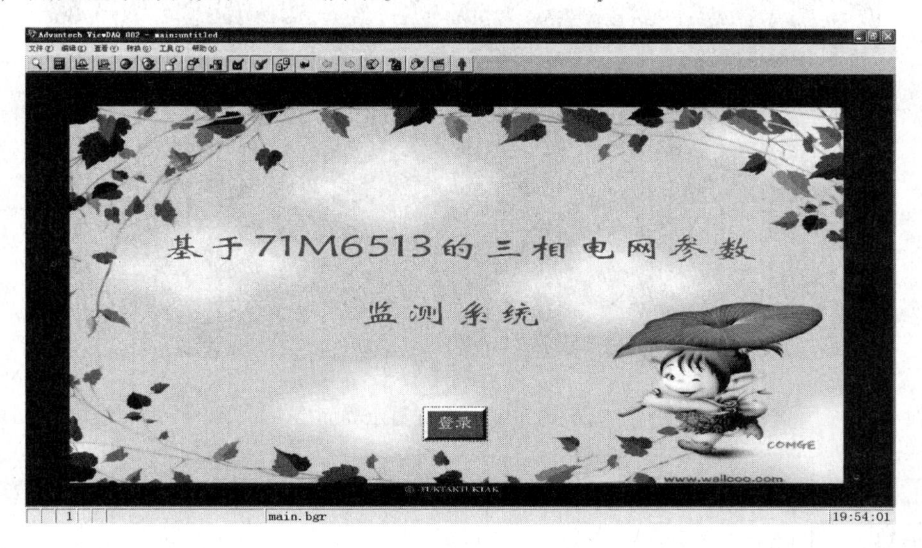

图 6-59 用户登录界面

（2）electricity 工程首页主要包含五个页面，分别是系统监控、参数监测、实时趋势、历史趋势和经济指标，如图 6-60 所示。

（3）电网参数监控界面主要显示三相电压和电流的实时检测数据，请见 6.5.2 节中的图 6-46。

图 6-60　首页界面

（4）实时数据显示界面主要显示三相电压和电流、有功电能、无功电能、功率因数和电网频率等电网参数，如图 6-61 所示。

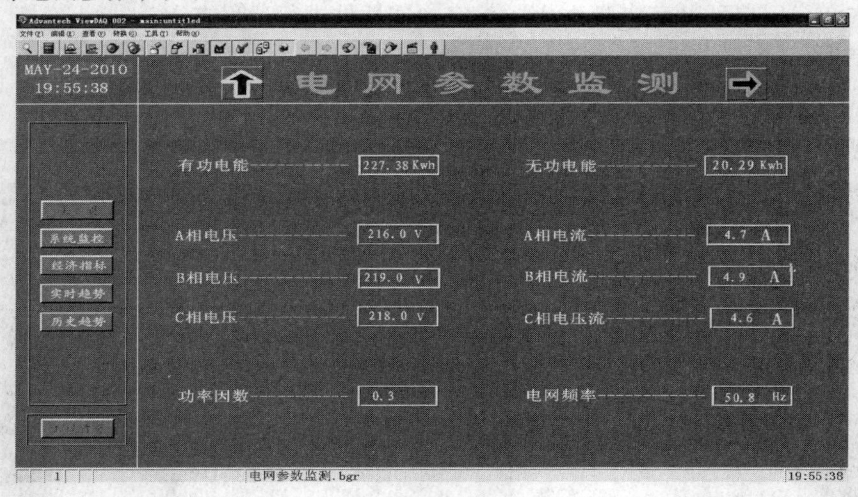

图 6-61　实时数据显示界面

（5）历史趋势显示界面主要显示有功电能、无功电能、三相电压和电流、功率因数和频率的走势，如图 6-54 所示。

（6）实时趋势显示界面主要显示有功电能、无功电能、三相电压和电流、功率因数和频率的走势如图 6-56 所示。

6.7　总结

本章依托“十一五”国家科技支撑计划“可再生能源与建筑集成技术应用示范工程”

课题，设计并实现了三相电网参数检测系统。该系统基于高度集成的71M6513 SOC芯片设计前端降压降流电路及电能计量算法，实现了三相电压和电流、频率、相角、有功功率、无功功率、有功电能、无功电能和功率因数等电网参数的检测；基于GPRS模块，设计电网参数远程传输程序，实现了电网参数的实时远程传输；基于.Net平台，设计电网参数数据处理程序并实现电网参数按日、按周及按月的相关量的平均或累加计；基于WebAccess组态软件设计远程监测中心，实现了用户通过网页的方式，浏览电网检测参数的实时数据、实时趋势、历史趋势、经济指标和报警数据记录等页面。

整个系统的开发工作主要有：

（1）根据该项目设计的实际要求，对当前电网参数检测的方案进行查阅，并在此基础上对该系统的硬件检测方案进行了详细的分析，指出其优缺点所在。

（2）由于电网参数检测系统的实时性监测需求，因此在服务器中心采用WebAccess组态软件搭建工程节点，实现人机交互界面的可操作性。并在此方案基础上，详细设计了监控系统的组成架构，阐述了系统的工作原理，论证了远程监控系统的可行性。

（3）以总体设计方案为基础，详细分析了系统硬件需求，最终选用以高度集成的TDK 71M6513为主处理器设计检测电路；利用GPRS的无线远程传输技术实现电网参数的远程传输设计；以.net平台和Web Access组态软件设计电网参数远程监测中心。从而完成了电网参数的检测电路、数据的无线远程传输、电网参数远程监测中心的设计。

（4）为了实现对三相电网参数检测系统采集的实时数据进行接收和处理，数据服务中心采用接入Internet的PC机，数据采集端以电网参数检测电路为核心，经LQ8110 GPRS-DTU接入GPRS移动网络，通过移动的网关接入Internet。通过采用GPRS技术，基于.NET平台，利用C#编程，实现电网参数的实时接收，为该系统提供一种便捷的无线传输数据方式，同时GPRS无线远程传输数据也是本系统的一个创新点。

（5）基于Visial Studio 2005平台，利用C#语言编制后台数据处理程序。该程序实现了对原始电网检测参数的处理及分析，得出系统要求的经济指标。检测参数的经济指标包括每天、每周和每月三个周期，程序运行期间根据定时器不断地读取监测中心数据库的原始数据，然后进行相关处理，根据原始数据库的最新数据自动更新各项指标，并且具有在系统出现故障停机重新开机运行的时候自动补全中间缺失周期数据的功能，最后将运算结果实时地插入数据库中进行保存。

（6）采用研华公司的Web Access组态软件作为电网参数远程监测中心的核心部分，实现了人机交互界面的设计和对电网检测参数的实时监测，并设计了实用的组态功能界面，如实时数据、历史趋势、实时趋势、报警管理功能等组态画面。

本系统解决了传统电网参数检测系统自动化程度不高、人机交互方面的缺陷。通过GPRS技术及Web Access组态软件技术的应用，不但提高了系统的智能化程度，而且提升了人机交互能力，使得管理人员可以根据实际检测到的电网参数对电网的质量进行实时分析，从而为及时发现和排除电网中的一些故障提供可靠的分析依据，为避免由于电网故障发生一些重大电网事故而造成严重的经济损失。

本章着重研究了三相电网参数检测系统的实时数据监测方法，在此基础上，进一步对检测参数进行相关的计算，得出用户需要看到的电网性能指标数据，利用Web Access组态软件的网络可访问性，实现让用户足不出户就可以了解当前电网的各重要节点的参数，对分析电网质量提供很好的依据。

随着科学技术的不断发展，以及大型机电设备使用率的提高，电能的使用大大增加，电力系统运行负荷也急速上升，每年夏天都是用电负荷最高的时间段。同时也是电网事故频繁发生的一个重要时段，所以对电网中的重要节点参数进行实时监测是必不可少的，本章研究了电网参数的实时性检测，有助于及时发现和排除电网中的一些故障。但是缺少对谐波的检测，谐波可以说是评价电网质量的一个重要参数，高次谐波的检测是电网参数检测技术的一个提升。

本章参考文献

[1] 张记凯. 基于PL3201的多功能电能表设计［D］. 北京：北京交通大学，2006.

[2] 廉小亲，白莉萍，金亮等. 电子式三相多功能电能表设计［J］. 仪器仪表学报，2005，26（8）：2090-2092，2098.

[3] 姚青，滕召胜，张向程等. 基于DLMS/COSEM的自动抄表系统设计［J］. 中国仪器仪表，2007，（7）：68-72.

[4] 张凤蕊，郭俊杰. 基于DSP电力参数测试系统的研究［J］. 现代电子技术，2006，29（20）：156-159.

[5] 任丽香，马淑芬. TMS32OC6000系列DSPs的原理与应用. 北京：电子工业出版社，2000. 7.

[6] 崔艳敏. 三相电力参数的测量和谐波电流检测技术研究［D］. 哈尔滨：哈尔滨工业大学，2007.

[7] 杨翠峰. 基于DSP的低压电网电力参数监测系统的研究与设计［D］. 武汉：武汉理工大学，2007.

[8] 杨广龙. 基于DSP的电力参数检测系统［D］. 沈阳：东北农业大学，2006.

[9] 郑尧，李兆华. 电能计量技术手册. 北京：中国电力出版社，2002.

[10] 吴叶兰，廉小亲. 电能计量芯片AT73C500在电子式电能表中的应用［J］. 仪器仪表学报，2004，25（z3）：136-137，141.

[11] 张仁杰，周麟. 基于网际组态软件WebAccess的远程监控实验系统［J］. 工业控制计算机，2002，15（12）：22-23，61.

[12] 谢军. 工控组态软件的功能分析和应用［J］. 交通与计算机，2000，18（3）：46-48.

[13] 易江义，周彩霞. 工控组态软件的发展与开发设计［J］. 洛阳工业高等专科学校学报，2003，13（1）：33-35.

[14] 美国柏元网控信息技术有限公司. WebAccess网际组态软件及应用［J］. 工业控制计算机，2002，15（10）：28-28.

[15] 李文等. 基于WebAccess的远程监控系统的研究［J］. 工业仪表与自动化控制，2009. 5.

[16] 王晓宁，李文. WebAccess与工业设备通信的一种简捷实现［J］. 现代电子技术，2003，26（22）：8-9，12.

[17] 蒋冰华，叶晗，封帆等. 基于WebAccess的真三轴仪电气监控系统设计［J］. 计算机应用与软件，2008，25（9）：212-213，235.

[18] 周晓娟. 基于ADO. NET的数据库访问技术研究［J］. 现代商贸工业，2009，21（24）：292-293.

[19] 徐照兴，王斌. ADO. NET访问数据库的方法及步骤［J］. 中国科技信息，2009，（22）：105，132.

[20] 叶安胜，周晓清. ADO. NET通用数据库访问组件构建与应用［J］. 现代电子技术，2009，32（18）：102-104.

[21] 孙逸敏. 浅谈使用ADO. NET和ASP. NET访问SQL Server数据库［J］. 太原城市职业技术学院学报，2008，（11）：147-148.

［22］研华（中国）有限公司．MULITIPROG 使用手册，2007.
［23］吕捷．GPRS 技术［M］．北京：北京邮电大学出版社，2001.
［24］沈金龙，刘景芝，魏洪．移动分组交换通信-GPRS［J］．南京邮电学院学报（自然科学版），第19卷．第3期．
［25］李用江，杨世勇，辛向军．Visual C#. NET 与网络数据库编程［M］．西安：西安交通大学出版社，2007.
［26］宋晓林，刘君华，刘守谦等．遵循 IEC62056 的电能表通信程序的设计与实现［J］．电测与仪表，2004，41（3）：48-50，47.
［27］罗恂．基于 RFID 的预付费多费率电能表的研制［D］．西安：电子科技大学，2007.
［28］彭可，罗湘运，唐宜清等．采用 DSP 处理器的新型多用户电能表系统设计［J］．电测与仪表，2007，44（1）：14-17.
［29］田春雨，张旭辉，赵玉梅，罗玉荣，牟放．实时时钟芯片 IIX. 8025 的原理及其应用．电测与仪表，2007，1.
［30］李峰．多功能电能表时钟误差的检定［J］．中国计量，2007，（10）：61-62.

第 7 章　BIRE 示范工程远程监测系统数据中心设计及实现

7.1　数据中心软件设计

为了评价不同种类可再生能源在建筑中的使用情况，通过对现有节能建筑评价体系的研究，基于时序算法，提出适用于我国建筑行业规范内不同可再生能源使用效果的评价模型，从而对可再生能源在建筑领域的使用效率提供标准。同时以数据服务中心所采集海量异构数据集成以及分析为基础，搭建“BIRE 示范工程远程监测系统数据中心”，实现对数据的处理、展示以及预测等多重功能。

7.1.1　设计思想与设计方案

在对可再生能源示范工程的数据进行分析时，BIRE 示范工程远程监测系统数据中心的搭建是非常重要的一部分，本章将针对项目的特点，设计 BIRE 示范工程远程监测系统数据中心，实现对采集的原始监测数据的计算及分析。

1. 软件结构设计

本书研究设计的可再生能源示范工程数据分析系统综合考虑了监测点之间地域分布广、所采用的可再生能源类型复杂等现实问题，为了满足不同设备、不同来源数据的可用性，加强应用层与数据层的独立性，软件的系统结构设计分为：数据采集层、数据层、中介层、应用接口层、表现层、应用层。软件结构如图 7-1 所示。

(1) 数据采集层

数据采集层处于最低层，负责接收用户录入或者其他系统和数据采集设备传送过来的数据，并进行归纳整理，再把数据按照各行动评估模块设计的存储格式存入到数据库中。数据采集的方式分为 3 种：

1) 各个现场的数据管理员填写数据采集表，信息收集完后再统一录入数据库；

2) 在各个测点安装数据采集系统，由数据管理员按照系统提供的编号采集数据并即时入库；

3) 由其他系统或设备（如定位系统）直接将数据写入数据库。

尽管数据的采集手段是多种多样的，但是最终存入数据库的格式是统一的，因而在数据处理层看来，训练中采集的所有数据都是有序的、可操作的，也就是说数据采集层对于数据处理层来说是透明的。

(2) 数据层

数据层维护数据的完整性、安全性，它响应应用服务层的请求、访问数据。此层包括四部分内容：历史数据库、最新数据库、算法数据库（XML 文档）以及决策数据库。其中历史数据库主要接收数据采集层的原始监测数据，最新数据库仅保存设计短时间内的最

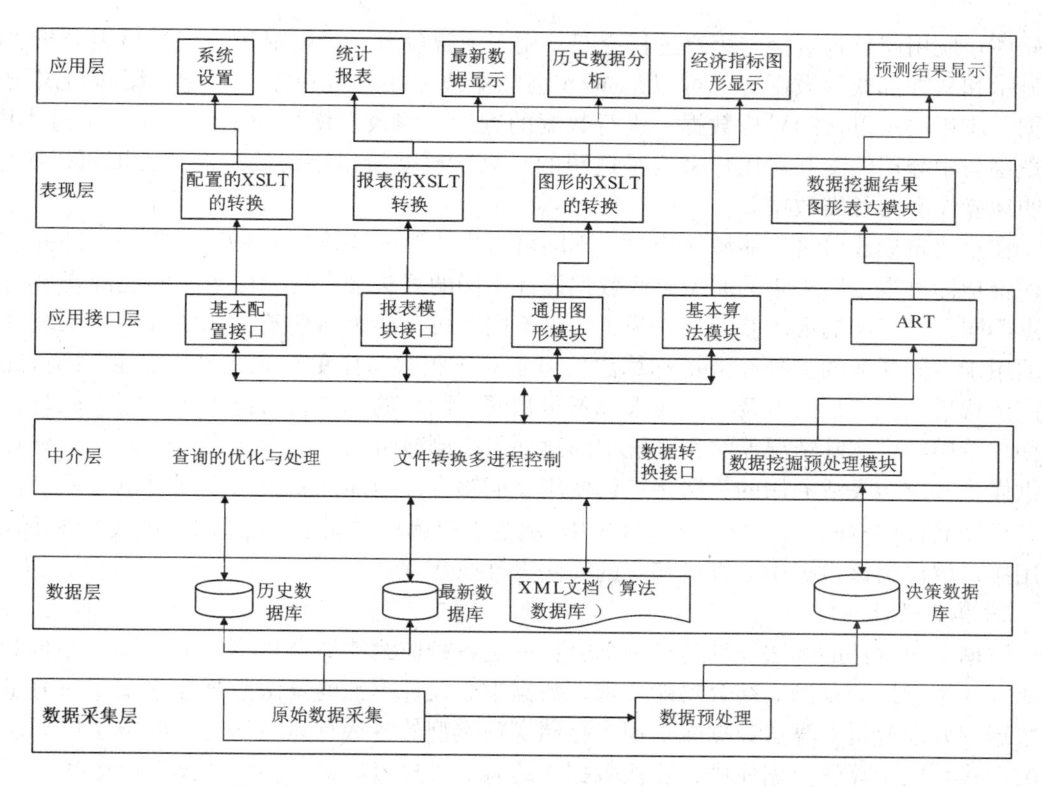

图 7-1　BIRE 示范工程远程监测系统数据中心软件结构

新原始数据，各种可再生能源经济指标的基础算法均采用 XML 文档格式存放在算法数据库，通过对历史数据的预处理，得到部分实验数据，放入决策数据库。决策数据库用于存放需进行预测的经济指标数据。

（3）中介层

中介层位于系统的第 3 层，获得从数据层传来的数据，根据系统的需要进行处理。这一层是应用软件系统中的核心部分，软件系统的健壮性、灵活性、可重用性、可升级性和可维护性，在很大程度上取决于该层的设计。软件分层的目的就是提高软件的可维护性和可重用性，而高内聚和低耦合正是达成这一目标必须遵循的原则。尽量降低系统各个部分之间的耦合度，是应用服务层设计中需要重点考虑的问题。

（4）应用接口层

应用接口层为中介层、应用层提供对外接口，同时为中介层算法的扩展提供保证。

（5）表现层

表现层的设计是现在网站设计广泛采用的一种方法。一方面，此层的设计可使所设计的软件更符合“高耦合，低内聚”原则，将中阶层与应用层分离，降低每层之间的联系。另一方面，表现层可提供数据从 XML 格式到 HTML 的 xslt 转换，为应用层提供统一的界面模式，便于系统的实现。

（6）应用层

即用户统一界面层，根据具体的应用和用户计算环境，采用合适的信息访问技术或应用软件。应用层负责直接与用户进行交互，用于系统设置、数据显示、统计报表分析、图形显示和从外部获取数据等。可以是 Web 浏览器或专用的客户端，通过应用接口层访问数据。应用层可以访问异构数据，进行数据的查询、修改、增加和删除。在这个过程中，表现层与中介层的交互对用户来说是透明的。只要遵循接口层的接口规范，即可以有效、透明地操作底层各类数据源。

在对建筑集成可再生能源评价时，不同可再生能源的评价指标是很重要的一部分，这些评价指标可根据所采集的原始监测数据设计不同的算法来实现。由于不同能源类型的侧重点不同，对算法的要求有差异。为了提供不同可再生能源与建筑集成的效果，系统将集成适用于不同任务的多种经济指标算法，但是对于很多特定的可再生能源监测系统来讲，其产生背景和数据格式以及结果要求都不尽相同，同样的算法将可能难以胜任。此时，用户往往希望结合实际情况能够在系统中随意加入或删减自己的处理方案。因此，系统必须提供体系开放、灵活通用的算法接口，使用户能够方便地加入新算法，同时也为系统今后的升级发展预留空间。图 7-1 所示的 BIRE 示范工程远程监测系统数据中心软件结构图中，应用接口层可为该数据中心提供相应的算法设计及实现。

2. 算法设计

数据中心软件的算法设计包括两部分：一是各种监测能源评价指标的计算，二是对不同能源效率指标的预测。结合功能要求，数据中心设计单独的算法数据库来实现对海量原始数据的处理分析。算法数据库是用来存储实现模型的各种具体方法，这些方法以算法插件的形式存放于算法数据库中，算法数据库的有效管理可以提高系统整体运行速度。

其中，算法插件是为了解决算法固定、不可增减的问题而提出的。每一个算法插件即一个动态链接库，由主框架进行维护管理，其包含了一个不同的算法。其中，算法可以是预测算法以及不同经济指标的计算算法。这些不同的算法被封装到具有统一属性和方法的动态链接库文件中，系统中可随时增加和删除动态链接库文件。对所有的算法插件，系统可采用统一方法调用。算法插件主要有以下四个特点：

（1）即插即用：能够任意导入方法库或者从方法库中删除，而不影响其他算法。当需要增加或减少算法时，不需再次开发算法库，只需用户利用方法库提供的封装功能将方法打包，再进行发布即可。

（2）针对性强：算法插件和接口是分离的，具体实现部分封装在插件内部，每个插件都有自己独立处理数据的能力，而不需要依赖于其他。这样，每个算法插件可根据具体情况对不同特定的能源监测系统进行数据处理与分析，而不必为了适用总体系统而拘泥于同一的形式。

（3）封装性：算法的具体计算过程对外是不可见的，但它必须实现方法库要求的接口。

（4）扩展性强：算法插件只要能实现方法库的接口，符合方法库的调用方式，都能挂在方法库下，随着能源类型及不同项目的扩展，方法库将会越来越丰富，达到全面评价建筑集成可再生能源类型的效果。

算法插件的对外接口如下：

（1）插件的识别标识、插件的名称：方法库通过表示来校验该插件是何种算法，校验通过后再提取该插件的名称，插入方法库。

（2）版本、发布时间、插件描述、设计者信息：主要是用于保证算法库升级的连续性、完整性和权威性，避免混乱造成写入方法库而破坏原有历史方法。

（3）传入参数：针对不同方法设计不同的输入个数。

3. 数据库设计

数据中心的数据库管理系统包括四大部分：算法数据库、实时数据库、历史数据库、决策数据库。算法数据库已在上文中介绍，主要是用来存放平台分析数据过程中常用的算法公式。历史数据库中的数据则是由实时数据库中的数据进一步整理得到的。决策数据库则是结合专家知识和历史数据库中的数据，经过数据过滤形成数据库，为进一步的预测分析提供数据。

其中，实时数据库和历史数据库采用关系数据库进行设计，关系数据库设计的一个主要目的是把列组合成表，使得数据冗余程度最小，并减少实现基表所需要的文件存储空间。其表结构关系如图 7-2 所示。

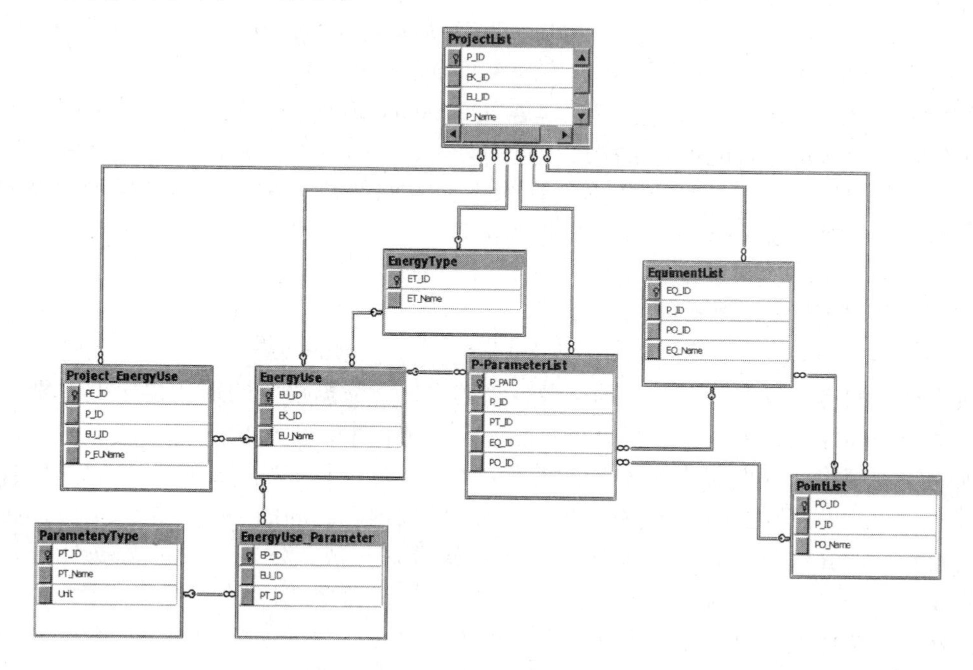

图 7-2　数据库关系图

其中，各表的含义如下所示：

EnergyType：能源种类列表。可再生能源在建筑中的使用情况，能源种类包括：太阳能、地源热泵等。

EnergyUse：能源使用方式列表。按大类分类：太阳能热水系统、太阳能光伏系统；污水源地源热泵系统、土壤源地源热泵系统；综合利用系统；试验性系统。

ProjectList：项目列表。每个不同的能源使用方式下所包含的项目。

EquimentList：设备列表。细化到一个项目中包括一个或多个监控节点（如某山庄太阳能热水系统包含有三个监控节点，即现在的太阳能热水监测系统 1 号，太阳能热水监测系统 2 号，太阳能热水监测系统 3 号）。

ParameterType：参数种类列表。将每个监控节点的监测参数按照相同的单位分类所形成的表，如：温度、流量、功率、电能量等。

P-ParameterList：每个设备采集的原始参数形成的表。参数及节点（测点或设备）：每个监控节点最基本监测参数和节点（测点或设备）的存储点。

7.1.2 环境以及开发工具的选择

考虑到 BIRE 示范工程远程监测系统数据中心的实际应用情况以及开发工具的兼容性，在开发过程中采用微软公司的 Visual Studio 2008 作为开发平台。该平台是微软公司推出的比较易于开发的可视软件工具，非常适于 Windows 平台下的各类软件开发，具有开发过程简单、开发效率高和功能强大等多方面的特点。在具体的开发语言选择中，选择 C#作为主要的开发语言，其在 .NET Framework 之上运行。C#作为高级面向对象语言与 C++、C、VB 相比更易于掌握和编写；同时采用 Web Service 软件体系结构，Web Service 是可以互操作的分布应用程序平台，其基于 XML、XSD 等独立标准，非常适于应用程序的集成、代码重用、B2B 集成等相关场合，可以实现跨平台的操作性。

在数据存储方面，采用的数据库工具是 SQL Server 2005 关系数据库，其可以提供完善的数据存储和管理功能且能够对数据进行查询分析，具有安全、稳定、可靠的特点，且易于创建、部署和管理，对于海量数据的存取十分方便快捷。在创建预测模型时选择 Microsoft SQL Server 2005 Analysis Services 作为工具。

7.2 基于 XML 的异构数据集成

随着科技的迅速发展，可共享的资源越来越多，对数据描述的形式也千差万别，不同数据环境的差异性也越来越大。在可再生能源示范项目中，由于位于不同城市的不同可再生能源建筑管理部门管理模式等各方面的不一致性，各自有着基于不同平台的信息服务和管理系统，这些由不同核心技术搭建的信息系统的数据源之间的信息和组织不同，便构成了巨大而复杂的异构数据环境。如何将此类异构数据集成，实现有效的数据分析以及查询，便成为一个迫切需要解决的问题。唯有将此类孤立的数据整合起来，提供统一视图，才能更有效、全面地提供所需的全面信息。而为大量多样数据提供某种统一表示方法无疑是解决问题的关键，XML 由于如下特点可完美解决异构数据的集成问题。

（1）XML 的纯文本、与平台无关性首先满足解决异构关系数据源所需要的跨平台性；

（2）XML 的强大的结构性和良好的语义性满足了表达关系数据库的结构和各种约束的需要；

（3）XML 的优良的交互性为转换带来了方便，使得数据易于操纵；

（4）XML 的易于扩展性使得应用可以进一步扩展；

（5）XML 的可格式化让转换出的结果有更多的表现形式。

因此，XML 完全可以作为异构关系数据库转换的公共数据模型。目前，XML 技术已经逐渐开始应用于异构数据库的数据交换，并且已成为事实上的数据交换标准，以 XML 为公共数据模型转换异构关系数据库也为关系数据库与其他数据类型的集成转换提供了便利。

7.2.1 可再生能源与建筑集成监测系统异构数据的特点

可再生能源示范工程信息集成系统所需要集成的数据分布在全国各地的各个应用系统中，由于开发者与开发环境的不同，这些应用系统情况千差万别，它们各自的数据管理系统更是各有不同。

首先，不同节能建筑使用的可再生能源技术不同，显而易见，使用太阳能的建筑信息管理系统与使用污水热能的建筑信息管理系统可以说成是完全不同。但是，对于建筑管理部门来说，不管这些系统使用的是哪一种技术或者是复合使用多种技术，都需要一种统一的标准与方法来对它们进行评估。

其次，同种可再生能源技术的节能建筑关注点不同。例如，同样是在建筑中使用太阳能技术，北方的建筑系统中太阳能主要用于取暖，而南方有的甚至用来制冷。

第三，“可再生能源示范工程”项目分成了两个不同的方面，所以信息集成也有两种不同的要求。比如对于试验建筑，建筑管理部门就需要对它的各项建筑指标进行实时监控，所以信息集成系统需要提供实时视图。

最后，“可再生能源示范工程”项目得到了各地的积极响应，原有的与新建的可再生能源建筑的数量还是比较大，涉及的数据也比较多。由于某些子系统还需要实时监控，所以数据变化也相当频繁。

目前，我国进入实用化的可再生能源建筑主要有太阳能建筑、地热能建筑、地下水热能建筑、污水热能建筑等。每种类型的可再生能源建筑都需要集成多种可再生能源方面的先进技术，但在“可再生能源与建筑集成技术研究与示范”重点项目中，每个示范项目都只承担一项或少量几项可再生能源建筑技术的示范试验任务。因此，信息集成系统的各个应用子系统的信息系统以及数据都有很大的差别。

本节以太阳能热水示范工程与污水热能建筑为例，介绍可再生能源示范工程信息系统及其原始数据采集的情况。

1. 太阳能热水示范工程实例

太阳能是取之不尽用之不竭的清洁能源，是可再生能源在建筑领域应用最广的技术之一。本章将以某山庄太阳能热水项目为例，介绍太阳能与建筑集成的相关情况。该系统主要由集热器、上下循环管道、储热水箱、辅助设施（包括辅助加热能源、传感元件和控制设备等）组成。传感元件主要包括：流量传感器、温度传感器、电量计及辐量计。该系统的工艺流程如图 7-3 所示。

系统主要监测参数包括冷水管进水温度、供水管出口热水温度、集热系统进水温度、集热系统出水温度、电辅助加热电量、热水出水瞬时流量、热水出水累计流量、集热系统循环瞬时流量、集热系统循环累计流量和太阳辐照量。其中，集热系统出水温度与集热系统进水温度、冷水管进水温度、供水管出口热水温度能够从不同角度分别反映太阳能热水系统及太阳能集热系统的效率。电辅助加热电量则反映了常规能源代替量的情况。

对于太阳能热水建筑，我们关心的是六大类经济技术指标：太阳能保证率、太阳能集热系统效率、太阳能热水系统效率、太阳能集热系统有用得热量、常规能源替代量、室内外环境温湿度。然而，该项目本身的信息管理系统并不提供这些指标的数据，这就需要数据中心根据子系统提供的数据进行计算得到需要的经济技术指标。

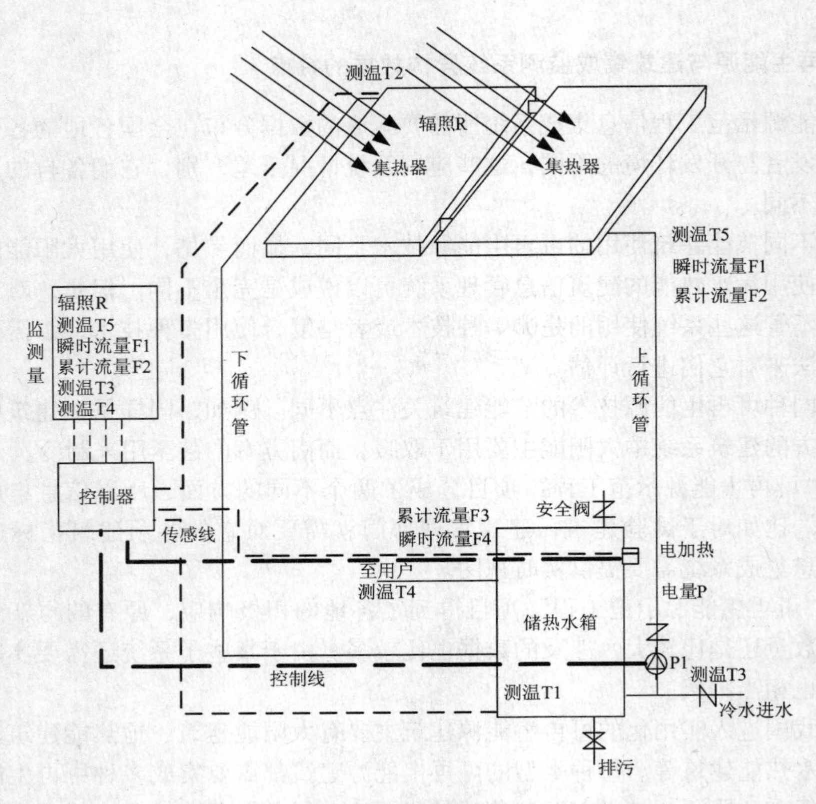

图 7-3 某山庄太阳能热水系统工艺流程图

其中，子系统提供的 2008 年 3 月 6 日 20 点 10 分 33 秒到 2008 年 3 月 6 日 20 点 11 分 09 秒采集原始数据的单位及原始数据如表 7-1 和表 7-2 所示。

监测原始数据单位表 表 7-1

序 号	字 段 名 称	计量单位	备 注
1	设备号		
2	采样时间		如：2008-03-06
3	电加热功率	kW	
4	电加热总耗能	kWh	
5	热水出水瞬时流量	L/h	
6	热水出水累积流量	L	
7	集热系统水循环瞬时流量	L/h	
8	集热系统水循环累积流量	L	
9	水箱进水温度	℃	
10	集热系统出水温度	℃	
11	集热系统进水温度	℃	
12	热水出水温度	℃	
13	太阳总辐射	kWh/m^2	

监测原始数据上报表 表 7-2

SG_DATA2 : 表

设备号	采样时间	电加热功率	电加热总耗能	热水出水瞬时流量	热水出水累积流量	集热系统水循环瞬时流量	集热系统水循环累积流量	水箱进水温度	集热系统出水温度	集热系统进水温度	热水出水温度	太阳总辐射
02	03-06 20:10:33	0	9.01	14.1102	334.491	0	6112.221	18.34	19.27	50.18	50.61	0.040
02	03-06 20:10:34	0	9.01	14.3646	334.726	0	6112.221	18.40	19.17	50.51	50.83	0.023
02	03-06 20:10:35	0	9.01	14.1102	334.966	0	6112.221	18.36	19.13	50.63	50.85	0.019
02	03-06 20:10:36	0	9.01	14.1102	335.201	0	6112.221	18.38	19.23	50.53	50.99	0.033
02	03-06 20:10:37	0	9.01	14.3646	335.436	0	6112.221	18.14	18.95	50.77	51.03	0.028
02	03-06 20:10:38	0	9.01	14.1102	335.675	0	6112.221	18.20	19.05	50.73	51.59	0.021
02	03-06 20:10:39	0	9.01	14.1102	335.911	0	6112.221	18.46	19.13	50.93	51.71	0.039
02	03-06 20:10:40	0	9.01	14.1102	336.146	0	6112.221	18.44	19.05	51.15	51.87	0.027
02	03-06 20:10:41	0	9.01	14.1102	336.381	0	6112.221	18.30	19.19	51.09	51.71	0.023
02	03-06 20:10:42	0	9.01	14.1102	336.616	0	6112.221	18.06	19.01	50.79	52.00	0.040
02	03-06 20:10:43	0	9.01	14.1102	336.851	0	6112.221	18.32	19.15	51.09	52.20	0.020
02	03-06 20:10:44	0	9.01	14.1102	337.086	0	6112.221	18.22	19.03	51.13	52.48	0.039
02	03-06 20:10:45	0	9.01	14.1102	337.322	0	6112.221	18.28	19.09	51.30	52.44	0.021
02	03-06 20:10:46	0	9.01	14.1102	337.557	0	6112.221	18.34	18.89	51.32	52.52	0.026
02	03-06 20:10:47	0	9.01	14.1102	337.792	0	6112.221	18.32	19.03	51.38	52.84	0.038
02	03-06 20:10:48	0	9.01	14.3646	338.027	0	6112.221	18.22	18.91	51.21	52.82	0.017
02	03-06 20:10:49	0	9.01	14.1102	338.266	0	6112.221	18.22	18.79	51.36	53.10	0.027
02	03-06 20:10:50	0	9.01	14.1102	338.502	0	6112.221	18.12	18.63	51.66	53.32	0.041
02	03-06 20:10:51	0	9.01	14.1102	338.737	0	6112.221	18.16	18.63	51.36	53.18	0.019
02	03-06 20:10:52	0	9.01	14.1102	338.972	0	6112.221	18.20	18.79	51.52	53.54	0.034
02	03-06 20:10:53	0	9.01	14.1102	339.211	0	6112.221	18.28	18.91	51.50	53.42	0.023
02	03-06 20:10:54	0	9.01	14.3646	339.447	0	6112.221	18.36	18.83	51.64	53.76	0.025
02	03-06 20:10:55	0	9.01	14.3646	339.686	0	6112.221	18.30	18.95	51.72	53.60	0.034
02	03-06 20:10:56	0	9.01	14.3646	339.925	0	6112.221	18.12	18.83	51.86	53.78	0.019
02	03-06 20:10:57	0	9.01	14.1102	340.161	0	6112.221	17.98	18.89	51.84	53.88	0.031
02	03-06 20:10:58	0	9.01	14.3646	340.400	0	6112.221	18.22	18.77	51.62	53.98	0.030
02	03-06 20:10:59	0	9.01	14.1102	340.635	0	6112.221	18.10	18.85	51.84	54.14	0.022
02	03-06 20:11:00	0	9.01	14.3646	340.875	0	6112.221	18.12	18.77	51.82	54.28	0.039
02	03-06 20:11:01	0	9.01	14.3646	341.114	0	6112.221	18.12	18.83	51.76	54.38	0.021
02	03-06 20:11:02	0	9.01	14.1102	341.349	0	6112.221	18.10	18.87	51.64	54.50	0.026
02	03-06 20:11:03	0	9.01	14.3646	341.589	0	6112.221	18.18	18.99	51.68	54.32	0.033
02	03-06 20:11:04	0	9.01	14.3646	341.828	0	6112.221	18.16	18.93	51.76	54.52	0.018
02	03-06 20:11:05	0	9.01	14.1102	342.063	0	6112.221	18.22	18.81	51.62	54.76	0.039
02	03-06 20:11:06	0	9.01	14.3646	342.303	0	6112.221	18.10	18.67	52.00	54.80	0.020
02	03-06 20:11:07	0	9.01	14.1102	342.538	0	6112.221	18.10	18.73	51.74	54.78	0.030
02	03-06 20:11:09	0	9.01	14.3646	342.777	0	6112.221	18.02	18.73	51.86	55.04	0.023
02	03-06 20:11:09	0	9.01	14.1102	343.017	0	6112.221	18.24	18.65	51.76	54.88	0.024

记录: 74916 共有记录数: 344345

这些数据必须经过一定的计算处理才能得到上述经济技术指标。而经济指标的计算都由信息集成系统的包装器完成。这里最终确定每小时生成一次各种经济技术指标，同时每天都会生成各个数据的均值、方差、标准差、最值、峰-峰值等统计数据，然后将这些数据全都转成 XML 形式，供上层用户使用。

最后对 2008 年 3 ~ 11 月的原始数据进行处理得到的结果如表 7-3 所示。

2 号太阳能热水系统性能评价月统计表 表 7-3

月份	热水用量（L）	常规能源消耗量（电耗能 kWh）	太阳能保证率	集热系统效率	太阳能热水系统效率	集热系统得热量（kWh）	常规能源消耗量（kWh）
3	1908.83	65.09	0.36	0.13	0.20	36.90	65.09
4	2350.61	78.65	0.28	0.11	0.20	30.99	78.65
5	3402.98	60.66	0.46	0.14	0.22	52.12	60.66
6	3405.17	57.42	0.49	0.17	0.23	54.63	57.42
7	2765.28	12.22	0.85	0.19	0.18	71.21	12.22
8	2521.26	11.89	0.87	0.21	0.17	82.28	11.89
9	2477.11	2.37	0.98	0.23	0.16	96.79	2.37
10	2841.34	7.89	0.91	0.21	0.17	84.53	7.89
11	1821.76	12.12	0.84	0.18	0.14	63.39	12.12

2. 污水热能示范工程实例

污水热能建筑技术是一种新兴的可再生能源建筑技术。目前，我国的污水热能建筑的核心技术，也就是污水热泵技术处于世界领先水平。本节将以某饭店污水热能示范工程为例，介绍污水热能建筑及其信息系统的相关情况。

某饭店污水热能示范工程2007年12月25日采集到的原始数据包括：制冷系统输出冷量、系统主机耗电量、系统设备耗电量、系统总供水管流量、系统供回水温差、系统会水温度、室内外温度、室内外湿度、系统进口水流量等。其采集系统能够提供的数据如表7-4所示：

某饭店污水热能示范工程上报数据表 表7-4

时间	制冷系统输出冷量（kWh）	系统主机耗电量（kWh）	系统设备耗电量（kWh）	系统总供水管流量（L/H）	系统供回水温差（℃）	系统供水温度（℃）	系统回水温度（℃）	室内温度（℃）	室外温度（℃）	室内湿度（℃）	室外湿度（℃）	系统进口水流量（L/H）
2007/12/25 8:07	230.4	346	10	14.4	4	15	11	15	0	10	3	14.4
2007/12/26 8:07	270	351	15	15	4.5	13	8.5	16	-5	10	3	14.4

与太阳能热水系统相似，污水源热泵系统应用子系统所采集的原始数据是可再生能源示范工程监测系统的基础与保证，但是作为上层用户，可再生能源的管理者与研究者不仅需要这些现场监测数据，更关心污水源热泵与建筑集成工程技术评价指标与系统能耗数据。因此，通过信息集成系统的包装器完成的污水源热泵系统经济指标包括：系统能效比、室内外环境温湿度、各个机组的用电量、用水量、用气量等。通过对参数作统计处理，最后将这些数据全都转成XML形式，供上层用户使用。但是，实时采集的物理量记录也必须保存起来，供用户查阅。

该工程目前提供的数据的机制是：按照事先确定的时间按时通过FTP形式传送该时间段的数据报表，这些报表的文件格式是普通的Excel文件，所以包装器还需要做文件转换的工作，将应用子系统提供的文件转成标准的XML文档。

信息集成系统的任务是自动获取应用子系统上报的文件，然后做一定处理后将这些结果转换成标准形式，即转换成下面的XML文档。

<? xml version = “1.0” encoding = “gb2312”? >
<datas xmlns：xsi = “http：//www.w3.org/2001/XMLSchema - instance” >
<data >
<date >2007-12-27 </date >
<projectName >京燕饭店 </projectName >
<COP >0.75 </COP >
<insideTemp >15 </insideTemp >
<outstideTemp > -4 </outstideTemp >
<insideHumid >10 </insideHumid >

< outsideHumid >3 </outsideHumid >
< sysPoweConsum >356 </sysPoweConsum >
< devicePowerConsum >14 </devicePowerConsum >
< sysWaterConsum >15 </sysWaterConsum >
</data >
</datas >

已建成的可再生能源示范工程所示范的可再生能源技术各有相异，信息集成系统所需要集成的数据也大大不同。但是对于管理与研究部门来说，为了评估各种技术在不同区域的适用性，必须使用统一的视图来比较这些不同子系统的异构数据。

7.2.2 数据集成方法的比较与选择

目前有很多种集成异构数据源的体系结构，主要的也是最常见的有三种：联邦数据库、中间件（Mediation）系统和数据仓库。

1. 联邦数据库

联邦数据库系统（Federated Database System，FDBS）由参与联邦的“半自治”的数据库系统组成，目的是实现数据库系统间部分数据的共享。联邦中的每个数据库的操作是独立于其他数据库和联邦的。由于“半自治”的联邦系统中的所有数据源都添加了彼此访问的接口。所以需要编写大量接口程序，为此该体系结构目前不常用，而且对于本文来说，也并不需要各个数据源之间都实现互联互通。

2. 中间件（Mediation）系统

Mediated 系统通过提供所有异构数据源的虚拟视图来集成它们，这里的数据源可以是数据库、遗留系统、Web 数据源等。该系统提供给用户一个全局模式（也叫 mediated 模式），用户提交的查询是针对该模式的，所以用户不必知道数据源的位置、模式及访问方法。Mediated 系统体系结构如图 7-4 所示。

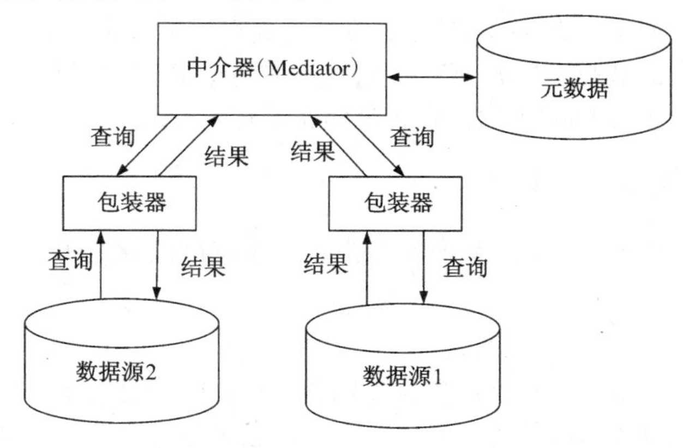

图 7-4 Mediated 系统体系结构

该系统的主要部分是中介器和针对每个数据源的包装器（Wrapper）。这里中介器的功能是接收针对全局模式生成的查询，根据数据源描述信息及映射规则将接收的查询分解成每个数据源的子查询，再根据数据源描述信息优化查询计划，最后将子查询发送到每个数据源的包装器。

包装器将这些子查询翻译成符合每个数据源模型和模式的查询，并把查询结果返回给中介器，中介器将接收的所有数据源的结果合并成一个结果返回给用户。

3. 数据仓库法

数据仓库法需要建立一个存储数据的仓库，主要通过 ETL 工具定期对数据源中的所有信息进行预处理，形成符合仓库模式的信息，然后下载数据到数据仓库。虽然此方法查询处理性能高，但数据更新频率无法保证。如果仓库模式设计成静态的，当有新数据源加入或已有数据源发生变化时对仓库的修改代价比较高，而且创建数据仓库比较费时费力。

结合上述三种方法的比较，同时考虑不同可再生能源数据监测系统的数据库差异、分布广泛、数据实时更新等特点，且系统基于决策的应用相对较少，鉴于以上对数据集成体系结构的分析以及当前可再生能源建筑数据整合的需求，本章使用实际应用中更为常见的 Mediator-Wrapper 方法。

7.2.3 基于 XML 的可再生能源与建筑集成监测系统异构数据集成

实现不同应用系统之间的异构数据集成，实际上就是需要实现不同数据源的数据交换，由于目前可再生能源建筑信息管理系统大多采用关系型数据库，因此，可以利用 XML-Schema 的数据表述性来建立关系型数据与 XML 数据的映射关系。基于 XML 特别是 XML Schema 的数据交换集成技术可以分为导出数据、映射建模和导入数据 3 个过程。

（1）导出数据：即将源数据库中满足一定条件的数据提取处理，按照 XML 文件格式形成数据交换文件。

（2）映射建模：当源数据库中导出数据的表与目的数据库中导入数据的表之间表名和属性名不完全对应时，需要建立表名和其属性名的映射关系，在这里，使用 XML Schema 来表达这种映射关系。

（3）导入数据：将 XML 交换文件中的数据加载到目的数据库中，在导入过程中一定要注意导入的顺序，如果 XML 交换文件中的多个表在目的数据库存在参照引用关系，必须先加载被参照表中的数据，后加载参照表中的数据，依次处理队列中每个表名对应在 XML 文件中的数据，直到队列中的所有表名都处理完毕为止。

7.2.4 集成的设计方案以及实现

本书提出的可再生能源示范工程异构信息集成系统可以分为四个层次，各层的基本功能如图 7-5 所示。

1. XML 信息源层

信息源层处于最低层，是系统的数据提供者，在此应该包括建筑信息管理中用到的各种类型的数据库、文件和多媒体等信息。本书的信息源包括示范项目自身已建的或者新建的数据采集系统或者信息管理系统，与试验建筑的实时数据采集系统。

2. XML 中间件层

XML 中间件层提供必要的数据转换功能或工具，进行数据与 XML 格式的相互转换，将数据存储到 XML 数据空间中，并维持 XML 数据空间与各异构数据源之间的映射关系。中间件层是数据整合系统的核心，主要由中介器与包装器组成。

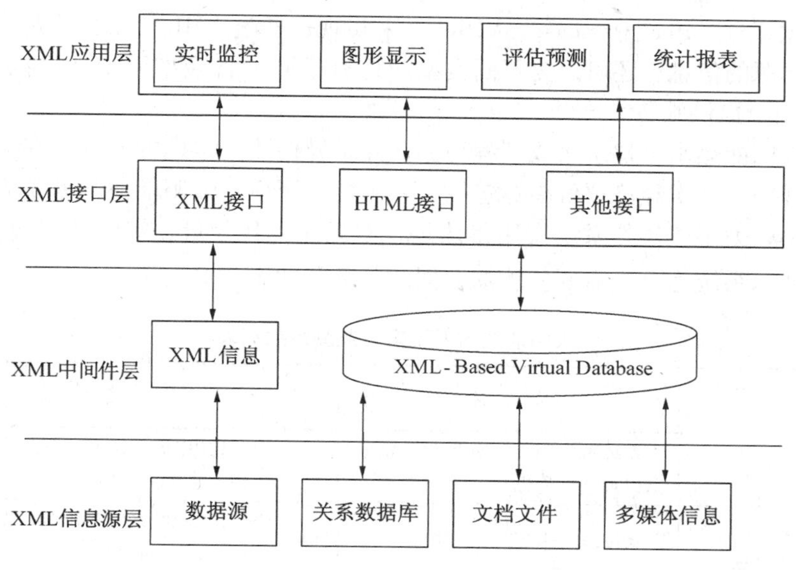

图7-5　可再生能源示范工程异构信息集成系统层次结构图

中介器（mediator）主要由查询分解器、查询优化器和查询执行引擎组成。它通过XML接口层接收用户应用提出的查询请求，负责将全局查询分解成针对每个数据源的子查询，并有效地将子查询传送到相应的数据源包装器，然后得到XML形式的结果片断，处理合并这些结果片断后通过XML接口层将结果返回给应用层。

包装器（wrapper）负责查询执行引擎与底层数据源间的通信，包括访问关系DBMS的SQL包装器，访问任意应用的自定义包装器和访问WWW的特别设计的HTML包装器。包装器接收中介器发送来的子查询，将其转换为数据源能够处理的查询，并将查询结果转换成XML形式返回给查询执行引擎。

3. *XML接口层*

XML接口层依据特定的协议或协作模型，负责不同应用组件请求格式的信息发布。不同的组件可以在这层被表示，不同的应用组件需要从应用级别访问XML数据空间。例如图形显示模块需要通过接口层访问数据空间获取数据，然后将数据以动画、曲线、柱状图或饼状图等形式显示出来。一方面实现必要的策略保持XML数据的一致性，从简单的读/写策略到复杂的事务操作；另一方面，接口层必须实现必要的访问控制策略，防止非法访问。

4. *XML应用层*

应用层即用户统一界面层，根据具体的应用和用户计算环境，采用合适的信息访问技术或应用软件。应用层可以是Web浏览器或专用的客户端，通过应用接口层访问数据。应用层可以通过对中介器—包装器结构访问异构数据，进行数据的查询、修改、增加和删除。在这个过程中，中间件层（Mediator-Wrapper）与信息层的交互对用户来说是透明的。无论应用是C/S模式还是B/S模式，只要遵循接口层的接口规范，即可以有效、透明地操作底层各类数据源。

模型中用户对信息的访问和操作不是直接作用于各数据源，而是通过XML-Enabled

的“虚拟数据库（Virtual Database，VDB）”来实现，通过XML，可以集成和统一来自不同或异质数据源的信息，还可以为不同类型或持有不同设备（如固定计算机，移动设备，PDA等）的用户提供服务。

本节以太阳能热水与建筑集成工程为例，介绍异构数据集成的实现。在太阳能热水与建筑集成工程中，技术经济评价指标包括：太阳能保证率、太阳能集热系统效率、太阳能热水系统效率、太阳能集热系统有用得热量、常规能源替代量、室内外环境温湿度等等。以某太阳能热水系统为例，需要监测的数据的一部分如表7-5所示。

太阳能热水系统需要监测的数据表 **表7-5**

ID	指标名字	描　述	单位	数据具体出处
1	太阳能保证率	系统中太阳能部分提供的能量除以系统总负荷	%	BIREMS系统BwPData数据库Rep_Solar表GranRate字段
2	太阳能集热系统输出能量	太阳能集热系统输出能量	kWh	BIREMS系统BwPData数据库Rep_Solar表Energy_out字段
3	热用户所需热量	热用户所需热量	kWh	BIREMS系统BwPData数据库Rep_Solar表Heat_req字段
4	太阳能集热系统效率	规定时段内，太阳能集热系统输出的能量与输入的太阳能辐射能量之比。		BIREMS系统BwPData数据库Rep_Solar表colEff字段
5	太阳能热水系统效率	规定时段内，太阳能热水系统输出的能量与输入的太阳能辐射能量之比		BIREMS系统BwPData数据库Rep_Solar表hWaterEff字段
6	太阳能辐照量	太阳能辐照量	MJ/m^2	BIREMS系统BwPData数据库Rep_Solar表solarDose字段
7	太阳能集热面积	太阳能集热面积	m^2	BIREMS系统BwPData数据库Rep_Solar表colArea字段
8	太阳能集热系统内循环耗能	集热系统内循环泵等设备耗电量	kWh	BIREMS系统BwPData数据库Rep_Solar表energy_con字段
9	太阳能集热系统有用得热量	在稳态条件下，特定时间间隔内传热工质从一特定集热系统面积（总面积或采光面积）上带走的能量	kWh	BIREMS系统BwPData数据库Rep_Solar表avaiHeat字段
10	常规能源替代量	系统有用得热量与系统辅助热源功率或燃料、热媒的消耗量之差	kWh	BIREMS系统BwPData数据库Rep_Solar表energy_replace字段

根据表7-5，太阳能热水工程的XML Schema如下：

<xsd：schema xmlns：xsd = “http：//www. w3. org/2001/XMLSchema” >

```
<xsd: annotation>
  <xsd: documentation xml: lang = "en" >
    Monitor data schema for BIREMS
</xsd: documentation>
</xsd: annotation>
<xsd: element name = "data" type = "monitordataType" />
  <xsd: complexType name = "monitordataType" >
    <xsd: sequence>
      <xsd: element name = "projectName" type = "xsd: string" />
      <xsd: element name = "GranRate" type = "xsd: double" />
      <xsd: element name = "Energy_out" type = "xsd: double" />
      <xsd: element name = "Heat_req" type = "xsd: double" />
      <xsd: element name = "colEff" type = "xsd: double" />
      <xsd: element name = "hWaterEff" type = "xsd: double" />
      <xsd: element name = "solarDose" type = "xsd: double" />
      <xsd: element name = "colArea" type = "xsd: double" />
      <xsd: element name = "energy_con" type = "xsd: double" />
      <xsd: element name = "avaiHeat" type = "xsd: double" />
      <xsd: element name = "energy_replace" type = "xsd: double" />
    </xsd: sequence>
  </xsd: complexType>
```

然后需要在相应的子系统建立一个映射文件，包装器就可以根据这个文件来进行数据的转换包装。各个应用系统的数据各不相同，所以每个系统都应该有自己特殊的映射文件，当然最后得到的 XML 文件应该是统一的。

```
<? xml version = "1.0" encoding = "utf-8"? >
<dataitem>
  <data>
    <schemafield>projectName</schemafield>
    <serverfield>项目名称</serverfield>
  </data>
  <data>
    <schemafield>GranRate</schemafield>
    <servertield>保证率</servertield>
  </data>
  <data>
    <schemafield>Energy_out</schemafield>
    <serverfield>输出能量</serverfield>
  </data>
  <data>
```

```
      <schemafield>Heat_req</schemafield>
      <serverfield>需热量</serverfield>
    </data>
    <data>
      <schemafield>colEff</schemafield>
      <serverfield>集热效率</serverfield>
    </data>
    <data>
      <schemafield>hWaterEff</schemafield>
      <serverfield>热水效率</serverfield>
    </data>
    <data>
      <schemafield>solarDose</schemafield>
      <serverfield>太阳辐照</serverfield>
    </data>
    <serverdatabase>rep_GZYQ</serverdatabase>
  </dataitem>
```

在映射文件中，serverfield 表示本地数据库中字段的名称，schemafield 表示该数据在中间模式中的表示形式，serverdatabase 表示应用子系统中对应的数据表。包装器接到中介器传来的查询请求后就需要对照这个映射文件，抽取应用系统数据库中的相应数据，按照 XML Schema 生成 XML 数据文件，再返回给中介器。

为了解决不同异构数据库之间的数据类型匹配与转换问题，实际应用中，需要建立一个类型映射表，用于对不同数据库系统。每个 DBMS 都定义了一套自己的数据类型，但不论数据类型在各个系统中如何变化，其功能都满足用户的数据处理基本要求，如数值型、字符型、日期型、长字符型还有货币型等。随着数据库系统的不断发展和版本的不断升级，数据类型的种类也不断增多，如超文本和二进制处理多媒体和大文本的数据类型。这些带有共性的东西，给系统间的数据转换带来了可能和方便，但不同的数据库的数据类型也是有差异的。其自身定义和扩充之间的区别，也给系统间的数据转换带来了许多困难。例如，DBMS 返回的日期和时间数据格式在各个 DBMS 中有很大的不同。有些系统以 8 字节整数格式返回日期和时间，另外一些以浮点数格式返回。并且有的 DBMS 含有 LONG 类型，其他 DBMS 无此类型。所以异种数据库数据类型转换的关键是找出其中的对应关系。例如，逸泉山庄项目的信息管理系统提供的日期数据实际上都是文本类型，如果要与其他数据源的数据作比较，就需要将这些文本类型转换为可以比较的类型。

为了实现相互数据转换，可再生能源示范工程信息集成系统中考虑了多个相应的双向数据转换程序并且解决不同的数据类型匹配问题。当增加一个数据库系统时，相应要解决该数据库系统与已存在的多个异构库的数据类型匹配问题，并增加多个对应转换程序。为了实现程序的扩展性，设计了类型映射表来解决类型转换问题。

将不同数据库系统数据类型的对应关系和相应的数据转换处理程序分离开，使数据转换程序相对独立，而把类型转换关系在专门的表结构中存储。通过对不同数据库系统之间的数据类型进行详细而深入的分析，找出了不同数据库系统不同版本的各个不同类型之间缺省的类型对应关系及可能存在的对应关系，将这些数据预先存入类型映射表中。

7.3 可再生能源评价模型的软件形式化

由于本书所涉及的可再生能源建筑监测点分布广、存在同一监测点采用可再生能源种类多，不同监测点所描述的可再生能源经济指标相近等问题，同时为了弥补现有可再生能源分析软件缺乏数据预测分析的特点，本书以不同可再生能源评价模型分析为基础，综合考虑可再生能源监测系统数据分析平台的功能要求，涉及了一种支持预测分析功能的多层次框架模型。表现形式如图 7-6 所示。

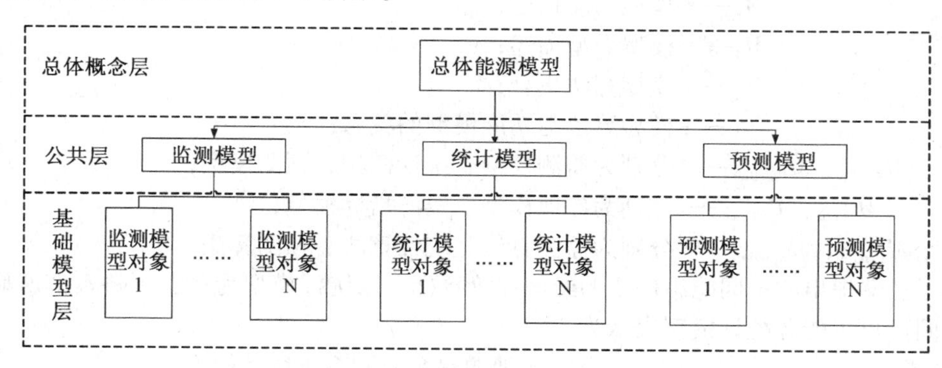

图 7-6 可再生能源评价模型

该模型由总体概念层、公共层、基础模型层组成。分别实现对总体问题的描述、公共模型方法的建立以及具体能源模型的创建。通过将监测方法、统计方法和预测算法封装在公共层中，实现了对各种可再生能源数据的预测分析功能。

该平台的能源模型由总体概念层、公共层、基础模型层三层结构。能源模型的第一层是总体概念层；公共层是能源模型的第二层，是利用面向对象共享、重用的思想构建的模型集合；第三层是基础模型，与公共层直接联系，指明了具体模型的研究任务，加快平台开发周期。

7.3.1 总体概念层

总体概念模型是对可再生能源在建筑集成应用的客观描述，从计算机的角度抽象实际应用问题，并使用自然语言加以描述。总体概念层采用基于总体问题描述的模型描述方法，针对可再生能源在建筑集成应用的需求和现有可再生能源分析软件的缺点，概括为问题域。针对问题域，提出解决方法，并将方法概括为 M_{pl}，既公共层模型集合。同时描述问题域与公共层具体模型之间的关系 $R = < R_i >$，R_i 为一对一、一对多或多对多的关系。

$$C = < C_{\text{bmonitor}},\ C_{\text{bstatic}},\ C_{\text{bpredict}} > \qquad (7\text{-}1)$$

综上所述，将总体概念层描述如式（7-2），总体概念层将问题描述、模型构建和对可再生能源在建筑集成应用的认识联系起来，为分析人员认识和分析可再生能源在建筑集成应用提供方便。

$$M_E = <M_{pl}, C, R> \tag{7-2}$$

7.3.2 公共层

公共层是能源模型的第二层，是利用面向对象共享、重用的思想构建的、解决实际应用问题域的模型集合。针对可再生能源在建筑集成应用中需求，将其定义为：

$$M_{pl} = <M_F, M_T, M_w, R> \tag{7-3}$$

$$M_F = <M_{Fmonitor}, M_{Fstatic}, M_{Fpredict}> \tag{7-4}$$

$$M_T = <M_{TPara}, M_{TEco}> \tag{7-5}$$

$$M_w = <M_{wmonitor}, M_{wstatic}, M_{wpredict}> \tag{7-6}$$

式中 M_F——模型功能描述；

M_T——模型类型描述；

M_w——模型算法集合；

R——模型算法与功能模型的关系；

$M_{Fmonitor}$、$M_{Fstatic}$、$M_{Fpredict}$——分别为监测模型、统计模型、预测模型；

M_{TPara}、M_{TEco}——分别为参数模型、经济指标模型；

$M_{wmonitor}$、$M_{wstatic}$、$M_{wpredict}$——分别为监测算法、统计算法、预测算法。

参考上文提出的不同能源模型的经济评价指标，以统计模型为例，可将本节所研究的三种不同可再生能源统计模型表示为：

（1）地源热泵监测系统统计模型

$$M_{Fstatic地源热泵}(COP_{空调}, COP_{采暖}, C_h, C_c) \tag{7-7}$$

（2）太阳能光伏监测系统统计模型

$$M_{Fstatic太阳能光伏}(\eta_1, \eta_2, Q_s, \eta_3, f) \tag{7-8}$$

（3）太阳能热水监测系统统计模型

$$M_{Fstatic太阳能热水}(f, \eta_2, \eta_3, Q_\varphi, Q_\Lambda) \tag{7-9}$$

公共层模型在构建过程中封装了其设计和实现，仅向外部提供接口的相对独立的可重用的软件单元，因此减少了开发和维护的工作量，同时也保证了开发系统的质量。每种模型的内部结构如图7-7所示。

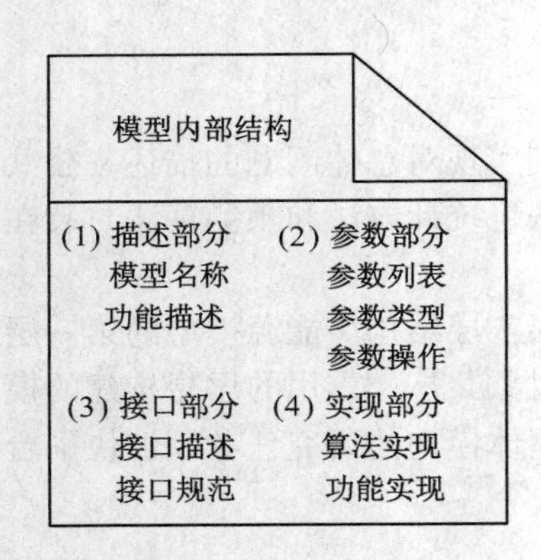

图7-7 模型内部结构图

7.3.3 基础模型层

能源模型的第三层是基础模型，是在继承了公共模型层的基础之上，针对具体可再生能源的模型描述。将其定义为：

$$M_{bm} = <M_{bid}, M_{btype}, M_{bdate}, M_{boper}, M_{boperway}> \tag{7-10}$$

$$M_{bdate} = <DS, TN, FN, DT> \tag{7-11}$$

$$M_{boper} = <In, Out, Del, Upda> \tag{7-12}$$

式中 M_{bid}——模型编号；

M_{btype}——能源种类；

M_{bdate}——能源数据；

M_{boper}——能源数据操作；

$M_{boperway}$——继承公共层中的数据处理方法；

DS——数据库名；

TN——表名；

FN——字段名；

DT——数据类型；

In、Out、Del、$Upda$——分别表示对能源数据的输入、输出、删除、更改。该层与公共层模型以及具体能源直接联系，指明了具体模型的研究任务，加快平台开发周期。

根据能源模型的划分思想，在模型的实现过程中，平台采取低耦合、高内聚的软件设计原则实现各个模型。让每个模块独立，相关的处理在模块内部完成。

7.4 时序预测的理论及应用

可再生能源监测系统中存在一定的能耗，并且能耗的大小会随时间发生变化，为了更好地实现节能建筑的预期效果，最大限度地提高可再生能源的利用率，促进节能建筑的可持续发展，通过分析远程监测系统实时采集获得的可再生能源建筑集成系统中实时监测数据，利用时序算法预测未来的技术经济指标，为其设计与规划提供参考。本节主要利用时序算法对不同可再生能源的经济指标及部分参数预测，并对其结果进行分析。

7.4.1 Microsoft 时序算法的选择以及参数确定

1. 预测算法的选择

本节以可再生能源与建筑集成项目作为实验背景，选择不同可再生能源与建筑集成项目所监测的数据进行实验，进而得到结论。经过观察与研究可以发现这些数据具有共同的特点，以图 7-8 中某山庄太阳能热水系统集热系统出水温度的原始数据两个月的数据为例可以发现：

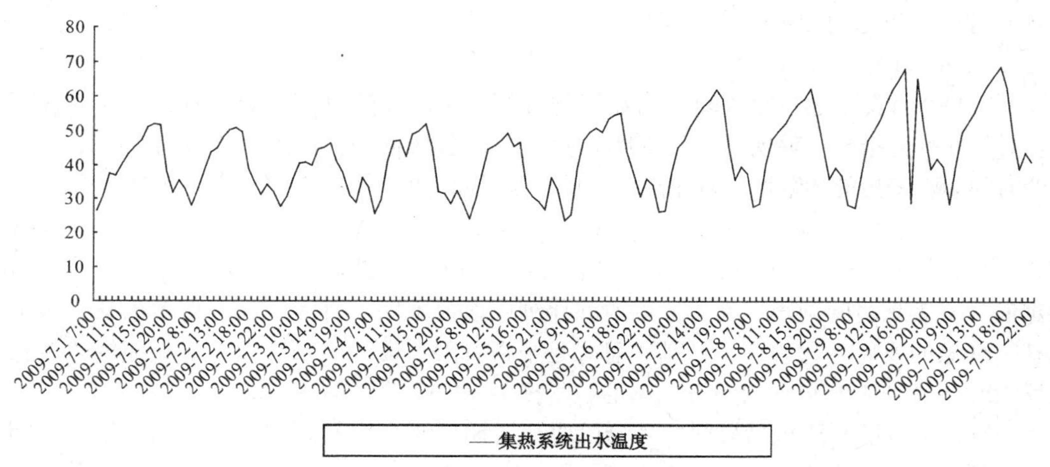

图 7-8 某山庄太阳能热水集热系统出水温度变化趋势

（1）可再生能源建筑监测系统采集的是等时间间隔记录的按次序排列的一系列数据，这些数据记录序列是一个独立的时间序列（time series），且数据随着时间的变化呈现出周期性和季节性，因此对不同经济评价指标的预测需采用时间序列的分析方法。

（2）从图7-9中某山庄太阳能热水系统集热系统出水温度与水箱进水温度原始数据的对比，可以看出：数据有较强的关联性。

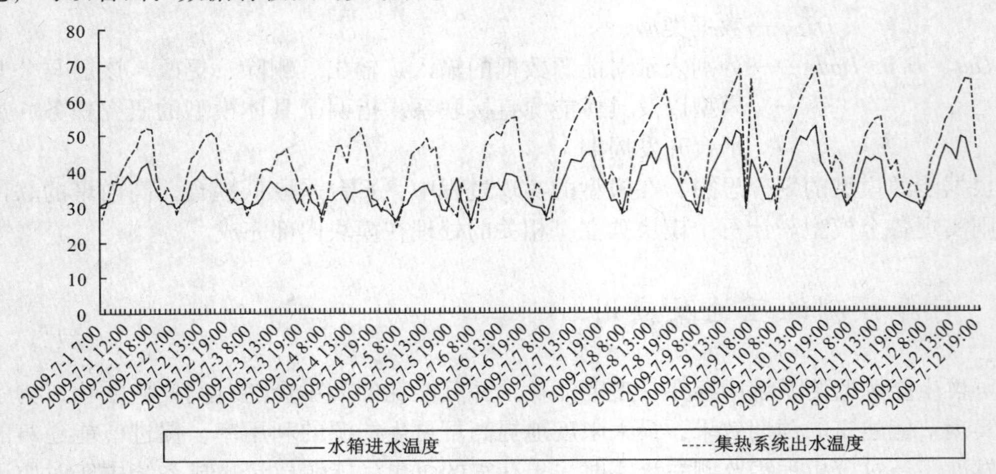

图7-9　集热系统出水温度和水箱进水温度对比

常见的时间序列预测算法包括移动平均法、指数平滑法、趋势延伸法、Microsoft时序算法等。其中移动平均法、指数平滑法、趋势延伸法三者虽然能够迅速求出预测值，但由于其建立的模型较为简单，不能处理突变的数据，因此适合时间序列的数值由于时间变动和随机波动较小的数据。

Microsoft时序算法（又称自回归树算法）是在充分考虑季节变动以及数据变化周期等因素的影响、并在决策树算法的基础上提出的一种用于时间序列预测的算法。在考虑时间的基础上，既能分析数据的周期性又兼顾其相关性，可完成对时序数据准确的长期及短期预测并可给出数据的相关性分析。

2. *Microsoft时序算法原理*

时间序列预测法通过对时间序列数据的分析，掌握其随时间的变化规律，从而实现预测。时间序列是指同一种现象在不同时间上的相继观察值排列而成的一组数字序列，是以规律的时间间隔采集的测量值的有序集合，是一段时间内的一组变量值，可用下述集合表示：

$$\{X_{t-1}=\langle t_1,\ a_1\rangle,\ X_{t-2}=\langle t_2,\ a_2\rangle,\ \cdots,\ X_{t-n}=\langle t_n,\ a_n\rangle\} \qquad (7\text{-}13)$$

式中，a_i 是在 t_i（$i=1, 2, 3, \cdots, n$）时刻的变量值，且 $\nabla=t_{i+1}-t_i$（$i=1, 2, 3, \cdots, n$）为定值，∇ 表示时间间隔，在不同的时间序列中取值不同。时间序列分析可以从数量上揭示某一现象的发展变化规律，其基本思想是根据有限长度的已知数据，建立能够比较精确的反映时间序列中所包含的动态关系的数学模型。

Microsoft时序算法包括自回归和分段建立树模型两个步骤。自回归常用于处理时间序列，分析现有数据中存在的模式并加以预测，从而确定未来值可能出现的范围，其中线性自回归模型是时间序列分析中最常见的模型。Microsoft时序算法采用长度为 p 的线性自回归模型，记为 AR（p），用下列的等式来描述。

$$f(y_t|y_{t-p},\cdots,y_{t-1},\theta)=N\left(m+\sum_{j=1}^{p}b_jy_{t-j},\sigma^2\right) \tag{7-14}$$

其中，$f(y_t|y_{t-p},\cdots,y_{t-1},\theta)$是一个线性回归，$N\left(m+\sum_{j=1}^{p}byy_{t-y},\sigma^2\right)$是一个服从均值为$\mu$，方差为$\sigma^2$的正态分布，$\theta=(m,b_1,\cdots,b_p,\sigma^2)$是该模型的各类参数。

Microsoft 时序算法所建立的模型是一个自回归树模型，其每个叶节点都代表一个独立的自回归模型。该回归树公式如下：

$$f(y_t|y_{t-p},\cdots,y_{t-1},\theta)=\prod_{i=1}^{L}f_i(y_t|y_{t-p},\cdots,y_{t-1},\theta_i)^{\phi_i}=\prod_{i=1}^{L}N\left(m_i+\sum_{j=1}^{p}b_{ij}y_{t-j},\sigma_i\right)^{\phi_i} \tag{7-15}$$

式中，L 是叶节点的个数，$\theta=(\theta_1,\theta_2,\cdots,\theta_L)$ 和 $\theta_i=(m_i,b_{i1},\cdots,b_{ip},\sigma_i^2)$ 是叶节点 $l_i(i=1,2,3,\cdots,L)$ 处线性回归的模型参数。

图 7-10 所示为一棵自回归树模型，在该模型中，决策树上的每个非叶节点都由一个布尔回归公式决定其指向。每个叶节点通过逐层对应的中间节点的合取得到，并以 AR（p）的形式表现出来。

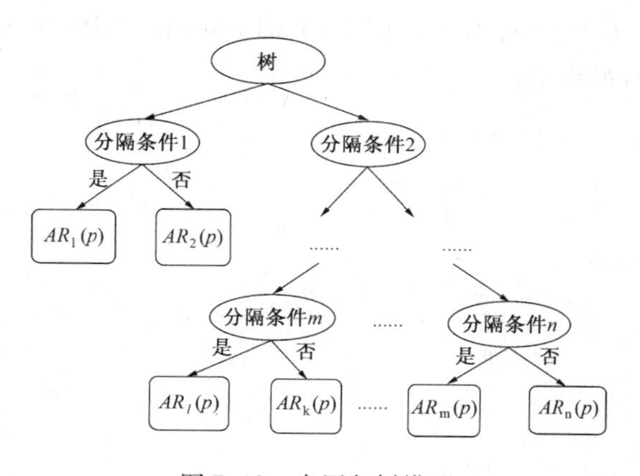

图 7-10　自回归树模型

3. 参数的选择

在实验中，为了提高预测结果的准度，需对 Microsoft 时序算法中部分参数进行调整，通过调节不同的参数值，选择适合预测模型的参数对技术经济指标做出准确、快速的评价，具有非常重要的意义，次算法共涉及 9 个参数，其意义分别如表 7-6 所示。

Microsoft 时序算法参数表　　表 7-6

参　　数	说　　明
AUTO_DETECT_PERIODICITY	指定一个用于检测周期性、介于 0 和 1 之间的数值。若将此值设置为较接近 0 的数，则仅考虑周期性强的数据的周期。如果将此值设置为比较接近于 1 的数，则会探索更多的周期性模型、并自动生成周期提示
MINIMUM_SUPPORT	在每个时序树中生成拆分所需的最小观测期数
MISSING_VALUE_SUBSTITUTION	缺失值的替代方法。可用替代值有：上一个值（Previous）；平均值（Mean）；指定常数（Numerical Constant）
PERIODICITY_HINT	标识数据周期
COMPLEXITY_PENALTY	禁止决策树成长，减少此值会增加拆解的可能性，而增加此值则减少拆解的可能性

续表

参　数	说　明
HISTORICAL_MODEL_GAP	指定两个模型间的延迟时间
MAXIMUM_SERIES_VALUE	指定任何时间序列预测的上限
MINIMUM_SERIES_VALUE	指定任何时间序列预测的下限
HISTORIC_MODEL_COUNT	指定记录建模次数

以 MINIMUM_SUPPORT 参数为例，通过对比试验说明参数选择的过程。实验分别取 MINIMUM_SUPPORT 为 6、10、20，对某山庄太阳能集热系统效率进行预测，所得结果如图 7-11 所示，图中用四种不同样式的线条代表实际值、MINIMUM_SUPPORT 分别为 10、6、20 时的值，MINIMUM_SUPPOR 取三个不同值时的平均误差依次为：24.9%、8.6%、18.94%，因此取 MINIMUM_SUPPOR =10 时预测值最接近实际值，此参数取 10 时最合适。

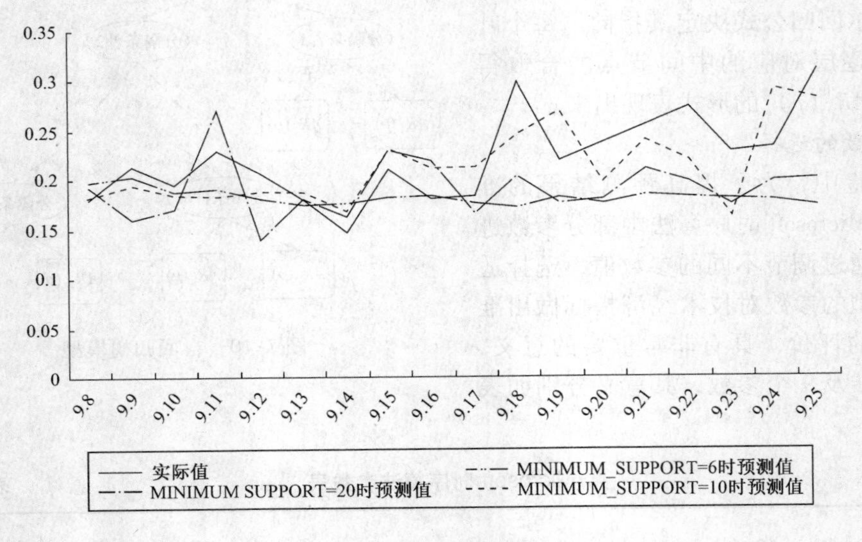

图 7-11　不同参数值的预测结果比较

若 MINIMUM_SUPPORT 取值越小（MINIMUM_SUPPORT =6），每个时序树中生成拆分所需的最小时间段数就小，则所生成的自回归树的分类就越详细，生成的自回归树较大。而当自回归树很大时，趋向于记住了训练的事例，更适合对数据集进行分类，因此预测效果相应减弱，预测趋势远离实际值。若 MINIMUM_SUPPORT 取值很大（MINIMUM_SUPPORT =20），则分类信息将明显减小，甚至不能产生分类也不能正确地进行预测。

通过实验分析对比，确定参数值如下：MISSING_VALUE_SUBSTITUTION = mean；PERIODICITY_HINT =1；AUTO_DETECT_PERIODICITY =0.6；MINIMUM_SUPPOR =10。

7.4.2 实验方案以及数据准备

为反映不同可再生能源类型在不同建筑气候区的使用情况，本实验分别分析三种不同可再生能源的典型监测系统数据。通过对现有项目数据的分析，拟采用有代表性的某山庄（大B区底层居住建筑）太阳能热水监测系统、河北某地源热泵监测系统以及常州某光能有限公司办公楼光伏监测系统的部分数据针对不同项目的经济指标进行准确性以及相关性的试验。其中：

（1）准确性试验用于预测不同监测系统经济指标的准确性，预测值采用不同监测系统每天的经济指标，通过实验，验证Microsoft时序算法能否对未来值准确预测。

（2）相关性实验用于预测值之间的相关性分析，通过此实验，验证经济指标之间的相关性以及原始数据之间相关性对结果的影响。

在实验过程中，数据预处理对于提高预测速度、降低数据的冗余度具有重要作用。对可再生能源建筑监测系统中实时监测的数据，需要选用方法对其进行一定的处理才可用于计算和预测，如对所出现的异常数据给予剔除、对采样的缺失值进行补值。对缺失值的处理取所缺值前3个时间点的均值进行插值。通过数据预处理，得到预测数据集包括：

（1）2009年6月29日至2009年10月3日某山庄太阳能热水系统的常规能源替代量、太阳能保证率、集热系统效率及热水系统效率。

（2）2008年11月25日至2009年1月4日河北某地源热泵监测系统的地源热泵*COP*值、地源侧累计流量、用户侧累计流量。

（3）2009年3月1日至2009年6月19日常州某太阳能光伏监测系统太阳能辐照量、交流输出总电能、直流输出总电能。

7.4.3 准确性实验

分别选择实验数据集中3个不同项目的经济指标，通过3组对比实验对Microsoft时序算法的准确性进行分析比较。

1. 某山庄太阳能热水系统

（1）实验数据

选取2009年9月5日至2009年9月25日该工程太阳能热水系统效率和常规能源替代量的预测值为实验数据。

（2）实验结果

图7-12所示为某山庄太阳能热水监测系统常规能源替代量预测值与实际值的比较。

图7-13所示为某山庄太阳能热水系统效率预测值与实测值比较。

（3）结果分析

图7-12、图7-13分别表示2009年9月8日至2009年9月25日某山庄太阳能热水系统每天的常规能源替代量和太阳能热水系统效率和实际值及预测值。从图中可以看出，太阳能热水系统效率的实测平均值为0.209，预测平均值为0.215，平均误差率为7.3%。同样，常规能源替代量在该时间段内平均误差率为8.7%。预测结果准确。

2. 常州某太阳能光伏系统

（1）实验数据

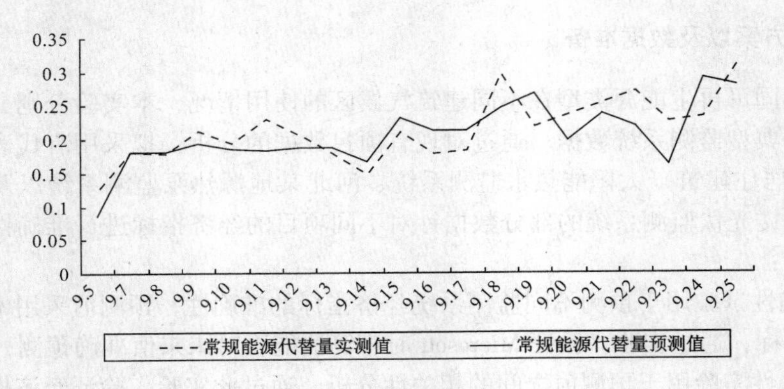

图 7-12　常规能源替代量实测值与预测值比较

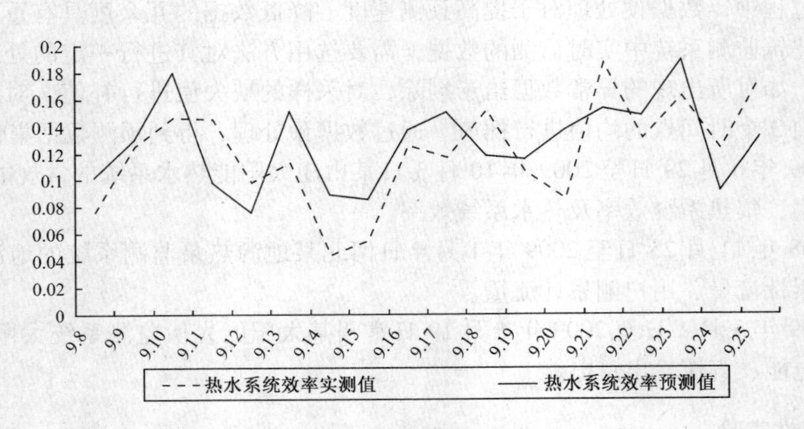

图 7-13　热水系统效率实际值与预测值比较

选取 2009 年 6 月 1 日至 2009 年 6 月 19 日，常州某太阳能光伏系统太阳能辐照量的预测值和实测值为实验数据。

（2）实验结果

图 7-14 所示为所选常州某太阳能光伏系统中太阳能辐照量实际值与预测值的对比。

（3）结果分析

由图 7-14 可知，除去 2009 年 6 月 7 日以及 2009 年 6 月 13 日其误差较大（分别为 21.3% 和 17.3%）以外，其余的预测值与实际值相差都不大，平均误差率为 4.76%，在所选择的 20 天内，太阳能辐照量实测值的平均值为 1361.77，而预测值的均值为 1300.01，可见，预测结果准确。

3. 河北某地源热泵系统

（1）实验数据

选取 2008 年 11 月 25 日至 2009 年 1 月 4 日，该工程采暖工况时 *COP* 的预测值和实测值为实验数据。

（2）实验结果

图 7-15 所示为所选工程中采暖工况 *COP* 实际值与预测值的对比。

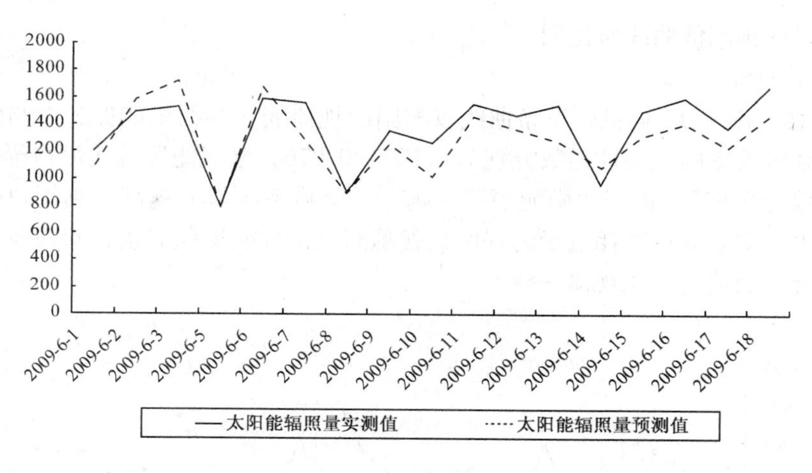

图 7-14　太阳能辐照量实际值与预测值比较

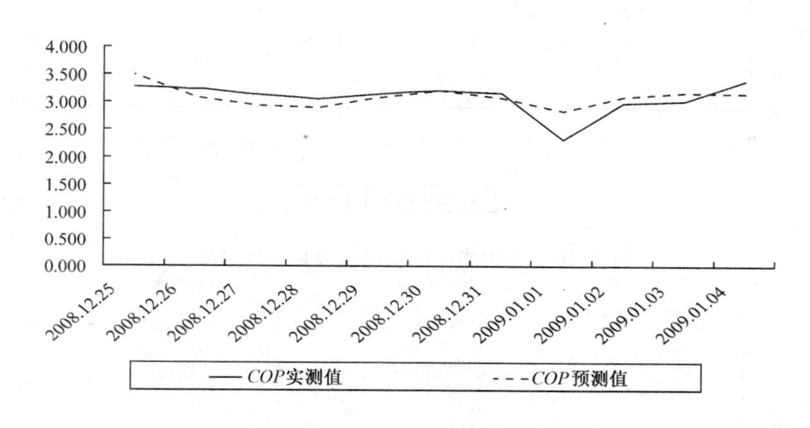

图 7-15　地源热泵 *COP* 实测值与预测值比较（采暖工况）

（3）结果分析

由图 7-15 可知，除去 2009 年 1 月 1 日预测值与实际值差距较大（实测值为 2.321，而预测值是 2.84，误差 22.3%），其他预测都较为准确，平均误差 5.97%，实测平均值为 3.092，预测平均值为 3.099，预测结果准确。

7.4.4　相关性实验

分别选择实验数据集中 3 个不同项目的经济指标，通过 3 组对比实验对 Microsoft 时序算法的预测数据的相关性进行分析比较。

1. 某山庄太阳能热水系统

（1）实验数据

选取 2009 年 10 月 2 日至 2009 年 10 月 21 日，该太阳能热水系统的太阳能保证率、常规能源替代量以及集热系统效率预测值为实验数据。

（2）实验结果

图 7-16、图 7-17 分别为该太阳能热水系统太阳能保证率、太阳能集热系统效率与常

规能源替代量的预测值曲线对比图。

（3）结果分析

由图7-16、图7-17可见，三条曲线以相同的规律变化。太阳能保证率与常规能源替代量、集热系统效率的相关性系数分别为0.997、0.976，常规能源替代量与集热系统效率的相关性系数为0.973，由于太阳能辐照量越大，集热系统效率越高，则用户热水用水中的耗电量越少，太阳能代替耗电量的程度也就越高，常规能源代替量也对应越大，这与太阳能热水系统实测值的变化规律一致。

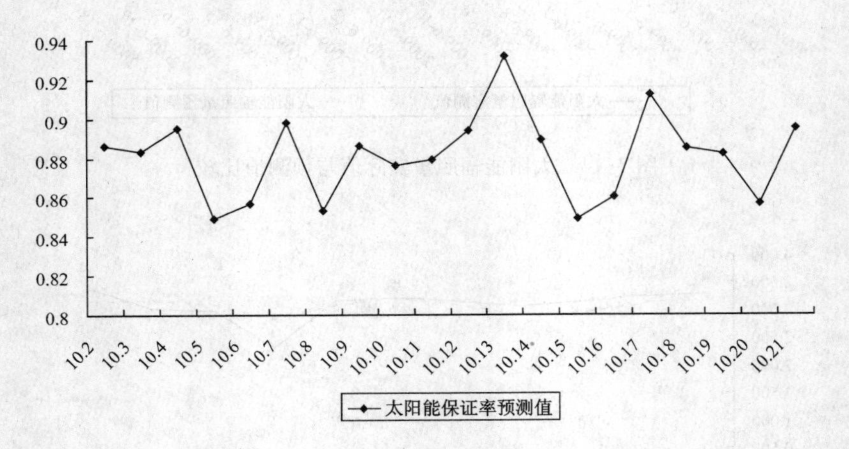

图7-16　太阳能保证率预测值相关性分析

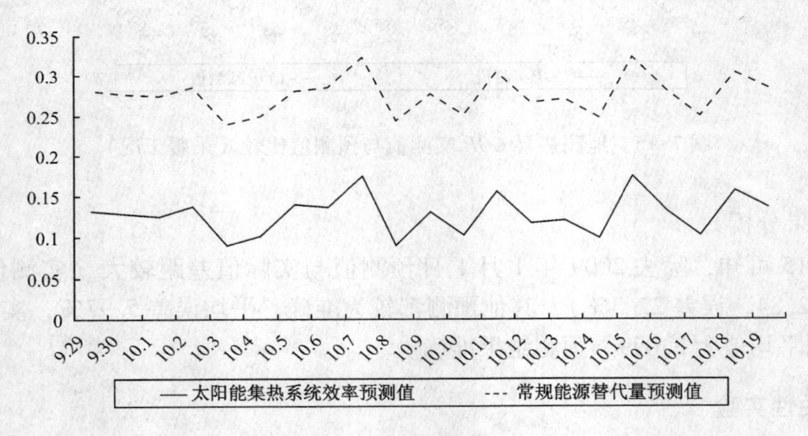

图7-17　太阳能集热系统效率与常规能源替代量预测值相关性分析

2. 常州某太阳能光伏系统

（1）实验数据

选取2009年6月1日至2009年6月19日，该系统交流电输出总电能及直流电输出总电能的预测值为实验数据。

（2）实验结果

图7-18所示为该系统中所选实验数据的预测值曲线对比图。

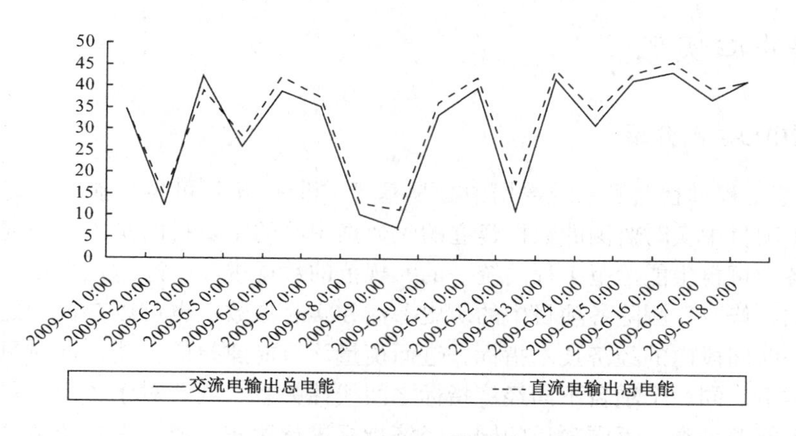

图 7-18　交流电输出总电能与直流电输出总电能预测值相关性分析

（3）结果分析

由图 7-18 可见，两条曲线以相同的规律变化。两者相关性系数为 0.97，这是由于太阳能光伏系统输出的直流电经过逆变输出交流电，因此二者数值关系仅受逆变器效率的影响，系统输出的直流电能越大，则对应转换为交流电的电能也越大，二者线性相关。

3. 河北某地源热泵监测系统

（1）实验数据

选取 2008 年 11 月 25 日至 2009 年 1 月 4 日，该系统采暖工况时地源侧累计热量与用户侧累计热量预测值的为实验数据。

（2）实验结果

图 7-19 所示为该系统中所选实验数据的预测值曲线对比图。

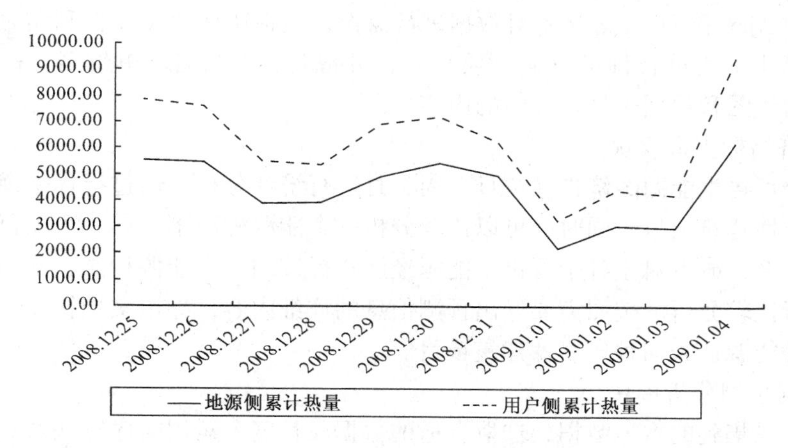

图 7-19　地源侧累计热量、用户侧累计热量预测值相关性分析

（3）结果分析

由图 7-19 可知，两者变化趋势基本一致，相关系数为 0.981。

7.5 数据中心实现

7.5.1 数据中心功能介绍

BIRE 示范工程远程监测系统数据中心是基于“十一五”可再生能源与建筑集成示范工程下的各个项目中实时监测的数据建立的。数据中心的主要目的是为了向建筑管理与研究部门提供各个可再生能示范工程的统一的、规范的数据视图。通过该数据中心，用户可以查看、增加、修改、删除各项目中的历史参数和实时参数；也可以查询指定能源类型下的项目在某一时间段内的经济技术指标，进而衡量该节能建筑的性能；同时可以比较分析一个能源种类下、同一个项目不同经济指标之间线性关系，或者对于各个可再生能源经济指标按同一个能源种类、不同项目的同一经济指标进行比较分析。在整个数据中心中，管理员可以给不同级别的用户分配相应的权限。

该数据中心以可再生能源与建筑集成项目为背景，为了满足系统中不同类型可再生能源在不同项目中的适用性，所设计的 BIRE 示范工程远程监测系统数据中心的软件结构分为以下六大部分模块。

（1）项目简介模块

主要对可再生能源与建筑集成示范工程中的所有项目信息进行介绍，其中包括项目所在地、技术类型、示范面积、建筑节能标准、节煤量和投资回收期等几方面的信息。

（2）基本参数配置模块

主要实现对数据中心的初始配置以及管理，完成对用户以及不同能源项目的基本配置，为以后数据分析做准备。其中主要包括项目类型、项目名称、设备、参数的编辑，可实现数据中心使用的灵活性以及后期的可扩展性。

（3）参数查询模块

主要采用 Ajax 和 Flash 等技术对数据进行监控，包括历史数据监控和实时动态数据的监控。在此模块下通过查询可以显示项目名、设备名、参数名、单位名、初始、结束时间，参数的曲线图和数据表格几方面的内容。

（4）经济指标查询模块

对于各个可再生能源经济指标按日、周、月进行统计分析，通过指标来衡量何种能源适合何种气候性建筑项目。同时，可以比较分析一个能源种类下、同一个项目不同经济指标之间线性关系，或者对于各个可再生能源经济指标按同一个能源种类、不同项目的同一经济指标进行比较分析。按照需要导出预测信息的详细内容，导出文档格式可选。通过指标来衡量何种能源适合何种气候性建筑项目。

（5）数据预测分析模块

根据已经采集到的本地数据，选取合适的数据段长度，运用时序算法对数据未来一段时间的趋势进行预测分析，为项目推广提供可靠的依据。

（6）用户管理模块

主要实现对系统用户的初始配置以及管理，完成不同级别用户对各模块查看和编辑工作的权限设置。其具体的功能模块图如图 7-20 所示。

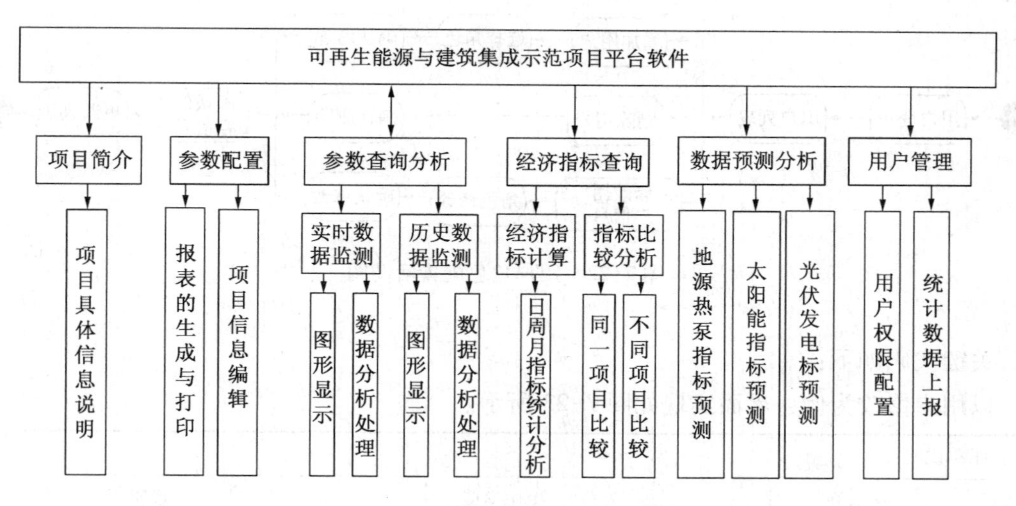

图 7-20　BIRE 示范工程远程监测系统数据中心功能模块

7.5.2　功能模块的实现

1. 用户管理

用户管理可以操作系统中的用户基本信息。用户编码在整个系统中是唯一的。角色是用户所属的组别，通过设置角色可对用户所拥有的权限进行设置。其中用户登录活动图如 7-21 所示。

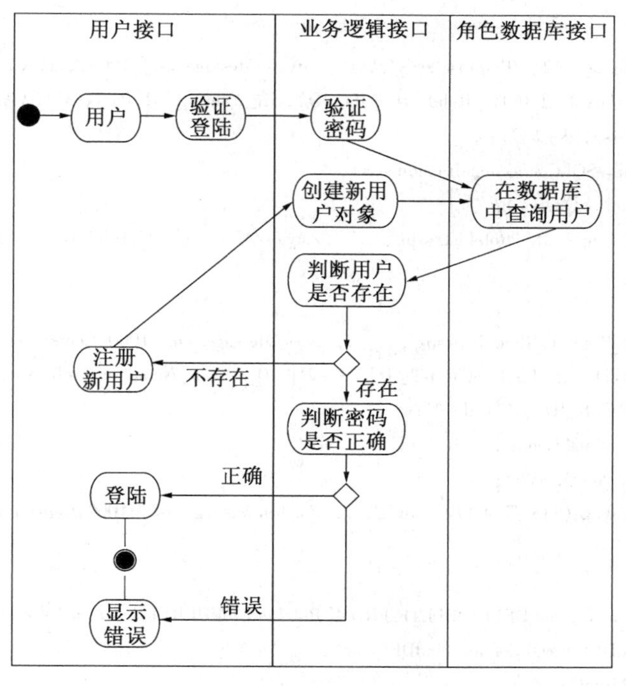

图 7-21　用户登录活动图

用户配置流程如图 7-22 所示。

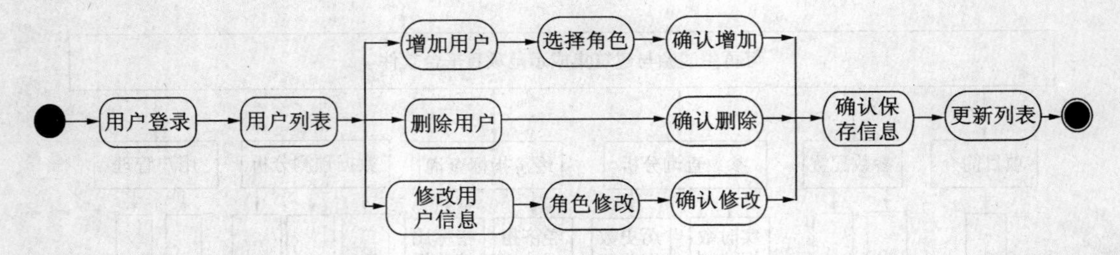

图 7-22　用户角色配置活动图

关键代码如下：

以用户修改为例，界面实现如图 7-23 所示。

标示符说明：

标示符	操作类型	说明
Id	Id = 0	添加
	Id = 1	编辑
	Id = 2	删除
RT_ID	角色类型编号	
R_ID	角色名编号	
R_Password	登录密码	

```
一、角色增加
1. if(id = =1)
2. Language. WriteToPage(121,"RoleList. aspx","../../styles/Message. xslt",1000,Context,null);}
3. string cmdinsert ="INSERT INTO[RoleList1][RT_ID],[R_Name],[R_Password](VALUES('" + RT_ID + "','"
+ R_Name + "','" + R_Password + "')");
4. SqlCommand cmd = SQLConnec. cmd(cmdinsert);
5. cmdinsert. ExecuteNonQuery();
6. Language. WriteToPage(118,"RoleList. aspx","../../styles/Message. xslt",1000,Context,null);
二、角色修改
1. if(id = =2)
2. Language. WriteToPage(9,"RoleList. aspx","../../styles/Message. xslt",1000,Context,null);
3. string str ="UPDATE[RoleList1]SET[RT_ID] ='" + RT_ID + "',[R_Name] ='" + R_Name + "',[R_Password] ='"
+ R_Password + "'WHERE[R_ID] ='" + id + "'";
4. SqlCommand cmd = SQLConnec. cmd(str);
5. cmdinsert. ExecuteNonQuery();
6. Language. WriteToPage(118,"RoleList. aspx","../../styles/Message. xslt",1000,Context,null);
三、角色删除
1. if(id = =3)
2. string str = SQLConnec. cmdDEL("DELETE FROM[RoleList1]WHERE[R_ID] =" + @ id + "");
3. SqlCommand cmdDEL = SQLConnec. cmdDEL(str);
4. cmdDEL. ExecuteNonQuery();
5. Language. WriteToPage(10,"RoleList. aspx","../../styles/Message. xslt",1000,Context,null);
```

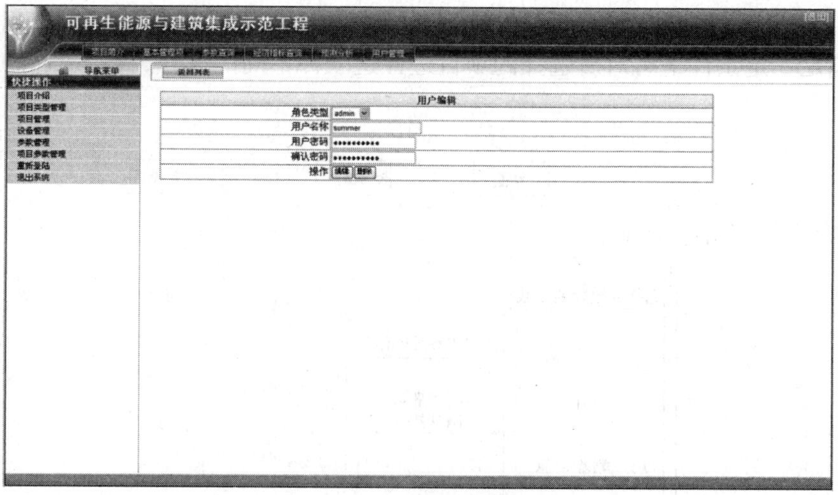

图 7-23　用户修改界面图

2. 基本参数配置

针对项目的特点，监测系统的基本参数配置采用逐级配置的原则层层配置，需注意的是：在配置过程中必须按照设定的层次，不可越级配置。其中配置顺序依次为：参数类型配置—项目类型配置—测点配置—每个项目的参数配置。以每个项目的参数配置为例说明，其活动图如图 7-24 所示。

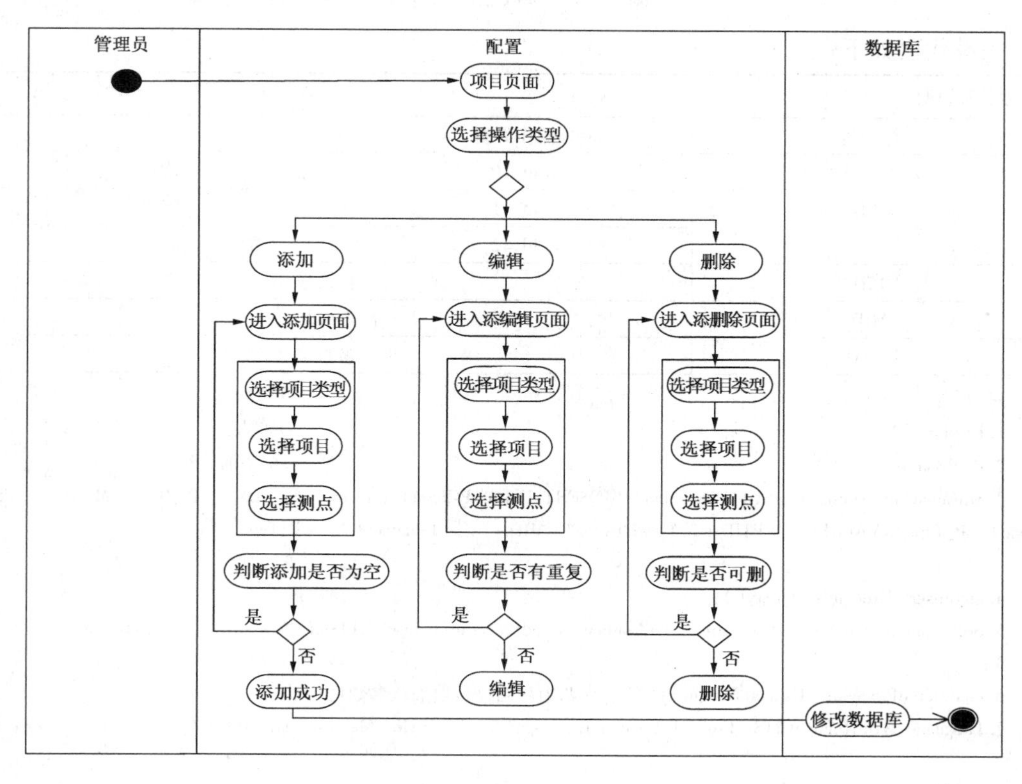

图 7-24　项目参数配置活动图

由图7-24可以看出，每种不同的配置都包含三个不同的操作：添加、删除、修改。管理员在满足一定条件下可对所选择的项目进性这三种不同的操作，参数删除时序图如图7-25所示。

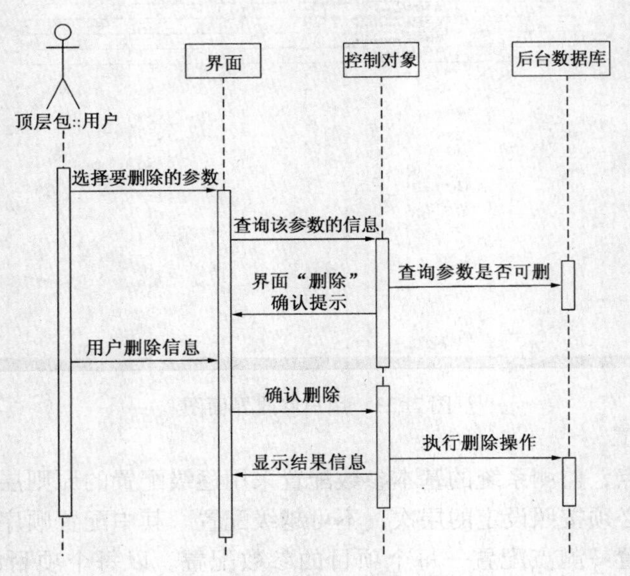

图7-25　参数删除时序图

关键代码如下：

标示符说明：

标示符	操作类型	说明
Id	Id = 0	添加
	Id = 1	编辑
	Id = 2	删除
PID	项目编号	
MID	测点编号	
P_PAD	项目参数编号	

```
一、增加
1. if( id = =0)                                                    //判断
2. if( PPname = = "" )                                              //添加名称
3. SqlCommand cmdinsert = SQLConnec. cmd ("INSERT INTO[P-ParameterList]([PT_ID],[P_ID],[M_ID],[PP_Name],[P_Type])VALUES('" + PTID + "','" + PID + "','" + MID + "','" + PPname + "','" + P_Type + "')");
                                                                   //增加
4. cmdinsert. ExecuteNonQuery( );                                   //执行
5. SqlCommand cmdStoredProcedure = SQLConnec. StoredProcedure("insertMPData",new string[]{},new int[]
);                                                                 //存储过程
6. cmdStoredProcedure. ExecuteNonQuery( );  //调用存储过程增加该参数对应的列
7. Language. WriteToPage(118,"ProjectParametersList. aspx","../../styles/Message. xslt",1000,Context,null);  //页面显示
二、编辑
1. If( id = =1)                                                    //判断
```

```
2. string str = "UPDATE[P-ParameterList]SET[P_ID] = '" + PID + "',[PT_ID] = '" + PTID + "',[M_ID] = '" + MID
 + "',[PP_Name] = '" + PPname + "',"WHERE[P_PAID] = '" + id + "'";
3. SqlCommand cmd = SQLConnec. cmd(str);                                   //更新
4. cmd. ExecuteNonQuery();                                                 //执行
5. Language. WriteToPage(9,"ProjectParametersList. aspx","../../styles/Message. xslt",1000。Context,null);  //页面显示
三、删除
1. If(id = =2)                                                             //判断
2. SqlCommand cmddel = SQLConnec. cmd(DELETE FROM[P-ParameterList]WHERE[P_PAID] = " + @ id + "");
3. cmddel. ExecuteNonQuery();                                              //执行删除
4. string tablename = "Monitor" + "_" + PID + "_" + MID;                  //表名
5. string clounm = "PA_" + @ id;                                          //列名
6. SqlCommand cmddelcolunm = SQLConnec. cmd("alter table" + tablename + "drop Column" + clounm + "");
                                                                           //从其他自动生成的表删除该列
7. cmddelcolunm. ExecuteNonQuery();
```

参数删除界面如图7-26所示。

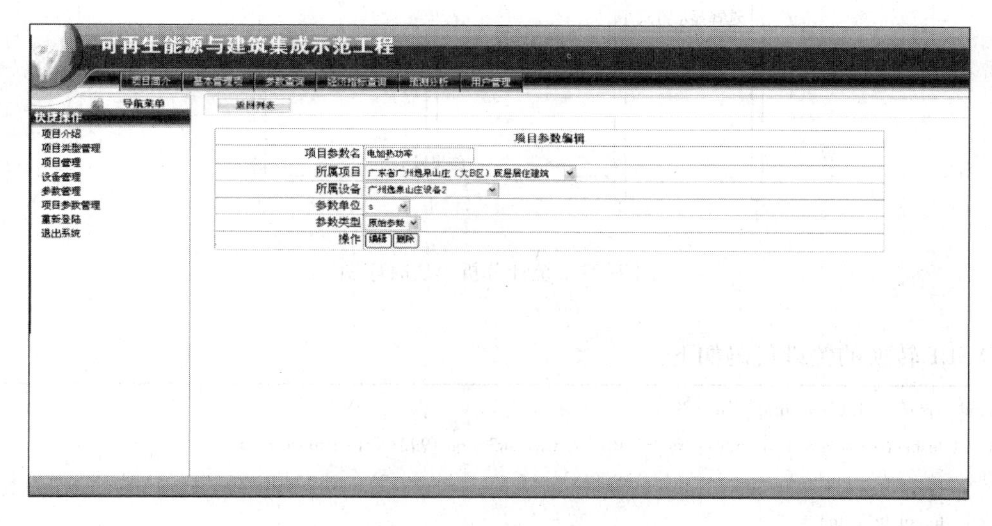

图7-26　参数删除界面

3. 经济指标以及参数查询

经济指标查询是本软件中一个十分重要的功能模块，它接收数据采集层上传的数据，根据系统构造的能源模型，对原始监测数据进行计算得到分项的经济指标数据，并将这些数据保存到数据库中，将结果以折线图和表格的形式显示出来。同时，基础参数为可再生能源监测系统所采集原始数据的展示，除经济指标模型实例化外，其实现方式同经济指标的查询。

在表格及折线图显示方面，由XSLT结合JavaScript进行控制。XSLT在信息的显示和处理上有很大的优势，相同的XML数据文件通过调用不同的XSLT文件进行解析，就能够以不同的方式进行显示，从而使系统在数据的表示、操作和显示上具有相互分离的特点，XML + XSLT + JavaScript的数据显示模式极大地提高了系统的逻辑性和有效性。

折线图能查询任意时刻的数据，并用将其变化趋势用折线表示。在同一坐标系内，用户可根据需要选择一条或多条数据查看，同时，用户点击坐标轴某一单位坐标，曲线图中将自动显示这一时间单位上所选的经济指标值，这样使图形显示更加美观简洁，便于用户查看、比较。以某山庄太阳能保证率折线图为例说明，时序图如7-27所示。

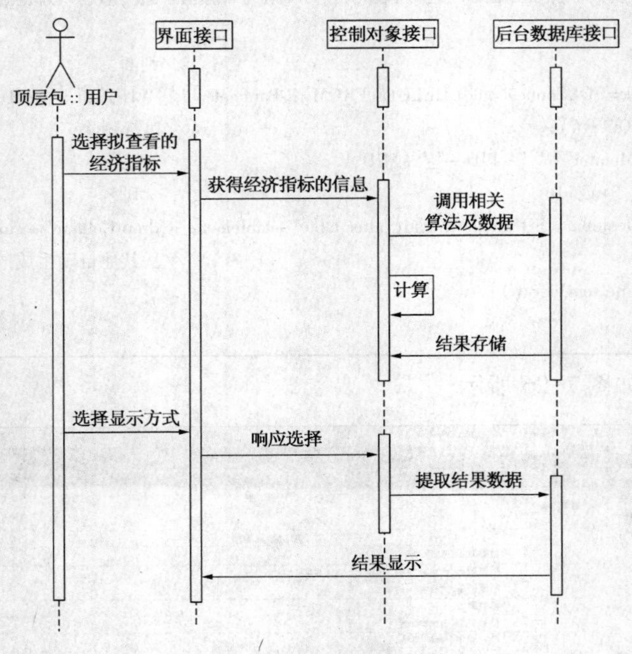

图7-27　统计分析模块时序图

XSLT转换的关键代码如下：

```
<? xml version = "1.0"encoding = "utf-8"? >
<xsl: stylesheet version = "1.0"xmlns: xsl = "http: //www.w3.org/1999/XSL/Transform" >
… …
  <xsl: template match = "/rec" >
… …
      <html >
        <body >
          <form method = "Monitor" >                    // Monitor 中的信息
            <xsl: for-each select = "Para" >
              <xsl: value-of select = "PR_ID"/ >          //项目类型编号
              <xsl: value-of select = "P_ID"/ >           //项目编号
              <xsl: for-each select = "M_ID" >            //测点编号
              <xsl: for-each select = "PA_ID" >           //项目参数编号
……
<xsl: call-template name = "itemshow" >                 //调用选项显示模版
              <xsl: with-param name = "itemvalue"select = "1"/ >  //变量赋初值
                ……
```

```
                </xsl: call-template>
              ......
            </xsl: for-each>
          <button type="submit">确定</button>//确定
        </form>
      </body>
    </html>
  </xsl: template>
</xsl: stylesheet>
```

统计分析界面如图 7-28 所示。

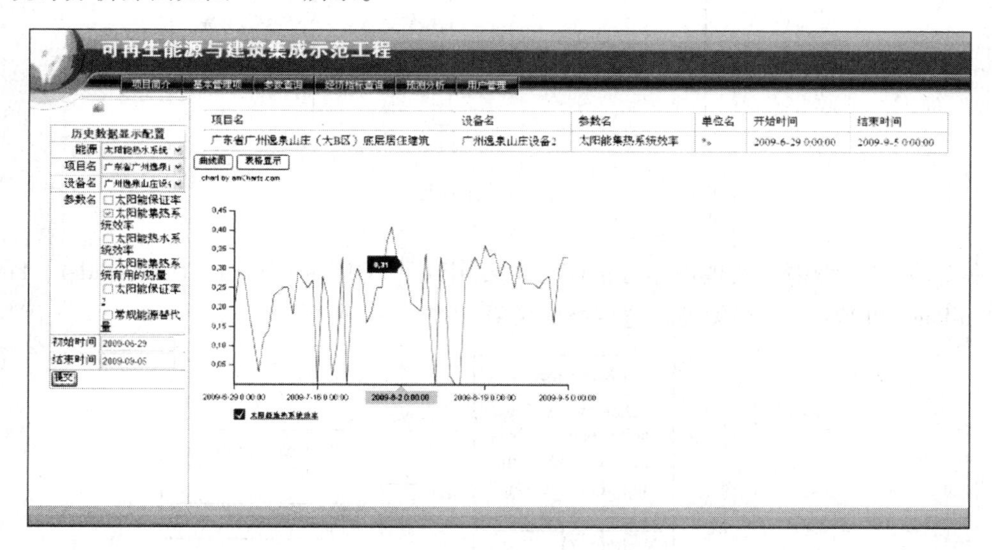

图 7-28　统计分析界面图

在数据统计分析模块中，本软件本着如实反映监测系统数据情况的原则，保留所有数据。图 7-28 中，太阳能集热系统效率为 0 值的原因是由于出现设备中断，原始监测数据为 0 造成的。

4. 预测分析

在可再生能源与建筑集成示范项目系统中增加预测分析模块，需要对用户的需求进行分析。用户最终先要获得的是某个类型下、某个项目的经济技术指标在未来一段时间内的趋势。因此，用户在操作时，首先需要选择用户名输入密码登录到系统中；在系统的主界面上点击预测分析进入该模块，此时用户首先要选择想要查看的项目类型、具体的项目、项目下的设备、经济技术指标以及想要得到的未来某个时间段的初始时间和结束时间。在选择完这些参数后提交，系统到数据库中查询预测这段时间数据需要的已有数据段，将这部分现有数据代入设定的预测算法公式中进行计算，计算结果存入数据库该经济技术指标的表中，再显示到界面上，用户即可直观地看到预测结果。

该模块的用例图如图 7-29 所示。

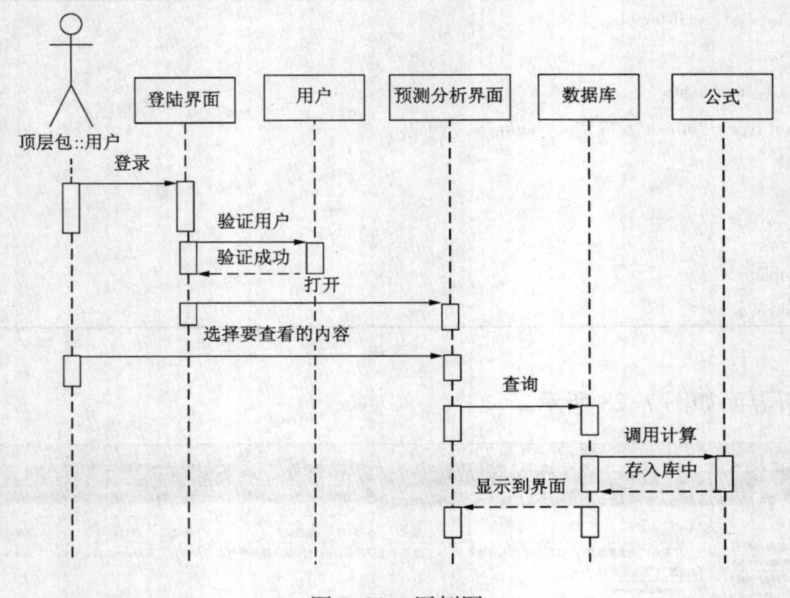

图 7-29　用例图

在 C#编码过程中，实现预测分析模块主要用到了 SQLConnection、DataPovider、Formula、XmlPage 和 Forecast 相关类，这些类的关系如图 7-30 所示。

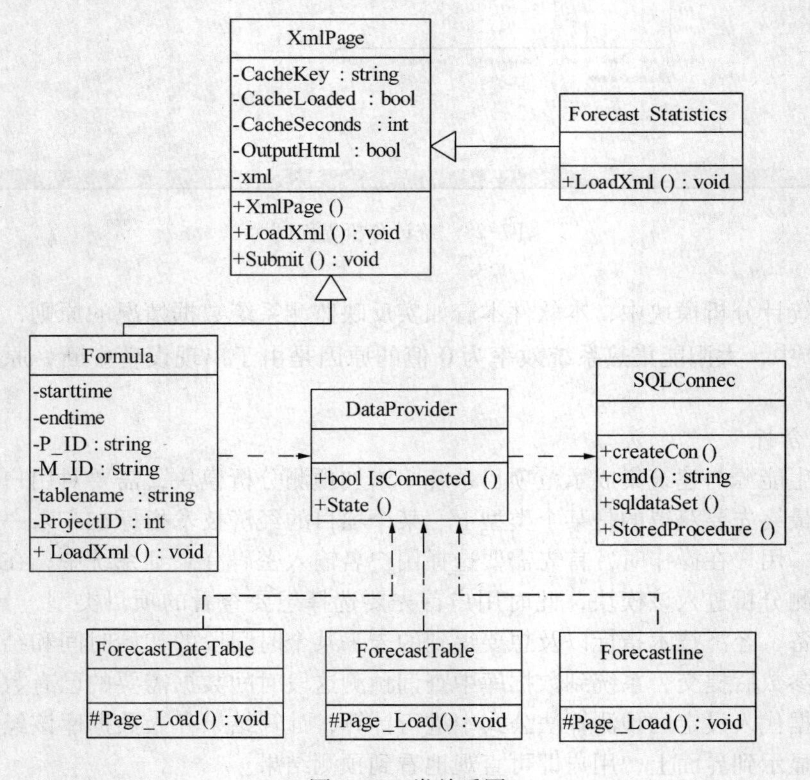

图 7-30　类关系图